酒和饮料工业排污许可管理

申请·核发·执行·监管

吕竹明 孙慧 蒋彬 主编

化学工业出版社

·北京·

内容简介

本书以酒、饮料工业污染防治为背景，系统讲述了行业发展概况、排污许可证核发情况、排污许可管理和其他环境管理制度的关系、排污许可证后监管、污染防治可行技术等内容，并对酒、饮料工业排污许可证核发情况、证后监管要求等进行深入剖析。

本书理论与实践有效结合，可供生态环境主管部门，科研院所，酒、饮料工业企业等的科研人员和管理人员参考，也可供高等学校环境科学与工程、食品科学与工程及相关专业师生参阅。

图书在版编目（CIP）数据

酒和饮料工业排污许可管理：申请·核发·执行·监管/吕竹明，孙慧，蒋彬主编. —北京：化学工业出版社，2024.3

ISBN 978-7-122-44763-0

Ⅰ. ①酒…　Ⅱ. ①吕…　②孙…　③蒋…　Ⅲ. ①酿酒工业-排污许可证-许可证制度-研究-中国②饮料工业-排污许可证-许可证制度-研究-中国　Ⅳ. ①X79

中国国家版本馆 CIP 数据核字（2024）第 034217 号

责任编辑：刘兴春　卢萌萌
文字编辑：郭丽芹
责任校对：宋　玮
装帧设计：王晓宇

出版发行：化学工业出版社
　　　　　（北京市东城区青年湖南街 13 号　邮政编码 100011）
印　　装：北京科印技术咨询服务有限公司数码印刷分部
787mm×1092mm　1/16　印张 17¼　彩插 2　字数 363 千字
2024 年 8 月北京第 1 版第 1 次印刷

购书咨询：010-64518888
售后服务：010-64518899
网　　址：http://www.cip.com.cn
凡购买本书，如有缺损质量问题，本社销售中心负责调换。

定　价：128.00 元

前 言

近年来，我国先后发布了《控制污染物排放许可制实施方案》《排污许可管理办法（试行）》《排污许可管理条例》等文件，逐步开始在全国范围内实施排污许可制度，并以排污许可制度为核心构建完善的固定污染源环境监管制度体系。

2019 年 6 月，生态环境部正式发布了《排污许可证申请与核发技术规范 酒、饮料制造工业》（HJ 1028—2019），并开始在酒和饮料行业核发排污许可证。通过排污许可制度的实施，实现对酒和饮料生产企业排污行为的"一证式"管理，强化对酒和饮料生产企业环境保护工作的精细化管理。根据全国排污许可证管理信息平台查询数据，截至 2023 年 2 月，全国已有 5557 家酒类制造企业和 1103 家饮料制造企业取得了排污许可证。

为做好排污许可制度解读，便于酒和饮料行业排污单位管理人员、技术人员和许可证核发机关审核管理人员理解排污许可改革精神、掌握酒和饮料行业排污许可证申请与核发的技术要求，同时便于排污单位按证执行、依证排污和地方生态环境主管部门开展依证监管、现场检查等工作，特编写《酒和饮料工业排污许可管理：申请·核发·执行·监管》。

本书从行业发展概况、生产工艺及产排污情况、排污许可证核发情况、排污许可证核发要点及常见填报问题、排污许可证后监管要求、污染防治可行技术等方面介绍了酒和饮料行业的排污许可证核发现状及管理技术要求，旨在使读者全方位掌握酒和饮料行业排污许可管理知识，在实际工作中推动酒和饮料行业健康、稳定、持续发展。

本书由北京市科学技术研究院资源环境研究所、中国酒业协会、中国轻工业联合会、中国食品发酵工业研究院有限公司、北京市污染源管理事务中心相关技术和管理人员共同完成。本书由吕竹明、孙慧、蒋彬任主编，张忠国、何勇、孙晓峰任副主编，具体编写分工如下：第 1 章由吕竹明、孙慧、蒋彬、何勇、王晓龙编写；第 2 章由孙慧、蒋彬、何勇、王晓龙编写；第 3 章由蒋彬、孙慧、张忠国编写；第 4 章由吕竹明、钱堃、杨候剑编写；第 5 章由吕竹明、孙晓峰、张忠国、王焕松、孙慧编写；第 6 章由孙慧、蒋彬、吕泽瑜、廖晓红编写；第 7 章由吕竹明、陈晨、薛鹏丽编写；附录由蒋彬、孙慧、吕竹明整理。全书最后由吕竹明、孙慧和蒋彬统稿并定稿。本书的出版得到了化学工业出版社高度重视和支持，责任编辑和其他相关工作人员为此书的出版付出了辛勤的劳动，在此表示衷心的感谢。

限于编者水平及编写时间，书中不足及疏漏之处在所难免，敬请读者批评指正。

编者
2023年6月

目　录

第 4 章
排污许可证核发要点及常见填报问题 ················· 093

第 5 章

第**1**章
酒、饮料行业发展概况

1.1　酒类制造行业发展概况

1.1.1　行业发展现状

酿酒是指利用微生物发酵生产含一定浓度酒精饮料的过程，主要分为浸泡、蒸煮、冷却、拌曲、发酵、蒸馏、再拌曲再发酵、再蒸馏、调兑与灌装九大步骤。酿酒行业从产业链来看，上游主要为酿酒原料与酿酒容器，下游主要为商超、烟酒专卖店以及电商平台等。

依据《国民经济行业分类》（GB/T 4754—2017），酒的制造（151）是指酒精、白酒、啤酒及其专用麦芽、黄酒、葡萄酒、果酒、配制酒以及其他酒的生产，具体包括酒精制造（1511）、白酒制造（1512）、啤酒制造（1513）、黄酒制造（1514）、葡萄酒制造（1515）和其他酒制造（1519）。

2021年1月，中国酒业协会发布了《2020年全国酒业经济指标》，2020年1～12月，全国酿酒行业规模以上企业酿酒总产量5400.74万千升，较2019年略有下滑，主要是受到新冠疫情影响，企业复工复产时间延后，但整体而言，行业产量维持在较为稳定水平。

2022年7月，中国酒业协会发布了《2021年全国酒业经济指标》。2021年全国酿酒行业规模以上企业总计1761家，实现产量5406.85万千升，同比增长3.95%。2021年是中国酒业"十四五"规划的开局之年，也是中国酒业进入"疫情常态化"的调整之年。面对疫情的反复性与不确定性，中国酒业保持了良好向上的发展势头。

另据中国酒业协会发布的数据，2022年1～12月，全国酿酒行业规模以上企业完成酿酒总产量5427.47万千升，同比增长0.83%。酿酒行业规模以上企业累计完成产品销售收入9508.98亿元，与上年同期相比增长9.11%；累计实现利润总额2491.48亿元，与上年同期相比增长 27.38%。

根据国家统计局的数据，2022 年 1～12 月，全国规模以上企业白酒产量 671.2 万千升，同比下降 5.6%；啤酒产量 3568.7 万千升，同比增长 1.1%；葡萄酒产量 21.4 万千升，同比下降 21.9%。

2015～2022 年规模以上企业酿酒总产量汇总见图 1-1。由图 1-1 可以看出，规模以上企业酿酒总产量 2015～2020 年逐年下降，2021 年略有增加，2022 年继续增加。

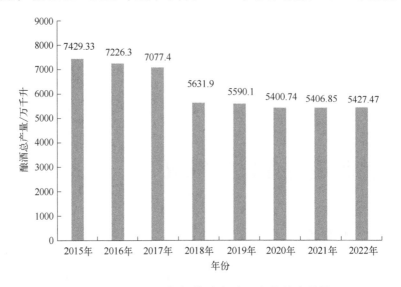

图 1-1　2015～2022 年规模以上酿酒企业总产量情况

2021 年酿酒行业规模以上企业生产经营情况汇总见表 1-1。

表 1-1　2021 年酿酒行业规模以上企业生产经营情况

行业	产量		销售收入		利润	
	产量/万千升	同比分析	销售收入/亿元	同比分析	利润/亿元	同比分析
发酵酒精行业	808.26	同比增长 1.83%	605.28	同比增长 9.51%	0.04	同比下降 99.73%
白酒行业	715.63	同比下降 0.59%	6033.48	同比增长 18.60%	1701.94	同比增长 32.95%
啤酒行业	3562.43	同比增长 5.60%	1584.80	同比增长 7.91%	186.80	同比增长 38.41%
葡萄酒行业	26.80	同比下降 29.08%	90.27	同比下降 9.79%	3.27	同比增长 7.64%
黄酒行业	293.73	同比增长 3.67%	127.17	同比下降 5.24%	16.74	同比下降 0.97%
其他酒行业			245.74	同比下降 3.06%	40.54	同比增长 0.89%
酿酒行业小计	5406.85	同比增长 3.95%	8686.73	同比增长 14.35%	1949.33	同比增长 30.86%

2022 年酿酒行业规模以上企业生产经营情况汇总见表 1-2。

表 1-2　2022 年酿酒行业规模以上企业生产经营情况

行业	产量		销售收入		利润	
	产量/万千升	同比分析	销售收入/亿元	同比分析	利润/亿元	同比分析
发酵酒精行业	869.24	同比增长 7.54%	675.57	同比增长 11.6%	5.65	同比增长 99.3%
白酒行业	671.24	同比下降 6.20%	6626.45	同比增长 9.83%	2201.72	同比增长 22.7%
啤酒行业	3568.67	同比增长 0.18%	1751.09	同比增长 10.5%	225.46	同比增长 17.1%
葡萄酒行业	21.37	同比下降 20.3%	91.92	同比增长 1.83%	3.40	同比增长 3.82%
黄酒行业	296.95	同比增长 1.1%	101.63	同比下降 20.1%	12.66	同比下降 3.22%
其他酒行业			262.31	同比增长 6.74%	42.59	同比增长 4.81%
酿酒行业小计	5427.47	同比增长 0.38%	9508.98	同比增长 9.47%	2491.48	同比增长 21.76%

根据国家统计局数据，2020 年全国酿酒行业规模以上企业数量为 1887 家，相比"十二五"末减少 802 家；2021 年全国酿酒行业规模以上企业数量继续减少，为 1761 家。2022 年全国酿酒行业规模以上企业数量 1756 家。近几年规模以上酿酒企业数量汇总见图 1-2。由图 1-2 可以看出，2015～2017 年规模以上企业数量小幅增加；2017 年后，规模以上企业数量逐年下降。

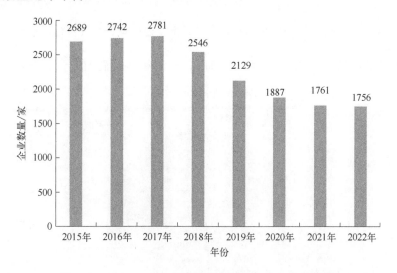

图 1-2　2015～2022 年酿酒行业规模以上企业数量

2022 年酿酒行业规模以上企业数量分布见表 1-3，绘制各子行业数量分布情况，如图 1-3 所示。从规模以上企业数量分布看，2022 年发酵酒精、白酒、啤酒、黄酒、葡萄酒和其他酒的企业数量占比分别为 5%、55%、19%、5%、7% 和 9%。

表 1-3　2022 年酿酒行业规模以上企业数量分布

序号	行业	2022 年规模以上企业数量/家
1	发酵酒精行业	85
2	白酒行业	963
3	啤酒行业	334
4	葡萄酒行业	119
5	黄酒行业	90
6	其他酒行业	165
7	酿酒行业小计	1756

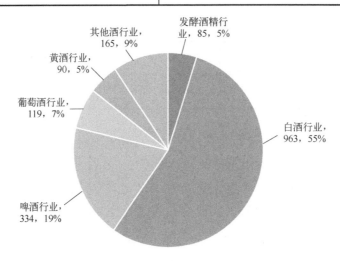

图 1-3　2022 年全国酿酒行业规模以上企业数量分布（单位：家）

2021 年发酵酒精、白酒、啤酒、葡萄酒、黄酒和其他酒的产量分布如图 1-4 所示。

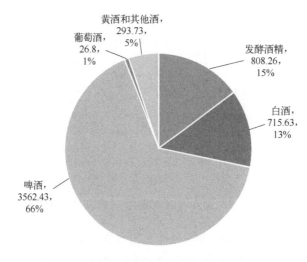

图 1-4　2021 年全国酿酒产量分布（单位：万千升）

（数据来源：国家统计局）

从图 1-4 可以看出，2021 年发酵酒精、白酒、啤酒、葡萄酒、黄酒和其他酒的产量占比分别为 15%、13%、66%、1%和 5%。

2022 年发酵酒精、白酒、啤酒、葡萄酒、黄酒和其他酒的产量分布如图 1-5 所示。从图 1-5 可以看出，2022 年发酵酒精、白酒、啤酒、葡萄酒、黄酒和其他酒的产量占比分别为 16.0%、12.4%、65.7%、0.4%和 5.5%。

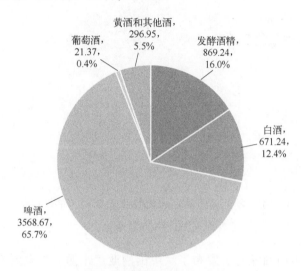

图 1-5　2022 年全国酿酒产量分布（单位：万千升）

（数据来源：中国酒业协会）

对 2021 年酿酒行业的销售收入进行分析，如图 1-6 所示。从图 1-6 可以看出，发酵酒精、白酒、啤酒、葡萄酒、黄酒和其他酒的销售收入占比分别为 7%、69%、18%、1%、2%和 3%。

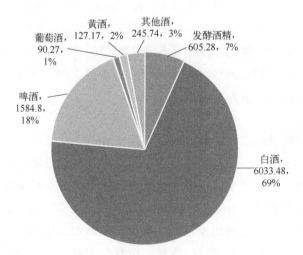

图 1-6　2021 年全国酿酒行业销售收入分布（单位：亿元）

（数据来源：国家统计局）

对 2022 年酿酒行业的销售收入进行分析，如图 1-7 所示。发酵酒精、白酒、啤酒、黄酒、葡萄酒和其他酒的销售收入占比分别为 7%、70%、18%、1%、1% 和 3%。

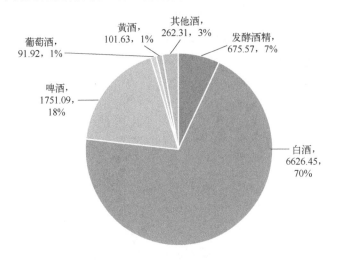

图 1-7　2022 年全国酿酒行业销售收入分布（单位：亿元）

（数据来源：中国酒业协会）

2021 年 4 月，中国酒业协会发布了《中国酒业"十四五"发展指导意见》，明确了"十四五"中国酒类产业的十三个主要目标，涵盖产业经济目标、产业结构、社会责任、人才建设、知识产权等。

其中，在产业经济目标上，预计 2025 年中国酒类产业将实现酿酒总产量 6690 万千升，比"十三五"末增长 23.9%，年均递增 4.4%；销售收入达到 14180 亿元，增长 69.8%，年均递增 11.2%；实现利润 3340 亿元，增长 86.4%，年均递增 13.3%。在产业结构上，打造"世界级产业集群"，合理布局产业结构，拉动和提升产业链价值，建立产业新格局，培育经济新的增长点。在品牌培育上，实施"世界顶级酒类品牌培养计划"，有效推进中国酒业民族品牌形象提升，推动中国酒品牌走出国门、走向世界。在文化普及上，打造"世界级酒文化 IP"，将中国白酒传统酿造遗址和酿造活文物（连续使用的窖池）申请世界文化遗产，酿酒技艺申请世界非物质文化遗产。

1.1.1.1　发酵酒精

酒精工业是基础的原料工业，其产品主要用于食品、化工、军工、医药等领域。近年来，燃料乙醇的旺盛需求推动全球酒精产量强劲增长，美国超越巴西成为第一大酒精生产国。美国、巴西、欧盟及中国是当前全球酒精行业的主要经济体。

中国酒精工业的发展已有近百年的历史，但 20 世纪工业基础十分薄弱，总体发展缓慢。2000 年以后，随着国民经济的发展和生物燃料乙醇的试点和推广使用，酒精工业进入崭新的发展阶段。现阶段，黑龙江、吉林、山东、安徽、河南、广西等省份酒精制造业较为发达，是目前中国酒精的主要产区。

我国酒精制造业是以玉米、小麦等谷物，以及薯类、糖蜜等生物质原料为主要原料，经蒸煮、糖化、发酵、蒸馏等工艺制成食用酒精、工业酒精、变性燃料乙醇等酒精产品的工业。近年来，发酵酒精工业稳定发展。特别是 2017 年 9 月 13 日，国家发展改革委、国家能源局、财政部等十五个部门下发了《关于扩大生物燃料乙醇生产和推广使用车用乙醇汽油的实施方案》。该方案中提出，到 2020 年在全国范围内推广使用车用乙醇汽油，基本实现全覆盖的宏伟目标。按照规划，到 2020 年燃料乙醇需求量至少 1000 万吨，这将大大推进我国酒精工业飞速发展。

2019 年 10 月，国家发展改革委发布的《产业结构调整指导目录（2019 年本）》中"酒精生产线"为限制类项目，"3 万吨/年以下酒精生产线（废糖蜜制酒精除外）"为淘汰类项目。

2015～2022 年我国发酵酒精产量如图 1-8 所示。

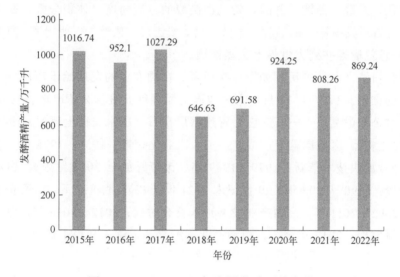

图 1-8　2015～2022 年我国发酵酒精产量

对 2021 年、2022 年全国发酵酒精产量前 5 的省（区、市）和各自产量进行汇总，见表 1-4。2021 年全国发酵酒精行业产量排名前五的省（区、市）依次是黑龙江省、吉林省、河南省、山东省和广西壮族自治区，这 5 个省（区、市）的产量之和占全国总产量的 78.2%。2022 年全国发酵酒精行业产量排名前五名的省（区、市）依次是黑龙江省、河南省、吉林省、山东省和四川省，这 5 个省（区、市）的产量之和占全国总产量的 79.2%。

表 1-4　2021 年、2022 年发酵酒精产量前 5 的省（区、市）

排名	2021 年		2022 年	
	名称	产量/万千升	名称	产量/万千升
1	黑龙江省	225.58	黑龙江省	304.32
2	吉林省	161.62	河南省	143.63
3	河南省	125.89	吉林省	132.79

续表

排名	2021 年		2022 年	
	名称	产量/万千升	名称	产量/万千升
4	山东省	69.63	山东省	64.33
5	广西壮族自治区	49.50	四川省	43.18
小计	—	632.22	—	688.25

1.1.1.2 白酒
（1）白酒是我国特有的酒种

白酒是指以高粱等粮谷为主要原料，以大曲、小曲或麸曲及酒母等为糖化发酵剂，经蒸煮、糖化、发酵、蒸馏、陈酿、勾兑而制成的，酒精度（体积分数）在 18%～68% 的蒸馏酒。白酒是我国特有的酒种，与白兰地、威士忌、伏特加、朗姆酒、杜松子酒（又称金酒）、龙舌兰酒等并列为世界七大蒸馏酒。

我国现代白酒产业发展历程如图 1-9 所示。白酒产业的发展始于酒厂国营制改革下工业化生产的推进。1947 年 12 月，人民政府对酿酒行业进行公营改造。1948 年 1 月，新中国第一家公营酿酒厂——石家庄公营酿酒厂在石家庄永安街上诞生。1949～1953 年（新中国成立之初），区域国营酒厂成立，步入工业化初期；1954～1978 年（改革开放之前），白酒产业加快技术革新；1979～1989 年（改革开放至 20 世纪末），白酒产业步入快速发展阶段；1990～2002 年（20 世纪末至 21 世纪初），危机之下，白酒企业转型发展与上市潮；2002～2011 年，白酒产业发展进入黄金时代；2012～2016 年，白酒产业回归理性，步入调整期；2017 年至今，白酒产业逐渐复苏，进入利税千亿时代。

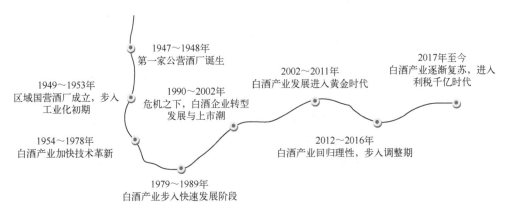

图 1-9 我国现代白酒产业发展历程

2021 年，修订后的《白酒工业术语》（GB/T 15109—2021）和《饮料酒术语和分类》（GB/T 17204—2021）两项国家标准正式发布，并于 2022 年 6 月份开始实施。两项国家标准清晰界定了清香、浓香、酱香等各香型白酒的工艺特征，并规定了白酒和饮料酒相关术语和定义，明确了饮料酒分类的原则。尤其值得关注的是，新修订的两部国标对白酒的定义是"以粮谷为主要原料，以大曲、小曲、麸曲、酶制剂及酵母等为糖化发酵剂，经蒸煮、糖化、发酵、蒸馏、陈酿、勾调而成的蒸馏酒"。在这个新标准中，"粮谷"为核心点。其最大看点为：第一，明确液态法白酒和固液法白酒不得使用非谷物食用酒精和食品添加剂；第二，将调香白酒从白酒分类中剔除，明确其属于配制酒。新国标通过明确定义显然更有利于强化消费者认知，保障消费者权益，为消费者明白饮酒、健康饮酒提供了保障。

（2）各省白酒产量分布

2015～2022 年我国白酒产量如图 1-10 所示。

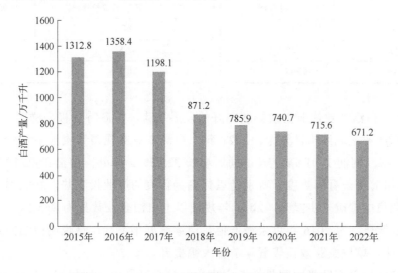

图 1-10　2015～2022 年我国白酒产量发展变化

对 2021 年、2022 年全国白酒产量前五的省（区、市）和各自产量进行汇总，见表 1-5。2021 年全国白酒行业产量排名前五名的省（区、市）依次是四川省、贵州省、湖北省、河南省和北京市，这 5 个省（区、市）的产量之和占全国总产量的 69.1%。2022 年全国白酒行业产量排名前五名的省（区、市）依次是四川省、湖北省、北京市、贵州省和安徽省，这 5 个省（区、市）的产量之和占全国总产量的 70.0%。

表 1-5　2021 年、2022 年白酒产量前五的省（区、市）

排名	2021 年		2022 年	
	名称	产量/万千升	名称	产量/万千升
1	四川省	364.12	四川省	348.05
2	贵州省	34.81	湖北省	36.28
3	湖北省	34.23	北京市	29.84
4	河南省	31.93	贵州省	28.89
5	北京市	29.32	安徽省	26.55
小计	—	494.41	—	469.61

（3）白酒产业发展特点和趋势

《中国酒业"十四五"发展指导意见》中勾画了未来五年酿酒产业发展的战略目标与主要任务，并提出了具体的保障措施和政策建议。2025 年我国白酒行业发展目标见表 1-6。在产业经济目标上，预计 2025 年白酒行业产量 800 万千升，比"十三五"末增长 8.0%，年均递增 1.6%；销售收入达到 9500 亿元，增长 62.8%，年均递增 10.2%；实现利润 2700 亿元，增长 70.3%，年均递增 11.2%。

表 1-6　2025 年我国白酒行业发展目标

指标	2025 年发展目标	较"十三五"末增长率/%	年均递增率/%
产量/万千升	800	8.0	1.6
销售收入/亿元	9500	62.8	10.2
实现利润/亿元	2700	70.3	11.2

2021 年，白酒产业依旧延续持续向好的发展态势，发展特点极为鲜明。具体来看：

① 白酒产业呈现结构性繁荣。2021 年，白酒产业实现销售收入 6033.48 亿元，同比增长 18.60%；利润 1701.94 亿元，同比增长 32.95%。此外，白酒在渠道端、资本端、舆论端呈现出前所未有的热度。特别是以酱酒为代表的产业投资热，2021 年达到顶峰。

② 产业集中度进一步提升。2021 年规模以上白酒企业数量为 965 家，完成白酒产量 715.63 万千升，为 2016 年以来最低值，连续第五年下行。这说明白酒产业结构性调整进一步优化，单位企业效益较五年前有大幅提升。

③ 产能向优势产区集中明显。在六大白酒核心产区中，四川省、贵州省增长明显，比重分别增长了 2.11 个百分点和 1.16 个百分点。其中，四川省白酒产量占比首次超过 50%。此外，山西、江苏两省白酒产量占比分别增长 0.37 个百分点、0.54 个百分点，也呈现上升趋势。

④ 头部企业市场集中度再提升。数据显示，2021 年白酒头部企业表现较好。贵州茅台、五粮液、江苏洋河、泸州老窖、山西汾酒 CR5（CR5 是指业务规模前五名的市场份额）合计约达到 2383.6 亿元，占全行业年度销售比重达 39.51%。这表明白酒市场销售在继续向头部企业集中。

⑤ 老酒消费备受青睐。近几年，陈年白酒市场不断扩大，消费总体增速达 65%，陈年白酒消费人群呈现出年轻化和合理性化趋势，未来青年市场将起到拉动市场增量的重要作用。

⑥ 数字化加速产业转型升级。从产品端到渠道端，再到消费端，数字化正为白酒全产业链赋能，加速了白酒产业转型升级进程。

⑦ 白酒消费多元化特征明显。正在由单一型向多元型转变，新营销场景，新服务体验，新文化表达盛行。

由此可见，白酒产业的发展韧性十足，抗冲击能力强，经济指标依旧表现亮眼，呈现结构性繁荣，产业集中度进一步提升。其中，名酒产区呈现出产量、销量总体稳定，收入利润稳定增长的良好局面。中小企业面临巨大市场空间和转型发展瓶颈。

1.1.1.3 啤酒

（1）我国啤酒产业发展现状

我国是全球最大的啤酒生产国和消费国，近 20 年来，啤酒产业发展速度一直位于世界前列。自 2013 年以后，随着产业深度调整和细分化市场的不断变化，啤酒产品消费量开始呈现负增长。据国家统计局发布的数据，2022 年我国规模以上企业啤酒产量为 3568.7 万千升，同比增长 1.1%。2022 年，我国累计出口啤酒 47.957 万千升，同比增长 13.1%；金额为 21.8608 亿元人民币，同比增长 21.3%。2022 年，我国累计进口啤酒 48.206 万千升，同比下降 8.1%；金额为 43.4262 亿元人民币，同比下降 5.3%。

2019 年 10 月，国家发展改革委发布的《产业结构调整指导目录（2019 年本）》中取消了"生产能力小于 18000 瓶/小时的啤酒灌装生产线"（属限制类）和"生产能力 12000 瓶/小时以下的玻璃瓶啤酒灌装生产线"（属淘汰类）的规定，为工坊啤酒的发展提供了利好机会。

（2）各省啤酒产量分布

对 2021 年、2022 年全国啤酒产量前五的省（区、市）和各自产量进行汇总，见表 1-7。2021 年全国啤酒行业产量排名前五名的省（区、市）依次是山东省、广东省、四川省、浙江省和河南省，这 5 个省的产量之和占全国总产量的 43.5%。2022 年全国啤酒行业产量排名前五名的省（区、市）依次是山东省、广东省、浙江省、四川省和江苏省，这 5 个省的产量之和占全国总产量的 45.3%。

表 1-7 2021 年、2022 年啤酒产量前五的省（区、市）

排名	2021 年		2022 年	
	名称	产量/万千升	名称	产量/万千升
1	山东省	461.32	山东省	489.39
2	广东省	408.25	广东省	394.11
3	四川省	249.94	浙江省	270.33
4	浙江省	246.76	四川省	260.30
5	河南省	184.58	江苏省	201.07
合计	—	1550.85	—	1615.20

（3）啤酒产业发展特点和趋势

2021 年，全国啤酒产业规模以上企业产量 3562.43 万千升，同比增长 5.60%；销售收入 1584.80 亿元，同比增长 7.91%；利润 186.80 亿元，同比增长 38.41%。这意味着，啤酒产业开始进入增长的长周期。终端消费需求多元化，量价齐升成为啤酒产业新亮点，正式开启啤酒高端化发展模式。新增产量集中在头部啤酒企业、中高端产品以及部分特色产品和精酿品类。

1.1.1.4 黄酒

黄酒是我国独有的酒种，酿造技术独树一帜，堪称"国粹"。在中国，黄酒也是内涵最为丰富的酒种，无论是从历史、文化还是从营养、保健的角度分析，黄酒较其他酒种具有突出的优势。目前，我国黄酒业"区域经济"特征显著，其生产、消费仍主要集中在江浙沪地区。

黄酒是我国最古老的酒种，但是行业规模始终不大，主要以会稽山、古越龙山、塔牌、金枫等几大酒企为主。

2021年，全国黄酒产业规模以上企业销售收入127.17亿元，同比下降5.24%；利润16.74亿元，同比下降0.97%。未来黄酒产业要抱团聚合力、加快品类创新，持续探索高质量发展路径。

1.1.1.5 葡萄酒

对2021年、2022年全国葡萄酒产量前五的省（区、市）和各自产量进行汇总，见表1-8。2021年全国葡萄酒行业产量排名前五名的省（区、市）依次是山东省、河南省、河北省、陕西省和新疆维吾尔自治区，这5个省（区、市）的产量之和占全国总产量的80.9%。2022年全国葡萄酒行业产量排名前五名的省（区、市）依次是山东省、河南省、陕西省、河北省和新疆维吾尔自治区，这5个省（区、市）的产量之和占全国总产量的82.2%。

表1-8 2021年、2022年葡萄酒产量前五的省（区、市）

排名	2021年		2022年	
	名称	产量/万千升	名称	产量/万千升
1	山东省	8.08	山东省	6.79
2	河南省	5.88	河南省	3.72
3	河北省	3.65	陕西省	3.70
4	陕西省	2.76	河北省	2.46
5	新疆维吾尔自治区	1.32	新疆维吾尔自治区	0.89
小计	—	21.69	—	17.56

2012年5月，工业和信息化部发布《葡萄酒行业准入条件》，提出：以鲜葡萄或葡萄汁为原料生产葡萄酒产品（不包括葡萄酒原酒）的新建企业（项目），其年生产能力应不低于1000千升；新建葡萄酒原酒生产企业（项目），其年生产能力应不低于3000千升；以购入葡萄酒原酒（包括进口葡萄酒原酒）为原料生产葡萄酒产品的新建和改扩建企业（项目），其年生产能力应不低于2000千升；新建酒庄酒生产企业（项目）年生产能力应不低于75千升。

2021年，全国葡萄酒产业规模以上企业产量26.80万千升，同比下降29.08%；销售收入90.27亿元，同比下降9.79%；利润3.27亿元，同比增长7.64%。葡萄酒产量收入持续下滑，利润微增，未来中国葡萄酒品质和价值表达、文化表达仍是葡萄酒产业的核心突破点。

1.1.2 主要环境问题

1.1.2.1 废水排放

酒类制造行业主要的环境问题是工业废水的排放，在酿酒生产过程中均产生高浓度有机废水，其主要污染物是化学需氧量（COD_{Cr}）、五日生化需氧量（BOD_5）、氨氮（$NH_3\text{-}N$）等。

（1）酒精

废水主要污染物指标有 pH 值、悬浮物、化学需氧量、五日生化需氧量、氨氮、总氮、总磷、色度等。

依据第二次全国污染源普查形成的《1511 酒精制造行业系数手册》，产污系数汇总见表 1-9。

表 1-9 酒精制造行业产污系数

序号	污染物指标	产污系数
1	工业废水量	7～10t/kL 产品
2	化学需氧量	20000～25000g/kL 产品
3	氨氮	200～2150g/kL 产品
4	总氮	450～4500g/kL 产品
5	总磷	180～1125g/kL 产品

（2）白酒

依据第二次全国污染源普查形成的《1512 白酒制造行业系数手册》，产污系数汇总见表 1-10。

表 1-10 白酒制造行业产污系数

序号	污染物指标	产污系数
1	工业废水量	4.4～30.8t/kL 65°原酒（其他） 1.8 t/kL 产品（白酒液态①）
2	化学需氧量	9698.367～429424.444g/kL 65°原酒（其他） 77.212g/kL 产品（白酒液态①）
3	氨氮	31.489～2656.823g/kL 65°原酒（其他） 0.153g/kL 产品（白酒液态①）
4	总氮	138.646～4716.392g/kL 65°原酒（其他） 4.639g/kL 产品（白酒液态①）
5	总磷	13.149～1169.173g/kL 65°原酒（其他） 0.049g/kL 产品（白酒液态①）

① 白酒（液态）是指以原酒或食用酒精为原料进行加工灌装的企业，包括所有香型白酒。

（3）啤酒

依据第二次全国污染源普查形成的《1513 啤酒制造行业系数手册》，产污系数汇总见表 1-11。

表 1-11　啤酒制造行业产污系数

序号	污染物指标	产污系数
1	工业废水量	4～5t/kL 产品
2	化学需氧量	12000～15000g/kL 产品
3	氨氮	200～250g/kL 产品
4	总氮	500～800g/kL 产品
5	总磷	120～200g/kL 产品

（4）葡萄酒

依据第二次全国污染源普查形成的《1515 葡萄酒制造行业系数手册》，产污系数汇总见表 1-12。

表 1-12　葡萄酒制造行业产污系数

序号	污染物指标	产污系数
1	工业废水量	4～7.5t/kL 产品
2	化学需氧量	10000g/kL 产品
3	氨氮	120g/kL 产品
4	总氮	1200g/kL 产品
5	总磷	350g/kL 产品

（5）黄酒

依据第二次全国污染源普查形成的《1514 黄酒制造行业系数手册》，产污系数汇总见表 1-13。

表 1-13　黄酒制造行业产污系数

序号	污染物指标	产污系数
1	工业废水量	10～13t/kL 产品
2	化学需氧量	132000～156000g/kL 产品
3	氨氮	600～10400g/kL 产品
4	总氮	1700～13000g/kL 产品
5	总磷	950～1950g/kL 产品

（6）其他酒

依据第二次全国污染源普查形成的《1519 其他酒制造行业系数手册》，产污系数汇总见表 1-14。

表 1-14 其他酒制造行业产污系数

序号	污染物指标	产污系数
1	工业废水量	4～25t/kL 产品
2	化学需氧量	8000～16000g/kL 产品
3	氨氮	100～200g/kL 产品
4	总氮	400～1200g/kL 产品
5	总磷	80～350g/kL 产品

1.1.2.2 废气排放

酒类制造行业产生的废气较少。

对废气污染源进行汇总，有组织废气污染源和无组织废气污染源分别见表 1-15、表 1-16。

表 1-15 酒类制造行业有组织废气污染源

生产单元	生产设施	废气产污环节	污染物项目	排放形式	污染防治可行技术
以谷物类、薯类为原料的发酵酒精制造、白酒制造和啤酒制造的原料粉碎系统	粉碎机	破碎废气、分离废气	颗粒物	有组织	旋风除尘技术、袋式除尘技术、湿式除尘技术

表 1-16 酒类制造行业无组织废气污染源

单元名称	产生设施	废气产污环节	污染物项目	排放形式
公用单元	厂内综合污水处理站	污水处理废气	臭气浓度	无组织
	酒糟堆场等	堆场废气	臭气浓度	无组织

对于有组织废气，大部分企业都能收集、治理后再排放。无组织废气中，有些污水处理站尤其是生物处理段进行加盖，对恶臭气体收集后排至除臭装置进行处理后再排放。

1.1.2.3 环保监管中发现的主要环境问题

近年来，随着生态环保法律法规标准的制修订，对企业的环保主体责任提出了更为严格的要求，环境行政处罚力度在不断强化，企业常见的环境违法行为如下：a. 违法占有林地破坏生态；b. 生产废水偷排；c. 生产废水未经处理直排环境；d. 锅炉燃用高污染燃料；e. 污染物排放口数量不符合排污许可证规定；f. 废水污染物超标；g. 废气污染物超标；h. 企业履行环保主体责任不到位等。

以下是一些典型环境违法案例。

（1）违法占有林地破坏生态

以贵州省某白酒企业为例，2020 年以来两次因违法占用林地被查处，部分山体和林地被破坏。该企业破坏了赤水河流域生态，被中央第二生态环境保护督察组点名批评。

（2）生产废水偷排

以四川省某白酒企业为例，在对全市白酒制造企业开展的环境安全大排查大整治专项行动中，专项行动检查组执法人员发现，该企业将生产废水排入厂区消防应急池内，并用水泵将消防应急池内的水抽到厂内雨水沟，再通过雨水沟排入厂外的河流中。发现这一情况后，执法人员立即对该酒厂消防应急池、雨水沟、废水溢流处、厂界外雨水排放口分别进行了采样监测，报告数据显示，该酒厂抽排到厂外的废水中主要污染物指标化学需氧量浓度超标。其违规排放污水的行为违反了《中华人民共和国环境保护法》第四十二条第四款"严禁通过暗管、渗井、渗坑、灌注或者篡改、伪造监测数据，或者不正常运行防治污染设施等逃避监管的方式违法排放污染物"和《中华人民共和国水污染防治法》第三十九条"禁止利用渗井、渗坑、裂隙、溶洞，私设暗管，篡改、伪造监测数据，或者不正常运行水污染防治设施等逃避监管的方式排放水污染物"的规定。依据《中华人民共和国水污染防治法》第八十三条第三项的规定，市生态环境局立即对该厂下达罚款 31.37 万元的处罚决定，同时拟将该案件移交公安机关对相关责任人实施行政拘留。

以江西省某白酒企业为例，2021 年 10 月 22 日，接生态环境部赤水河流域排污口排查组移交线索，当地生态环境执法人员对该企业调查发现，该公司酿酒车间的酒糟渗滤液未经处理，通过地埋涵管、雨水沟直接排入附近河流，并通过用砌砖的方式进行遮盖来掩饰违法行为。该行为违反了《中华人民共和国水污染防治法》第三十九条"禁止利用渗井、渗坑、裂隙、溶洞，私设暗管，篡改、伪造监测数据，或者不正常运行水污染防治设施等逃避监管的方式排放水污染物"的规定。当地生态环境局对该公司作出罚款48.5 万元的处罚决定，并将案件移送公安机关，对相关责任人实施行政拘留。

（3）生产废水未经处理直排环境

以山东省某白酒企业为例，2013 年该企业因将酒瓶清洗废水及生活污水未经处理直排环境，市生态环境局当时对该企业违法行为进行了处理，并要求其将污水处理后循环利用，不外排。2017 年，因"未配套建设防治污染设施，将洗瓶废水、少量曲酒车间废水和锅炉脱硫除尘废水全部排入厂区西侧收集池，然后利用抽水泵排入收集池北侧无防渗设施的园地内"，根据《中华人民共和国水污染防治法》第八十三条第三款，市环境保护局对其进行行政处罚和罚款。

（4）锅炉燃用高污染燃料

以江苏省某食用酒精生产企业为例，2021 年 10 月，生态环境执法人员在现场检查时，发现该企业厂区北侧锅炉房内一台锅炉正在燃用沼气和煤炭混烧，在禁燃区内燃用高污染燃料。上述行为违反了《中华人民共和国大气污染防治法》第三十八条第二款之规定，构成了"在禁燃区内，禁止销售、燃用高污染燃料；禁止新建、扩建燃用高污染燃料的设施，已建成的，应当在城市人民政府规定的期限内改用天然气、页岩气、液化石油气、电或者其他清洁能源"的环境违法行为，应当承担相应的法律责任。

（5）污染物排放口数量不符合排污许可证规定

以山东省某白酒企业为例，2022 年 4 月因污染物排放口数量不符合排污许可证规定，依据《排污许可管理条例》第三十六条第（一）项被罚款。

（6）废水污染物超标

以山东省某啤酒企业为例，2022 年外排废水中 COD 浓度为 591mg/L，超过排污许可证规定的浓度以及《啤酒工业污染物排放标准》（GB 19821—2005）表 1 中化学需氧量最高允许排放浓度不高于 500mg/L 的要求，超标 0.182 倍。依据《排污许可管理条例》第三十四条 "违反本条例规定，排污单位有下列行为之一的，由生态环境主管部门责令改正或者限制生产、停产整治，处 20 万元以上 100 万元以下的罚款；情节严重的，吊销排污许可证，报经有批准权的人民政府批准，责令停业、关闭。" 结合生态环境部《关于进一步规范适用环境行政处罚自由裁量权的指导意见》（环执法〔2019〕42 号）和《山东省生态环境厅行政处罚裁量基准》（2020 年版）相关规定，加之该企业主动进行了生态环境损害赔偿，当地生态环境局决定，对该企业处罚款 24 万元。

（7）废气污染物超标

以山东省某白酒企业为例，该酿酒企业因 "外排废气二氧化硫浓度超标"，根据《中华人民共和国大气污染防治法》第九十九条第二款，市环境保护局对其进行行政处罚和罚款。

（8）企业履行环保主体责任不到位

以贵州省某酿酒作坊为例，2020 年 6 月某日凌晨 2 点，委托运输处置白酒生产废水的王某在自家院坝内，将罐车内的白酒生产废水利用生活污水管道排放至溶洞内。排放时间约 20min，排放量约 7t。现场取样监测结果显示，排放废水的 pH 值、氨氮、总磷、总氮、悬浮物、化学需氧量均超标，其中化学需氧量超标 584.94 倍。

其中，作为作坊管理人的向某某，未对王某运输地点、线路、时间做出明确要求，也未进行跟踪监督管理。该酿酒作坊生态环境保护意识淡薄，履行环保主体责任严重不到位，多次出现环境违法行为，危害生态环境，造成恶劣影响。

1.1.3　行业环境保护要求

1.1.3.1　环境保护部门规章

（1）产业结构调整指导目录

《产业结构调整指导目录（2019 年本）》（中华人民共和国国家发展和改革委员会令　第 29 号）与酒类制造行业相关的要求如表 1-17 所列。

表 1-17　《产业结构调整指导目录（2019 年本）》与酒类制造行业相关要求

类别	相关要求
鼓励类	湿态酒精糟（WDGS）的应用、生物质液体有机肥的应用
限制类	酒精生产线

续表

类别	相关要求
淘汰类	3万吨/年以下酒精生产线（废糖蜜制酒精除外）
落后产品	—

（2）建设项目环境影响评价分类管理名录

《建设项目环境影响评价分类管理名录（2021 年版）》（生态环境部令 第 16 号）对酒类制造行业相关项目的规定如表 1-18 所列。

表 1-18　《建设项目环境影响评价分类管理名录（2021 年版）》相关规定

项目类别	环评类别	报告书	报告表	登记表
25	酒的制造 151①	有发酵工艺的（年生产能力 1000 千升以下的除外）	其他（单纯勾兑的除外）	—

① 指在工业建筑中生产的建设项目。工业建筑的定义参见《工程结构设计基本术语标准》（GB/T 50083—2014），指提供生产用的各种建筑物，如车间、厂前区建筑、生活间、动力站、库房和运输设施等。

（3）排污许可分类管理名录

《固定污染源排污许可分类管理名录（2019 年版）》（生态环境部令 第 11 号）对酒类制造行业相关项目的规定如表 1-19 所列。

表 1-19　《固定污染源排污许可分类管理名录（2019 年版）》相关规定

序号	行业类比	重点管理	简化管理	登记管理
21	酒的制造 151	酒精制造 1511、有发酵工艺的年生产能力 5000 千升及以上的白酒、啤酒、黄酒、葡萄酒、其他酒制造	有发酵工艺的年生产能力 5000 千升以下的白酒、啤酒、黄酒、葡萄酒、其他酒制造①	其他①

① 指在工业建筑中生产的排污单位。工业建筑的定义参见《工程结构设计基本术语标准》（GB/T 50083—2014），是指提供生产用的各种建筑物，如车间、厂前区建筑、生活间、动力站、库房和运输设施等。

1.1.3.2　环境保护标准

（1）国家和地方污染物排放标准

截至目前，我国已发布 2 项酒类排放标准，分别是《啤酒工业污染物排放标准》（GB 19821—2005）、《发酵酒精和白酒工业水污染物排放标准》（GB 27631—2011），而黄酒、葡萄酒制造仍执行《污水综合排放标准》（GB 8978—1996）或地方标准。表 1-20 为《啤酒工业污染物排放标准》（GB 19821—2005）水污染物排放限值要求，表 1-21 为《发酵酒精和白酒工业水污染物排放标准》（GB 27631—2011）中表 2（2012 年 1 月 1 日起，新建企业执行表 2 规定的水污染物排放限值，2014 年 1 月 1 日起，现有企业执行表 2 规定的水污染物排放限值）关于水污染物排放限值要求。

表 1-20　GB 19821—2005 水污染物排放限值要求

项目	单位	工业类别			
		啤酒企业		麦芽企业	
		预处理标准	排放标准	预处理标准	排放标准
COD$_{Cr}$	浓度标准值/（mg/L）	500	80	500	80
	单位产品污染物排放量①	—	0.56	—	0.4
BOD$_5$	浓度标准值/（mg/L）	300	20	300	20
	单位产品污染物排放量①	—	0.14	—	0.1
SS	浓度标准值/（mg/L）	400	70	400	70
	单位产品污染物排放量①	—	0.49	—	0.35
氨氮	浓度标准值/（mg/L）		15		15
	单位产品污染物排放量①	—	0.105	—	0.075
总磷	浓度标准值/（mg/L）		3		3
	单位产品污染物排放量①	—	0.021	—	0.015
pH 值		6～9	6～9	6～9	6～9

① 对于啤酒企业，单位为 kg/kL；对于麦芽企业，单位为 kg/t。

表 1-21　GB 27631—2011 水污染物排放限值要求

序号	污染物项目	限值		污染物排放监控位置
		直接排放	间接排放	
1	pH 值	6～9	6～9	
2	色度（稀释倍数）	40	80	
3	悬浮物/（mg/L）	50	140	
4	BOD$_5$/（mg/L）	30	80	企业废水总排放口
5	COD$_{Cr}$/（mg/L）	100	400	
6	氨氮/（mg/L）	10	30	
7	总氮/（mg/L）	20	50	
8	总磷/（mg/L）	1.0	3.0	
单位产品基准排水量/（m³/t）	发酵酒精企业	30	30	排水量计量位置与污染物排放
	白酒企业	20	20	监控位置一致

2020 年 12 月 8 日，生态环境部发布了《关于发布〈电子工业水污染物排放标准〉等 8 项标准（含标准修改单）的公告》（公告 2020 年第 68 号），发布了《啤酒工业污染物排放标准》（GB 19821—2005）修改单和《发酵酒精和白酒工业水污染物排放标准》（GB 27631—2011）修改单。《啤酒工业污染物排放标准》（GB 19821—2005）修改单中关于"4 技术内容"中 4.2 条修改为：4.2 排入污水集中处理设施的啤酒工业废水，执行表 1 预处理标准的规定。若通过签订具备法律效力的书面合同，企业与污水集中处

理设施约定排至污水集中处理设施的某项水污染物排放浓度限值，则以该限值作为预处理排放浓度限值，不再执行表 1 中的限值。《发酵酒精和白酒工业水污染物排放标准》（GB 27631—2011）修改单明确在"4 水污染物排放控制要求"中增加：4.5 对于间接排放情形，若通过签订具备法律效力的书面合同，企业与公共污水处理系统约定排至公共污水处理系统的某项水污染物排放浓度限值，则以该限值作为间接排放浓度限值，不再执行表 1、表 2 和表 3 中的限值。原 4.5 条编号修改为 4.6。

（2）排污许可技术规范

为指导酒类制造工业排污单位填报"排污许可证申请表"及网上填报相关申请信息，指导核发机关审核确定酒类制造工业排污单位排污许可证许可要求，生态环境部颁布实施了《排污许可证申请与核发技术规范 酒、饮料制造工业》（HJ 1028—2019）。

（3）其他环境保护标准

除了排放标准和排污许可技术规范外，针对酒类制造业还发布了《清洁生产标准 酒精制造业》（HJ 581—2010）、《清洁生产标准 白酒制造业》（HJ/T 402—2007）、《清洁生产标准 啤酒制造业》（HJ/T 183—2006）、《清洁生产标准 葡萄酒制造业》（HJ 452—2008）、《酿造工业废水治理工程技术规范》（HJ 575—2010）、《排污单位自行监测技术指南 酒、饮料制造》（HJ 1085—2020）等环境保护标准，详见表 1-22。

表 1-22　酿酒工业主要环境管理标准及规范

序号	名称	主要内容	实施时间
1	《清洁生产标准 啤酒制造业》（HJ/T 183—2006）	规定了啤酒生产企业清洁生产水平评价的指标要求，评价基准值分为三级，评价指标涉及生产工艺、设备、资源能源利用、产品要求、污染物产生、废物回收利用、环境管理等方面	2006-10-01
2	《清洁生产标准 白酒制造业》（HJ/T 402—2007）	规定了白酒生产企业清洁生产水平评价的指标要求，评价基准值分为三级，评价指标涉及生产工艺、设备、资源能源利用、产品要求、污染物产生、废物回收利用、环境管理等方面	2008-03-01
3	《清洁生产标准 葡萄酒制造业》（HJ 452—2008）	规定了葡萄酒生产企业清洁生产水平评价的指标要求，评价基准值分为三级，评价指标涉及生产工艺、设备、资源能源利用、污染物产生、废物回收利用、环境管理等方面	2009-03-01
4	《清洁生产标准 酒精制造业》（HJ 581—2010）	规定了酒精生产企业清洁生产水平评价的指标要求，评价基准值分为三级，评价指标涉及生产工艺、设备、资源能源利用、污染物产生、废物回收利用、环境管理等方面	2010-09-01
5	《酿造工业废水治理工程技术规范》（HJ 575—2010）	规定了酿造工业（包括酿酒工业）废水治理工程的设计、控制、运行维护等技术要求	2011-01-01
6	《排污单位自行监测技术指南 酒、饮料制造》（HJ 1085—2020）	规定了酒、饮料制造排污单位自行监测的一般要求、监测方案制定、信息记录和报告的基本要求	2020-04-01

1.1.3.3　环境保护相关要求

（1）环境保护相关规划

在《"十三五"生态环境保护规划》的"推动重点行业治污减排"中提出酒精与啤

酒行业"低浓度废水采用物化-生化工艺,预处理后由园区集中处理。啤酒行业采用就地清洗技术"。

《中华人民共和国国民经济和社会发展第十四个五年规划和 2035 年远景目标纲要》提出"完善水污染防治流域协同机制,加强重点流域、重点湖泊、城市水体和近岸海域综合治理,推进美丽河湖保护与建设,化学需氧量和氨氮排放总量分别下降 8%,基本消除劣 V 类国控断面和城市黑臭水体"。

(2) 污染防治技术政策

2018 年 1 月 11 日,环境保护部发布了《饮料酒制造业污染防治技术政策》(公告 2018 年 第 7 号),《饮料酒制造业污染防治技术政策》从源头控制、生产过程污染防控、污染治理、综合利用、二次污染防治、鼓励研发与推广的新技术等方面规定了白酒、啤酒、葡萄酒与果酒、黄酒(含酿造料酒)等饮料酒制造的污染防治要求。

(3) 行业规划环保要求

在《轻工业发展规划(2016—2020 年)》中提出"加大绿色化改造力度。加大食品、皮革、造纸、电池、陶瓷、日用玻璃等行业节能降耗、减排治污改造力度,利用新技术、新工艺、新材料、新设备推动企业节能减排。以源头削减污染物为切入点,革新传统生产工艺设备,鼓励企业采用先进适用清洁生产工艺技术实施升级改造。加快制定能耗限额标准,树立能耗标杆企业,开展能效对标达标活动,大力推广节能新技术"。

(4) 氮磷污染防治

2018 年 4 月 8 日,生态环境部发布了《关于加强固定污染源氮磷污染防治的通知》(环水体〔2018〕16 号),提出以重点行业企业、污水集中处理设施、规模化畜禽养殖场氮磷排放达标整治为突破口,强化固定污染源氮磷污染防治,文件附了《总氮总磷排放重点行业》,其中包括了酒的制造,见表 1-23。

表 1-23 《总氮总磷排放重点行业》关于酒类制造行业内容

序号	《固定污染源排污许可分类管理名录 (2017 年版)》行业类别	总氮排放重点行业	总磷排放重点行业
6	酒的制造 151	啤酒制造、有发酵工艺的酒精制造、 白酒制造、黄酒制造、葡萄酒制造	

1.2 饮料制造业行业发展概况

1.2.1 行业发展现状

饮料是供人饮用的液体,它是经过定量包装的,供直接饮用或按一定比例用水冲调或冲泡饮用的,乙醇含量(质量分量)不超过 0.5%的制品,饮料也可分为饮料浓浆或固体形态,它的作用是解渴、补充能量。从图 1-11 可以看出,2021 年我国饮料产量达 18333.8

万吨，同比增加 12%。

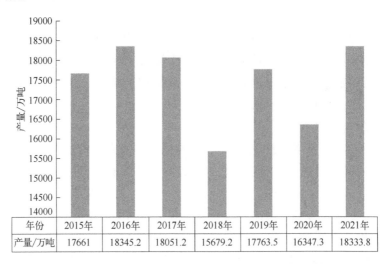

年份	2015年	2016年	2017年	2018年	2019年	2020年	2021年
产量/万吨	17661	18345.2	18051.2	15679.2	17763.5	16347.3	18333.8

图 1-11　2015～2021 年中国饮料产量

　　图 1-12 为 2021 年饮料产量地区分布，从区域占比来看，2021 年华南地区饮料产量占比达 23.36%，华东地区饮料产量占比达 22.45%，前两地区占比高达 45.81%。西南、华中产量占比居中位，分别为 16.78%、15.82%。其他地区占比较少，合计为 21.59%。

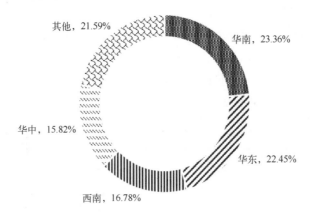

图 1-12　2021 年饮料产量地区分布

　　图 1-13 为 2021 年全国主要省市饮料产量情况，2021 年我国饮料产量 18333.8 万吨，其中广东省饮料产量 3755.33 万吨，占比 20.48%，排名全国第一；四川省饮料产量 1832.24 万吨，占比 9.99%，排名第二；湖北省饮料产量 1252.61 万吨，占比 6.83%，排名第三；浙江省饮料产量 1119.18 万吨，占比 6.10%，排名第四。

　　目前，中国饮料企业主要分布在广东省、吉林省、山东省，分别为 4746 家、2378 家和 2137 家。广东省的饮料企业中茶饮料行业的主要企业共有 2343 家。图 1-14 为 2022 年各省市饮料企业数量。

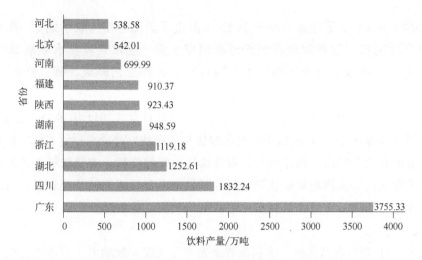

图 1-13 2021年全国主要省市饮料产量

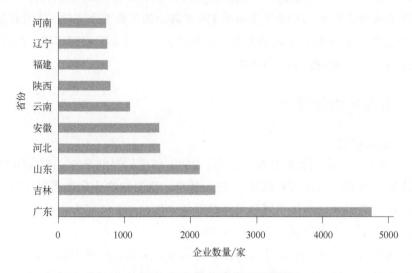

图 1-14 2022年各省市饮料企业数量

根据中国饮料工业协会的数据,2021年碳酸饮料产量同比增长接近20%;果蔬汁(即果菜汁)类及其饮料产量同比增长超过10%;包装饮用水产量同比小幅增长;"非三大"饮料产量同比增长20%。

各饮料品种产量占比情况,包装饮用水仍占到饮料总产量的1/2;碳酸饮料、果蔬汁类及其饮料各占约10%;除包装饮用水、碳酸饮料、果蔬汁类及其饮料外的"非三大"饮料约占饮料总产量的30%。

近年来,在产品质量提升方面,发布了《非浓缩还原果汁 橙汁》(QB/T 5627—2021)行业标准以及《熟水饮用水》(T/CBIA 007—2021)、《固体饮料》(T/CBIA 008—2021)两项饮料团体标准,并提出了《速溶豆粉和豆奶粉》《果蔬汁类及其饮料质量要求》《固体饮料质量要求》等国家标准的修订计划。此外,在节水和水污染治理方面制定发布了《饮料制造取水定额》(QB/T 2931—2008)、《饮料制造废水治理工程技术规范》（HJ 2048—2015）等标准，并于 2022 年提出了国家标准《取水定额 第 65 部分：饮料》的立项工作，通过对饮料制造过程的用水量、废水量及废水处理最佳可行技术进行规定，促进饮料行业加强节水改造和污水处理工艺升级，降低产污负荷和排污负荷。

2011 年国家发展改革委发布《产业结构调整指导目录（2011 年本）》，要求淘汰 150 瓶/min 以下（瓶容在 250mL 及以下）的碳酸饮料生产线。鼓励类项目包括：高速食品饮料罐加工及配套设备制造，热带果汁、浆果果汁、谷物饮料、本草饮料、茶浓缩液、茶粉、植物蛋白饮料等高附加价值植物饮料的开发生产与加工原料基地建设；果渣、茶渣等的综合开发与利用。促进了饮料行业产业结构调整，特别是植物蛋白饮料成为近年来迅速增长的品类之一。

2014 年，工业和信息化部、水利部联合发布了《国家鼓励的工业节水工艺、技术和装备目录（第一批）》，鼓励饮料行业推广应用液体 PET 瓶包装节水技术、饮料原水处理的反渗透浓水回收技术。2016 年发布的《国家鼓励的工业节水工艺、技术和装备目录（第二批）》鼓励应用含乳饮料工艺节水及循环利用技术，这些节水技术的应用推广促进了饮料行业提高水资源利用效率，节约用水。

1.2.2 主要环境问题

1.2.2.1 废水排放

《第一次全国污染源普查公报》表明，2007 年度饮料制造业、食品制造业的化学需氧量排放量名列我国工业污染源前 7 位。其中，饮料制造业化学需氧量排放量为 51.65 万吨，约占全国工业废水化学需氧量排放量的 7.22%；饮料制造业氨氮排放量为 1.24 万吨，约占全国工业废水氨氮排放量的 4.0%。

根据《第二次全国污染源普查公报》的内容，从全国范围来看，2017 年的饮料制造业化学需氧量、氨氮等污染物的排放量已经大大降低，退出了主要排放行业之列，但在部分省市饮料行业的水污染物排放仍居前列。

2017 年，四川省酒、饮料和精制茶制造业排放化学需氧量 0.94 万吨，位列工业源第一；排放氨氮 0.02 万吨，位列工业源第三；排放总磷 0.01 万吨，位列工业源第三。河南省酒、饮料和精制茶制造业排放总氮 0.07 万吨，位列工业源第三；排放总磷 23.44 吨，位列工业源第三。

饮料根据其种类不同，产污情况也各不相同。

（1）瓶（罐）装饮用水

废水中的化学需氧量、悬浮物浓度一般较低。

（2）碳酸饮料

依据第二次全国污染源普查形成的1521碳酸饮料制造行业系数表，具体产污系数汇总见表 1-24。

表 1-24　1521 碳酸饮料制造行业系数表

污染物指标	系数单位	产污系数
工业废水量	t/t 产品	1.15～1.25
化学需氧量	g/t 产品	1896～2290
氨氮	g/t 产品	10.90～12.80
总氮	g/t 产品	35.90～44.80
总磷	g/t 产品	9.08～11

（3）果菜汁及果菜汁饮料

依据第二次全国污染源普查形成的1523果菜汁及果菜汁饮料制造业系数表，其中苹果浓缩汁的生产过程废水污染负荷最大，废水量达到了 10t/t 产品；以浓缩果菜汁为原料调配生产果菜汁饮料的生产过程水污染负荷最低，废水量为 1.96t/t 产品。具体产污系数汇总见表 1-25。

表 1-25　1523 果菜汁及果菜汁饮料制造业系数表

污染物指标	系数单位	产污系数
工业废水量	t/t 产品	1.96～10
化学需氧量	g/t 产品	6488～120333
氨氮	g/t 产品	11.49～305
总氮	g/t 产品	16.93～403
总磷	g/t 产品	0.43～55

（4）含乳饮料和植物蛋白饮料

依据第二次全国污染源普查形成的1524含乳饮料和植物蛋白饮料制造业系数表，发酵乳饮料生产过程中工业废水量高达 3.64t/t 产品，相应的化学需氧量产生量也高达 6643g/t 产品，其他的产品生产过程中水污染负荷均较低，具体产污系数汇总见表 1-26。

表 1-26　1524 含乳饮料和植物蛋白饮料制造业系数表

污染物指标	系数单位	产污系数
工业废水量	t/t 产品	2.30～3.64
化学需氧量	g/t 产品	4394～6643
氨氮	g/t 产品	4.07～48.20
总氮	g/t 产品	59.89～65.70
总磷	g/t 产品	7.47～40.60

（5）固体饮料

依据第二次全国污染源普查形成的1525固体饮料制造业系数表，具体产污系数汇总见表 1-27。

表 1-27 　 1525 固体饮料制造业系数表

污染物指标	系数单位	产污系数
工业废水量	t/t 产品	0.10～82
化学需氧量	g/t 产品	60～343876
氨氮	g/t 产品	0.50～1066
总氮	g/t 产品	0.75～10848
总磷	g/t 产品	0.10～3949

（6）茶饮料

依据第二次全国污染源普查形成的1529 茶饮料及其他饮料制造业系数表，产污系数汇总见表 1-28。

表 1-28 　 1529 茶饮料及其他饮料制造业系数表

	污染物指标	系数单位	产污系数
废水	工业废水量	t/t 产品	0.75～1.61
	化学需氧量	g/t 产品	1122～2326
	氨氮	g/t 产品	7.48～15.95
	总氮	g/t 产品	12.04～24.58
	总磷	g/t 产品	1.52～2.73

我国饮料制造废水的治理技术起步较晚，20 世纪 90 年代中期才取得较大进展，随着国家环保管理力度的加大以及饮料制造技术的提高，形成了一系列成熟的饮料制造废水治理技术。国内废水治理工艺和治理效果显著提高，与国外的差距逐渐缩小。从调研情况来看，国内知名的饮料制造企业环保意识较强，都建有完善的废水治理系统，处理效果较好。

随着我国饮料制造行业多年来结构的调整和清洁生产的推广，新工艺和新设备的不断开发和投入，饮料制造工艺的用水量明显下降，由于吨产品用水量的下降，随之而来的就是废水中污染物浓度的提高，这些因素都大大增加了废水处理的难度和资金的投入。我国饮料行业制造废水排放，除个别地区执行区域或流域标准以外，其他地区执行《污水综合排放标准》（GB 8978—1996）中"其他排污单位"的污染物排放标准。另外，一些小型的饮料制造企业，由于经济、管理水平和区域的差异，缺乏完善的污染治理措施或者污染治理能力不足，已建成设备处理效果参差不齐，设施处理出水不能稳定达标。

饮料制造综合废水可生化性较好，一般采用二级处理方式进行净化，其中一级处理为物化法，采用格栅过滤、沉淀、气浮等工艺去除废水中较大的颗粒和悬浮物，二级处理采用厌氧、好氧等工艺去除其中的有机物等，还有部分排水要求较高的工厂采取深度处理工艺，如膜处理、曝气生物滤池（BAF）、混凝沉淀、过滤、消毒等。图 1-15 为某企业饮料废水治理工艺流程图。

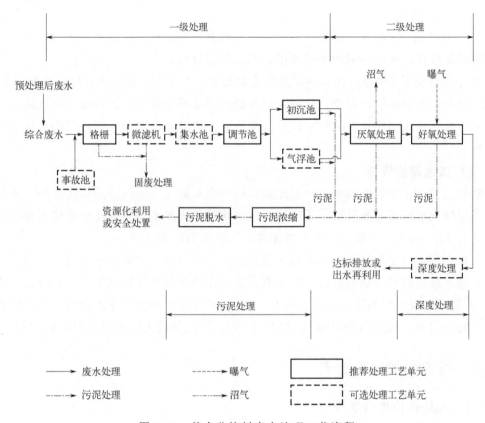

图 1-15　某企业饮料废水治理工艺流程

1.2.2.2　环保监管中发现的主要环境问题

（1）建设项目未批先建

2019 年 11 月，河南省洛阳市伊滨区管委会执法人员对某饮料有限公司现场检查，发现该公司未依法报批环境影响评价文件，擅自建设年产 100000 桶纯净水项目。

洛阳市生态环境局责令该公司立即停止环境违法行为，接受环保部门处理。该公司的上述行为违反了《中华人民共和国环境影响评价法》第三条"编制本法第九条所规定的范围内的规划，在中华人民共和国领域和中华人民共和国管辖的其他海域内建设对环境有影响的项目，应当依照本法进行环境影响评价"之规定。已构成环境违法，并处以捌仟柒佰元罚款。

（2）建设项目未开展竣工环保验收

2021 年 7 月，蚌埠市生态环境局发现某饮料企业实施了以下环境违法行为：该单位产品为果蔬饮料，果蔬饮料生产线正在生产，工人正对成品饮料进行包装，生产线东侧堆放大量已完成包装的成品饮料，未对配套建设的环境保护设施进行验收。

该公司的上述行为违反了《建设项目环境保护管理条例》第十九条的规定。依据《建设项目环境保护管理条例》和《安徽省生态环境行政处罚裁量基准规定》的规定，决定对该公司处以罚款人民币（大写）贰拾万元整。

（3）非法排污

2021年5月，河南省南阳市生态环境局检查发现某饮料有限公司的生产废水未经处理通过软管抽往厂区南围墙旁无防渗措施的水塘内排放。

该行为违反了《中华人民共和国水污染防治法》第三十九条"禁止利用渗井、渗坑、裂隙、溶洞，私设暗管，篡改、伪造监测数据，或者不正常运行水污染防治设施等逃避监管的方式排放水污染物"的规定，已构成违法，责令立即改正，并处罚款柒拾柒万五千元整。

（4）废水超标排放

2022年8月，湖北省仙桃惠州工业园某饮料企业的生产车间的清洗废水经一体化污水处理系统处理后仍呈乳白色、浑浊状，污水排放口旁集水井处水样分析结果显示化学需氧量为1926mg/L，处理后的污水直接排入园区内的市政管网。

此举违反了《中华人民共和国水污染防治法》第十条"排放水污染物，不得超过国家或者地方规定的水污染物排放标准和重点水污染物排放总量控制指标"的规定。依据《中华人民共和国水污染防治法》第八十三条，参照《湖北省生态环境行政处罚裁量基准规定（2021年修订版）》（鄂环发〔2022〕1号），处以罚款人民币壹拾万元整。

1.2.3　行业环境保护要求

1.2.3.1　环境保护部门规章

（1）产业结构调整指导目录

《产业结构调整指导目录（2019年本）》（中华人民共和国国家发展和改革委员会令 第29号）与饮料制造行业相关的要求如表1-29所列。

表1-29　《产业结构调整指导目录（2019年本）》与饮料制造行业相关要求

类别	相关要求
鼓励类	热带果汁、浆果果汁、谷物饮料、本草饮料、茶浓缩液、茶粉、植物蛋白饮料等高附加价值植物饮料的开发生产与加工原料基地建设；果渣、茶渣等的综合开发与利用
限制类	
淘汰类	生产能力150瓶/min以下（瓶容在250毫升及以下）的碳酸饮料生产线
落后产品	

（2）建设项目环境影响评价分类管理名录

《建设项目环境影响评价分类管理名录（2021年版）》（生态环境部令 第16号）对饮料制造行业相关项目的规定如表1-30所列。

表 1-30 《建设项目环境影响评价分类管理名录（2021 年版）》相关规定

项目类别	环评类别	报告书	报告表	登记表
26	饮料制造 152①		有发酵工艺、原汁生产的	

① 指在工业建筑中生产的建设项目。工业建筑的定义参见《工程结构设计基本术语标准》（GB/T 50083—2014），指提供生产用的各种建筑物，如车间、厂前区建筑、生活间、动力站、库房和运输设施等。

（3）排污许可分类管理名录

《固定污染源排污许可分类管理名录（2019 年版）》（生态环境部令 第 11 号）对饮料制造行业相关项目的规定如表 1-31 所列。

表 1-31 《固定污染源排污许可分类管理名录（2019 年版）》相关规定

序号	行业类比	重点管理	简化管理	登记管理
22	饮料制造 152		有发酵工艺或者原汁生产的①	其他①

① 指在工业建筑中生产的排污单位。工业建筑的定义参见《工程结构设计基本术语标准》（GB/T 50083—2014），是指提供生产用的各种建筑物，如车间、厂前区建筑、生活间、动力站、库房和运输设施等。

1.2.3.2 环境保护标准

（1）国家和地方污染物排放标准

目前我国饮料行业尚未发布过行业的污染物排放标准，饮料行业水污染物排放仍执行《污水综合排放标准》（GB 8978—1996）或地方标准。

（2）排污许可技术规范

为指导饮料制造工业排污单位填报"排污许可证申请表"及网上填报相关申请信息，指导核发机关审核确定饮料制造工业排污单位排污许可证许可要求，生态环境部颁布实施了《排污许可证申请与核发技术规范 酒、饮料制造工业》（HJ 1028—2019）。

（3）其他环境保护标准

除了排放标准和排污许可技术规范外，针对饮料制造业还发布了《饮料制造废水治理工程技术规范》（HJ 2048—2015）、《排污单位自行监测技术指南 酒、饮料制造》（HJ 1085—2020）等环境保护标准，详见表 1-32。

表 1-32 饮料制造业主要环境管理标准及规范

序号	名称	主要内容	实施时间
1	《饮料制造废水治理工程技术规范》（HJ 2048—2015）	规定了饮料制造废水治理工程设计、施工、验收、运行与维护的技术要求	2016-01-01
2	《排污单位自行监测技术指南 酒、饮料制造》（HJ 1085—2020）	规定了酒、饮料制造排污单位自行监测的一般要求、监测方案制定、信息记录和报告的基本要求	2020-04-01

1.2.3.3 环境保护相关要求

（1）环境保护相关规划

《中华人民共和国国民经济和社会发展第十四个五年规划和 2035 年远景目标纲要》

提出"完善水污染防治流域协同机制，加强重点流域、重点湖泊、城市水体和近岸海域综合治理，推进美丽河湖保护与建设，化学需氧量和氨氮排放总量分别下降 8%，基本消除劣Ⅴ类国控断面和城市黑臭水体"。

（2）氮磷污染防治

2018 年 4 月 8 日，生态环境部发布了《关于加强固定污染源氮磷污染防治的通知》（环水体〔2018〕16 号），提出以重点行业企业、污水集中处理设施、规模化畜禽养殖场氮磷排放达标整治为突破口，强化固定污染源氮磷污染防治，文件附了《总氮总磷排放重点行业》，其中包括了饮料制造，见表1-33。

表 1-33 《总氮总磷排放重点行业》关于饮料制造行业内容

序号	《固定污染源排污许可分类管理名录 （2017 年版）》行业类别	总氮排放重点行业	总磷排放重点行业
7	饮料制造 152	含发酵工艺或者原汁生产的饮料制造	

第 **2** 章
生产工艺及产排污情况

2.1 酒类制造生产工艺及产排污情况

2.1.1 生产工艺

2.1.1.1 发酵酒精制造生产工艺

酒精生产分为发酵法和化学合成法两种。发酵法是将淀粉质、糖质等原料,在微生物作用下经发酵生产酒精。该法根据原料不同可分为淀粉质原料发酵、糖蜜原料发酵法和纤维质原料发酵法。

淀粉质原料发酵法是我国生产酒精的主要方法,是以玉米、薯干、木薯等含有淀粉的农副产品为主要原料,经过粉碎,破坏植物细胞组织,再经蒸煮处理,使淀粉糊化、液化,形成均一的发酵液,经发酵、蒸馏制成酒精。

糖蜜原料发酵法是以制糖(以甜菜、甘蔗为原料)生产工艺排出的废糖蜜为原料,经稀释并添加营养盐,再进一步发酵生产酒精。生产工艺主要包括稀糖蜜制备、酒母培养、发酵、蒸馏等。

纤维质原料发酵法是利用农业纤维废弃物代替粮食生产酒精。

生产过程中的废水主要来自原料蒸馏发酵后产生的酒精糟(高浓度有机废水)、生产设备洗涤废水及冷却水等。蒸发冷凝水、釜底水、工艺水、经综合利用后的酒精糟液等是发酵酒精行业最主要的水污染源,例如玉米酒精产生的废水 COD 一般为 2000mg/L,吨酒精产生 6～7t 废水;薯类酒精糟液经综合利用后的废水 COD 一般为 2000～3000mg/L,吨酒精产生 8～10t 废水。

发酵酒精生产使用的主要设施汇总见表 2-1。

表 2-1　发酵酒精生产主要设施

分类	主要生产单元名称	生产设施名称	设施参数	单位
以谷物类为原料的发酵酒精生产	原料粉碎系统	粉碎机	粉碎能力	t/h
	液化、糖化系统	蒸煮罐	容积	m^3
		糖化罐	容积	m^3
	发酵系统	发酵罐	容积	m^3
	蒸馏系统	粗馏塔	容积	m^3
		精馏塔	容积	m^3
	酒精脱水系统	分子筛吸附柱或共沸塔	处理能力	t/h
	玉米干全酒精糟（玉米 DDGS）生产系统	离心分离机/板框压滤机	处理能力	t/h
		蒸发器	处理能力	t/h
		干燥机	处理能力	t/h
	CO_2 回收处理系统	除杂系统	处理能力	t/h
以薯类为原料的发酵酒精生产	原料粉碎系统	粉碎机	粉碎能力	t/h
	液化、糖化系统	蒸煮罐	容积	m^3
		糖化罐	容积	m^3
	发酵系统	发酵罐	容积	m^3
	蒸馏系统	粗馏塔	容积	m^3
		精馏塔	容积	m^3
	酒精脱水系统	分子筛吸附柱或共沸塔	处理能力	t/h
	CO_2 回收处理系统	除杂系统	处理能力	t/h
	薯类酒糟处理系统	全糟厌氧罐	处理能力	t/h
		固液分离机	处理能力	t/h
以糖质类为原料的发酵酒精生产	原料预处理系统	稀释器	容积	m^3
		澄清罐	容积	m^3
	发酵系统	发酵罐	容积	m^3
	蒸馏系统	粗馏塔	容积	m^3
		精馏塔	容积	m^3
	CO_2 回收处理系统	除杂系统	处理能力	t/h
	糖蜜酒糟处理系统	蒸发浓缩系统	处理能力	t/h
		干燥机	处理能力	t/h

酒精精馏塔是发酵酒精生产中非常重要的生产设备，其工作原理主要是基于酒精和其他物质的沸点差异，通过加热和冷却作用，将混合液中的酒精分离出来。某发酵酒精企业的酒精精馏塔现场照片如图 2-1 所示。

图 2-1　酒精精馏塔

2.1.1.2　白酒制造生产工艺

依据《白酒工业术语》（GB/T 15109—2021），白酒是以粮谷为主要原料，以大曲、小曲、麸曲、酶制剂和酵母等作为糖化发酵剂，经蒸煮、糖化、发酵、蒸馏、陈酿、勾调而成。

白酒 2000 多年的历史和独特的酿造工艺使其别具一格，明显区别于其他蒸馏酒，白酒的风味也深受国内外人士喜爱。白酒一般按香型分类，目前可以分为 12 种香型，包括浓香型、酱香型、清香型、兼香型、馥郁香型、凤香型、米香型、芝麻香型、老白干香型、药香型、特香型和豉香型。目前在市场上，浓香型占主导地位，市场占有率约 60%，清香型约 12%，酱香型约 0.43%。

从生产工艺上进行分类，主要包括固态法白酒、液态法白酒和固液结合法白酒三类。固态法白酒的产量和市场地位都占据绝对优势。

（1）固态法白酒

固态法白酒以粮谷为原料，采用固态（或半固态）糖化、发酵、蒸馏，经陈酿、勾兑而成，不添加食用酒精及非白酒发酵产生的呈香呈味物质。

① 浓香型白酒。浓香型白酒生产大曲采用生料制曲、自然接种，在培养室内固态发酵。浓香型白酒生产的特点是采用续渣法工艺，原料要经过多次发酵。

② 酱香型白酒。酱香型白酒生产过程主要分为大曲生产和基酒生产、勾调等过程。其中，基酒生产工艺由破碎、润粮、蒸粮、发酵、蒸馏等组成。

传统酱香型白酒生产工艺流程如图 2-2 所示。

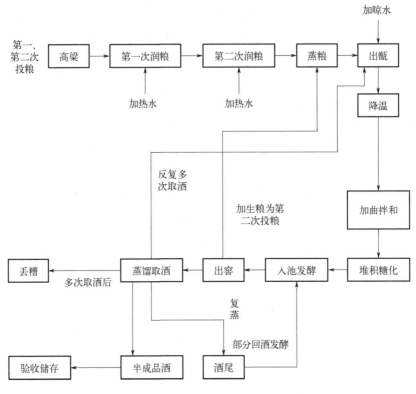

图 2-2 传统酱香型白酒生产工艺流程

（2）液态法白酒

液态法白酒以含淀粉、糖类物质为原料，采用液化糖化、发酵、蒸馏所得基酒（或食用酒精），再用香醅串香或用食品添加剂调味调香，勾调而成白酒。淀粉质原料发酵法是我国生产液态白酒的主要方法。

液态发酵法生产原酒工艺流程如图 2-3 所示。

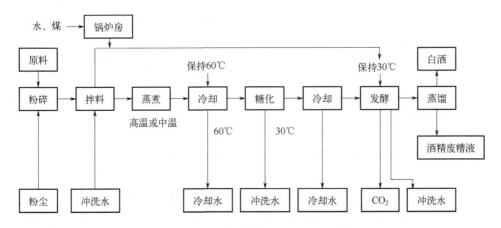

图 2-3 液态发酵法生产原酒工艺流程

白酒生产使用的主要设施汇总见表 2-2。

表 2-2　白酒生产主要设施

序号	主要生产单元名称	生产设施名称	设施参数	单位
1	原料粉碎系统	粉碎机	粉碎能力	t/h
2	清蒸排杂系统	蒸煮装置	容积	m^3
3	糖化、糊化系统	蒸馏装置	容积	m^3
4	发酵系统	地缸	容积	m^3
		发酵池	容积	m^3
5	蒸馏系统	蒸馏装置	容积	m^3
		冷凝器	处理能力	t/h
6	勾调系统	勾酒罐	容积	m^3
7	原酒储存系统	储酒罐	容积	m^3
		酒坛	容积	m^3
8	灌装系统	洗瓶机	处理能力	t/h
		灌酒机	处理能力	kL/h
9	酒糟综合利用生产系统（生产饲料等）	固液分离机	处理能力	t/h
		压榨机	处理能力	t/h
		干燥机	处理能力	t/h

某白酒生产企业蒸粮工序实现了自动化生产，现场照片如图 2-4 所示。

图 2-4　白酒蒸粮

2.1.1.3　啤酒制造生产工艺

啤酒是以大麦和其他谷物为原料，加少量酒花，采用制麦芽、糖化、发酵等工艺酿制而成的。啤酒的生产过程大体可以分为麦芽制造、麦汁制备、啤酒发酵、啤酒包装与成品啤酒四大工序。

① 麦芽制造。大麦是酿制啤酒的主要原料，大麦在人工控制的外界条件下进行发芽和干燥，将其制成麦芽，再用于酿酒。

② 麦汁制备。麦汁制备通常又称为糖化，麦芽及辅料经过粉碎、醪的糖化、过滤，以及麦汁煮沸、冷却工序制成各种成分含量适宜的麦汁，再由酵母发酵酿成啤酒。

③ 啤酒发酵。啤酒发酵是在啤酒酵母所含酶系的作用下产生酒精和二氧化碳，另外还有一系列的发酵副产物，如醇类、醛类、酸类、酯类、酮类和硫化物等，这些发酵产物决定了啤酒的风味、泡沫、色泽和稳定性等各项理化性能，使啤酒具有其独特的典型性。

④ 啤酒包装与成品啤酒。啤酒经过后发酵或后处理，口味已经达到成熟，酒液也已逐渐澄清，此时再经过机械处理，使酒内悬浮的轻微粒子最后分离，达到酒液澄清透明的程度即可包装出售。

（1）啤酒生产主要单元

啤酒生产主要包括糖化单元、发酵单元和包装单元。

1）糖化单元

糖化单元工艺流程如图 2-5 所示。

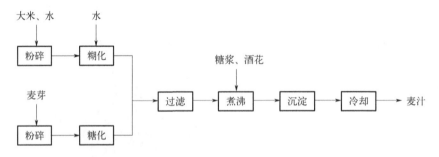

图 2-5　糖化单元工艺流程

在糖化单元，麦芽在粉碎机中进行湿法粉碎，去除麦糠、粉尘等夹杂物之后进入糖化锅反应，生成糖化醪。大米同样经湿法粉碎后进入糊化锅，生成糊化醪。糊化醪送入糖化锅，与糖化醪混合后继续反应生成混合醪。混合醪在过滤槽中加水并过滤出其中的酒糟，剩余的混合麦汁进入煮沸锅，加入酒花、糖浆等辅料后煮沸 60min。煮沸后的热麦汁先在回旋沉淀槽去除热凝固物，再经薄板冷却器冷却，之后送至发酵单元。

2）发酵单元

发酵单元工艺流程如图 2-6 所示。

图 2-6　发酵单元工艺流程

糖化单元产生的冷麦汁进入发酵罐（见图 2-7），经酵母发酵将糖类转化为酒精和

CO_2，并产生一定量的风味物质，CO_2 送 CO_2 回收单元进行回收。除去废酵母的发酵液在过滤机经纸板和硅藻土过滤，然后在管道中用调配好的稀释水稀释，最后进入清酒罐贮存。

图 2-7　某啤酒生产企业啤酒发酵罐现场照片

3）包装单元

包装单元工艺流程如图 2-8 所示。

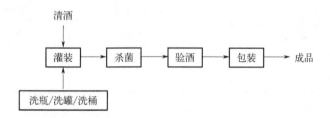

图 2-8　包装单元工艺流程

包装生产线根据最终产品主要分为瓶啤线、听啤线和桶装线。

① 瓶啤线：啤酒专用玻璃瓶在洗瓶机进行清洗，验瓶合格后送至灌酒机，灌入发酵单元产生的清酒并压盖。灌装好的瓶啤送至杀菌机进行巴氏杀菌，之后在验酒机去除不合格品，再经过贴标、喷码和包装，生产出成品酒。

② 听啤线：发酵单元生产出的清酒在灌酒机灌入清洗合格的啤酒专用易拉罐，压盖后在杀菌机进行巴氏杀菌，经验重、喷码和包装后生产出成品酒。

③ 桶装线：发酵单元生产的清酒通过管道输送至杀菌机进行瞬时杀菌，在灌酒机灌入经过刷洗和杀菌的桶并封盖，然后再进行称重检验和贴标生产出成品酒。

（2）啤酒生产主要设施设备

啤酒生产使用的主要设施汇总见表 2-3。

表 2-3 啤酒生产主要设施

序号	主要生产单元名称	生产设施名称	设施参数	单位
1	制麦芽系统	浸麦槽	处理能力	t/h
		发芽箱	处理能力	t/h
2	原料粉碎系统	粉碎机	粉碎能力	t/h
3	糊化、糖化系统	糊化锅	容积	m^3
		糖化锅	容积	m^3
		过滤槽	容积	m^3
		煮沸锅	容积	m^3
		沉淀槽	容积	m^3
		冷却器	处理能力	kL/h
4	发酵系统	发酵罐	容积	m^3
		冷却器	处理能力	kL/h
5	稀释系统	高浓稀释机	处理能力	kL/h
6	过滤系统	过滤机	处理能力	kL/h
		清酒罐	容积	m^3
7	灌装系统	洗瓶机	处理能力	kL/h
		灌酒机	处理能力	kL/h
8	酒糟综合利用生产系统（生产饲料等）	固液分离机	处理能力	t/h
		压榨机	处理能力	t/h
		干燥机	处理能力	t/h
9	CO_2 回收处理系统	除杂系统	处理能力	kL/h

主要生产设备包括粉碎机、提升机、磁选筛、糖化锅、煮沸锅、过滤机、发酵罐、杀菌机、纸包机等。

① 锅炉：锅炉产生大量的蒸汽。

② 空压单元：采用空压机，主要生产工艺用气，供气动阀、仪表、灌装机等设备。

③ 制冷单元：采用制冷机组，主要生产糖化制冰水、发酵控温、杀菌机喷淋水降温等所用的冷媒水。

④ 供水单元：采用反渗透装置，制备生产所需要的纯水，纯水主要用于糖化投料水、发酵过滤稀释水。

⑤ CO_2 回收单元：配有 CO_2 回收设施，回收的 CO_2 用于生产稀释水、灌酒机背压等。

（3）啤酒生产主要原辅料

啤酒生产的主要原辅料见表 2-4。

表 2-4 主要原辅料

序号	使用环节	原辅料种类
1	酿造单元	麦芽、大米、糖浆、酶、酒花、二氧化碳
2	包装单元	玻璃瓶、瓶盖、易拉罐、纸箱、塑料膜
3	清酒的过滤	硅藻土
4	啤酒瓶的清洗	液碱、片碱等
5	发酵罐的清洗	硝酸

（4）主要资源能源

啤酒企业使用大量蒸汽，蒸汽主要用于糖化、煮沸和杀菌等工序。

2.1.1.4 黄酒制造生产工艺

黄酒是以稻米、黍米、黑米、小麦、玉米等为主要原料，加曲、酵母等糖化发酵剂发酵酿制而成的发酵酒产品。黄酒生产工艺分为两大类：一是传统工艺生产黄酒；二是机械法工艺生产黄酒。传统工艺主要有摊饭法、喂饭法和淋饭法三种工艺。机械法工艺与传统工艺基本相同，但摆脱了传统工艺劳动强度大、生产周期长、季节性强等不足。黄酒生产包括原酒生产和加工灌装两部分。

黄酒生产使用的主要设施汇总见表 2-5。

表 2-5 黄酒生产主要设施

序号	主要生产单元名称	生产设施名称	设施参数	单位
1	原料处理系统	浸米桶	容积	m^3
		淋水桶	容积	m^3
		饭甑	容积	m^3
		蒸饭机	处理能力	t/h
		缸	容积	m^3
		罐	容积	m^3
2	发酵系统	缸	容积	m^3
		酒坛	容积	m^3
		发酵罐	容积	m^3
3	压榨过滤系统	压榨机	处理能力	t/h
4	煎酒系统	煎酒设备	处理能力	t/h
5	灌装系统	洗瓶（坛）机	处理能力	t/h
		灌酒机	处理能力	kL/h
		杀菌机	处理能力	t/h
		清酒罐	容积	m^3
6	酒糟处理系统	蒸馏塔	容积	m^3
		冷凝器	处理能力	t/h

某黄酒生产企业压榨系统现场照片如图 2-9 所示。

图 2-9　压榨系统

2.1.1.5　葡萄酒制造生产工艺

葡萄酒制造指以新鲜葡萄或葡萄汁为原料，经全部或部分发酵酿制成含有一定酒精度的发酵产品的生产活动。葡萄酒生产的主要产品是红葡萄酒、白葡萄酒。红葡萄酒是以红葡萄为原料进行机械处理（破碎和除梗）后，再进行发酵产酒，其红色来源于原料中的固形物。白葡萄酒是将葡萄进行分选、压榨去皮榨取葡萄汁进行发酵，生产出呈淡黄色或金黄色的葡萄酒。葡萄酒生产主要的工艺流程包括：分选、除梗破碎，酒精发酵（时间 10～15d），分离压榨，二次发酵（苹果酸乳酸发酵，约 30d），陈酿，调配，下胶澄清，冷冻，除菌过滤，无菌罐装。

葡萄酒生产使用的主要设施汇总见表 2-6。

表 2-6　葡萄酒生产主要设施

序号	主要生产单元名称	生产设施名称	设施参数	单位
1	原料破碎系统	破碎机	处理能力	t/h
2	压榨系统	压榨机	处理能力	t/h
3	发酵系统	发酵罐	容积	m³
4	调配系统	调酒罐	容积	m³
5	过滤系统	过滤机	处理能力	t/h
6	灌装系统	洗瓶机	处理能力	t/h
7		灌酒机	处理能力	kL/h

某葡萄酒生产企业调酒罐现场照片如图 2-10 所示。

图 2-10　调酒罐

2.1.1.6　其他酒制造生产工艺

其他酒以发酵酒或蒸馏酒为酒基，添加药食两用原料及香辛料等原辅料，经提取、处理、调配、陈酿等工艺制备而成。不同品种所选用的原料及工艺存在较大差异。其中露酒根据其所用原辅料不同，分为植物型露酒、动物型露酒、动植物型露酒。原料有需要前处理加工、直接用于提取蒸馏、直接添加调配而成等区别。因所用基酒差异不同采用不同的加工工艺过程。

果酒（发酵型）、奶酒（发酵型）、其他发酵酒制造与葡萄酒制造类似；白兰地、威士忌、伏特加、朗姆酒、奶酒（蒸馏型）、其他蒸馏酒（同时有发酵和蒸馏工艺），以及配制酒、露酒制造与白酒制造类似。

2.1.2　产排污情况分析

2.1.2.1　基本情况

酒和饮料制造行业的环境问题主要为水污染，其废水主要包括工艺废水、清洗废水、冷却废水等。酒类制造业废水排放量大，污染负荷高，治理难度较大。酒类制造业废水来源包括生产过程废水，生产设备的洗涤水、冲洗水，以及蒸煮、糖化、发酵、蒸馏工艺的冷却水等。高浓度废水主要是发酵液提取产品后的废醪液（酒精）和锅底水（白酒）；中低浓度废水主要包括原料冲洗水，各种罐、池、反应器、管道、容器、瓶的洗涤水和车间冲洗水等。

酒类制造产生的废气较少，除锅炉使用产生燃烧废气外，综合污水处理站的水解酸化池、厌氧池、污泥间、氧化塘等会产生异味。

2.1.2.2　发酵酒精制造产排污情况

酒精生产工艺因原料不同而有所区别，生产过程的废水主要来自原料蒸馏发酵后排出的酒精糟（高浓度有机废水），生产设备的洗涤水（中浓度有机废水）、冲洗水，以及蒸煮、糖化、发酵、蒸馏工艺的冷却水等，发酵酒精生产废水温度较高（平均达 70℃）、呈酸性。酒精糟是酒精行业最主要的污染源，每生产 1t 酒精产生 13～16m³ 酒精糟，酒精糟呈酸性，COD_{Cr} 高达（5～7）×10^4mg/L。

淀粉质原料（谷物类、薯类）发酵酒精生产工艺及产排污节点如图 2-11 所示，糖质类原料发酵酒精生产工艺及产排污节点如图 2-12 所示。

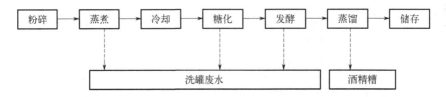

图 2-11　淀粉质原料（谷物类、薯类）发酵酒精生产工艺及产排污节点图

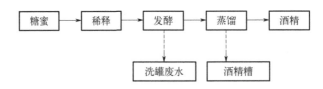

图 2-12　糖质类原料发酵法酒精生产工艺及产排污节点图

2.1.2.3　白酒制造产排污情况

白酒生产过程中产生的废水主要包括蒸馏锅底水、发酵废液（又称黄水）、冷却废水等。白酒生产废水具有以下特点：

① 有机物浓度高。固态法产生的高浓度有机废水主要是锅底水及黄水，COD_{Cr} 浓度最高值可分别达到 25000～65000mg/L 和约 100000mg/L。液态法产生的高浓度有机废水主要是废醪液，淀粉质废醪液和糖蜜废醪液 COD_{Cr} 浓度最高值可分别达到 50000～70000mg/L 和 80000～110000mg/L。

② 废水易生物降解。白酒废水主要来源于粮食发酵，废水中 COD_{Cr} 的主要成分为小分子有机物，BOD/COD 值（B/C 值）较高，生物降解性好。废水中 TP 的浓度为 40～50mg/L。

③ 酱香型白酒季节性生产特征突出。酱香型白酒生产工艺包括两次投粮、七次取酒、八次发酵、九次蒸酿的过程，生产周期为当年 10 月至次年 9 月，在这期间排水量呈现较大的波动，有的差异甚至达到 2～3 倍。

固态法白酒生产工艺及产排污节点如图 2-13 所示。

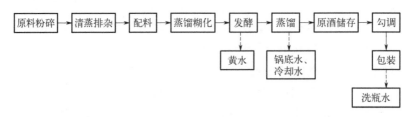

图 2-13　固态法白酒生产工艺及产排污节点图

2.1.2.4 啤酒制造产排污情况

啤酒生产废水的主要来源包括：糖化过程的糖化、过滤洗涤水，发酵过程的发酵罐、过滤洗涤水，灌装过程洗瓶、灭菌及冷却水。啤酒生产中，酿造过程排出的废水污染物浓度较高，属高浓度有机废水；灌装工序排出的冲洗水属低浓度有机废水。啤酒废水的污染物主要是 COD_{Cr}、BOD_5、SS，其中 COD_{Cr} 浓度平均在 1000～2500mg/L，BOD_5 浓度平均在 700～1500mg/L，SS 浓度平均在 200～500mg/L。啤酒废水的 B/C 值一般在 0.6，属于可生化性较好的废水。啤酒废水总氮产生浓度在 20～50mg/L；TP 产生浓度在 8～20mg/L，采用传统厌氧-好氧工艺处理啤酒废水，TP 排放浓度在 4.5mg/L 左右。从排水量来看，吨产品的废水产生量在 3～12m³。

啤酒生产工艺及产排污节点如图 2-14 所示。

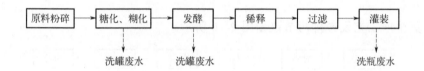

图 2-14 啤酒生产工艺及废水产排污节点图

2.1.2.5 黄酒制造产排污情况

黄酒生产废水主要为米浆水、淋米水、洗罐废水、洗滤布废水、洗瓶废水等。浸米废水（米浆水）为高浓度有机废水，其 COD_{Cr} 高达数万 mg/L。废水特点主要为：

① 传统生产工艺耗水 10～12m³/kL，生产用水有 70%～80% 转化为废水排放，单位产品排放废水量为 7～10m³/kL。

② 黄酒生产废水中 COD_{Cr} 为 2500～4500mg/L，BOD_5 为 1800～2500mg/L，悬浮物为 200～500mg/L，氨氮为 20～40mg/L。

黄酒生产工艺及产排污节点如图 2-15 所示。

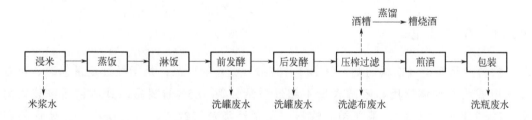

图 2-15 黄酒生产工艺及产排污节点图

2.1.2.6 葡萄酒制造产排污情况

葡萄酒生产企业废水来源有冷冻机冷却水、发酵冷却水、洗瓶机洗涤水，以及破碎去梗机、输送装置、贮槽、压榨机、发酵罐、橡木桶、输送管道、发酵车间地面清洗等产生的洗涤废水。在葡萄采摘和酿造季节前后，各设备均须彻底清洗，此时废水产生量最大。葡萄酒废水的特征污染物为 COD_{Cr}、BOD_5、SS 等，来源主要为发酵罐内壁残留的葡萄酒原酒、酒石酸、柠檬酸等，一般压榨 1t 葡萄会产生 $2\sim5m^3$ 废水，其特点是浓度较高、季节性较强。主要表现为：

① 原酒生产废水为季节性排放，水量变化大。葡萄成熟采摘时间一般为每年 9～10 月，采摘后需尽快加工处理，因此废水从每年 9 月开始产生，集中于 11～12 月酿造期间。大型酒庄葡萄酒的灌装几乎全年运行，灌装清洗废水几乎全年产生；小型酒庄产量小且灌装时间不固定，灌装清洗废水间歇性产生。

② 废水浓度较高，在前处理阶段，废水中的有机成分主要与葡萄果实的汁液成分相近，含有大量的糖和有机酸，COD_{Cr} 可达 4000～5000mg/L；在加工阶段，发酵罐残液的排出会增加废水中的乙醇和乙酸含量，COD_{Cr} 达 2000～3000mg/L。废水可生化性较好，B/C 值接近 0.5。

葡萄酒生产工艺及产排污节点如图 2-16 所示。

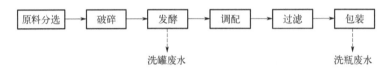

图 2-16　葡萄酒生产工艺及产排污节点图

2.1.2.7　其他酒制造产排污情况

其他酒生产废水主要来自原辅料润洗、设备清洗、包装洗瓶和喷淋废水。润洗废水为高浓度有机废水，其 COD_{Cr} 高达数万 mg/L，但是废水产生量较少；设备清洗废水和包装洗瓶废水水量较大，但污染负荷较低。

2.2　饮料制造生产工艺及产排污情况

2.2.1　生产工艺

饮料产品系指《饮料通则》（GB/T 10789）涵盖的产品，是指经过定量包装、可直接饮用或用水冲调饮用、乙醇含量不超过质量分数 0.5% 的制品，具体包括包装饮用水、碳酸饮料（汽水）、茶（类）饮料、果蔬汁类及其饮料、蛋白饮料、固体饮料和其他饮料类。

饮料根据其种类不同，生产工艺也各不相同，主要相同的生产环节涵盖制水、调配、杀菌、灌装、包装等，公用工程包括原位清洗（CIP 清洗）等。

2.2.1.1　包装饮用水生产工艺

包装饮用水，是指密封于符合食品安全标准和相关规定的包装材料及制品中，可供直接饮用的水。包装饮用水生产许可类别编号 0601，包括饮用天然矿泉水、饮用纯净水、饮用天然泉水、饮用天然水、其他饮用水。

（1）饮用天然矿泉水

饮用天然矿泉水是指从地下深处自然涌出的或经钻井采集的，含有一定量的矿物质、微量元素或其他成分，在一定区域未受污染并采取预防措施避免污染的水；在通常情况下，其化学成分、流量、水温等动态指标在天然周期波动范围内相对稳定且对人体有益。随着国民经济的高速发展，居民生活水平稳步提升，对优质饮用天然矿泉水的需求迫切，特别是东南沿海经济相对较好的地区，居民渴望优质饮用天然矿泉水以及对美好物质生活的向往，使得饮用天然矿泉水市场需求旺盛。

饮用天然矿泉水属于可再生的液体矿产，与固体矿产开发利用有所不同，主要是钻井抽取和自流涌出，开采方法简单。采出的饮用天然矿泉水采用瓶装、桶装或其他灌装方式，加工方法简单。饮用天然矿泉水是单一矿产，不涉及共伴生矿种。

截至 2020 年 6 月，全国（不含港澳台）矿泉水矿山采矿证有效期内共计 490 个，分布在广东、吉林、四川、浙江和黑龙江等 29 个省（自治区、直辖市）。有效期内矿山较多的有广东省（71 家）、吉林省（57 家）、四川省（42 家）、浙江省（32 家）和黑龙江省（32 家）。

截至 2020 年 6 月，全国矿泉水矿山采矿证有效期内年生产规模为 $4449.38\times10^4\ m^3/a$，其中，吉林省为 $865.76\times10^4 m^3/a$，陕西省为 $785.46\times10^4 m^3/a$，广东省为 $773.78\times10^4 m^3/a$，四川省为 $447.49\times10^4 m^3/a$，四省生产规模之和达到全国生产规模的 65%。

饮用天然矿泉水矿山开采方式主要为自流涌出及井采模式，自流涌出的饮用天然矿泉水在东北、西藏、新疆等地有大量分布，国内南方矿泉水开采主要为井采。目前，矿泉水矿山均是以销定产，矿泉水开发利用情况与企业品牌有相当大的关系。对于国内消费者来说，瓶装矿泉水、纯净水区别不大，而消费者选择的标准就是价格、品牌、广告和包装，因此价格相对低的纯净水往往占领国内大部分饮用水市场份额。

饮用天然矿泉水常见生产工艺流程见图 2-17，矿泉水的生产工艺均较为简单，主要是过滤、杀菌和灌装等，各个矿泉水厂基本大同小异。利用率是衡量矿泉水资源利用水平的重要依据，主要跟矿泉水生产设备、水处理工艺以及矿山企业对于矿泉水的重视程度等密切相关。设备先进、生产工艺先进、节约水意识强的矿泉水企业利用率高。政府主管部门可制定相应的奖惩措施，督促利用率较低的矿泉水企业，通过改进生产工艺、更新矿泉水生产设备、加强节水意识等一系列举措提高利用率。

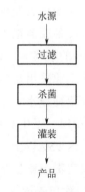

图 2-17 饮用天然矿泉水生产工艺流程

（2）饮用纯净水

饮用纯净水是以符合原料要求的水为生产用水源，采用蒸馏法、电渗析法、离子交换法、反渗透法或其他适当的水净化工艺，加工制成的包装饮用水，常规生产工艺流程见图 2-18。

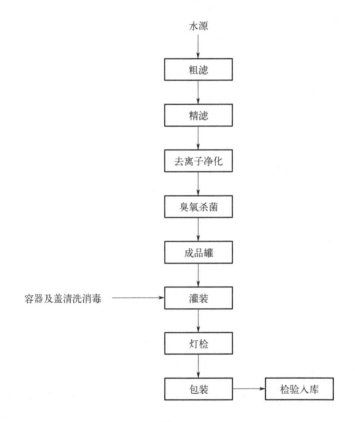

图 2-18　饮用纯净水生产工艺流程

　　饮用纯净水的水处理设备包括常见的粗滤设备（如砂滤、碳滤）、精滤设备、杀菌/除菌设备（如臭氧发生器及混合设备、紫外杀菌设备、过滤除菌设备）等，此外还应具有反渗透设备或蒸馏设备或其他去离子设备。如使用过滤除菌设备，滤膜孔径应至少达到 0.45μm 的规格。

　　部分企业采用反渗透（RO）技术为主要处理单元，以市政自来水作为给水，经处理后产出无菌纯净水，水质达到国家瓶装饮用水《食品安全国家标准　包装饮用水》（GB 19298—2014）卫生标准。反渗透分离过程可去除分子量大于 150～200 的有机物，一次脱盐率高达 95% 以上；同时，作为一个特殊的精密的"过滤"过程，可以有效除去水中的细菌和病毒等微生物，制备无菌水。

　　（3）饮用天然泉水

　　饮用天然泉水是以地下自然涌出的泉水或经钻井采集的地下泉水，且未经公共供水系统的自然来源的水为水源，制成的包装饮用水，常规生产工艺流程见图 2-19。

　　水处理工序：将原水抽至蓄水池，经过双级平流沉砂池后，由水泵引自经过装有锰砂滤料的过滤器，利用粗细不同的石英砂的截污能力，有效地去除水中颗粒度＞20μm 的机械杂质；再通过三级精滤过滤器有效地吸附水中的色素、悬浮物及有机污染物等；

精密过滤后经过纳米过滤或者超滤系统进行进一步处理，处理后经臭氧杀菌、紫外线杀菌后泵入产品罐。

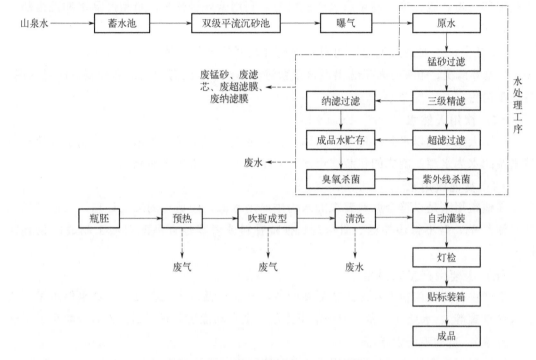

图 2-19　饮用天然泉水生产工艺流程

① 锰砂过滤：采用锰砂作为滤料，作用是滤除原水带来的细小颗粒、悬浮物、胶体等杂质，保证产水水质满足后续处理装置的进水水质要求，出水水质悬浮物＜5mg/L。此设备正常运行一段时间后，大量污物截留于过滤层中将导致过滤设备阻力增大、滤速降低、出水水质变差，故此时须对过滤器进行反冲洗，产生反冲洗水；当锰砂滤料过滤罐过滤后的水质出现浑浊，悬浮物增多的情况，并且经过反冲洗后效果还是不明显时，则需要更换锰砂滤料（一般 1 年更换 1 次），产生废锰砂滤料。

② 精滤：原水进入精滤器通过不同规格的滤芯进行过滤，防止水中的细菌、颗粒物进入下一个工序。随着制水时间的增长，滤芯因截留物的污染，其运行阻力逐渐上升，将导致过滤效果变差，需要进行定期更换。

③ 超滤：利用先进膜技术过滤，水中残存的微量悬浮颗粒、胶体、微生物等被截留或吸附在滤芯表面和孔隙中。随着制水时间的增长，超滤膜因截留物的污染，其运行阻力逐渐上升，将导致过滤效果变差，因此会定期（2 个月）清洗一次。

④ 纳滤：采用反渗透膜进行精滤，原水以一定的压力被送至反渗透膜时，水透过膜上的微小孔径，经收集后得到纯水。此过程中会产生一定量的污水（俗称浓水），约占进水量的 20%，此污水中盐及二氧化硅含量高、pH 值高、碱度大、有细菌及有机物存在等。反渗透膜约 4 个月反冲清洗一次，清洗时需加入少量已配好的清洗液。反渗透膜

一般的使用寿命在 2～3 年，在运行一段时间后需更换反渗透膜。

⑤ 臭氧杀菌、紫外线杀菌、灌装封盖：利用臭氧发生器制得臭氧，利用臭氧对水进行灭菌处理。瓶、盖、桶用原水清洗内部，利用紫外线消毒，再用产品水冲洗内部，再进行灌装封盖。

⑥ 灯检：主要是人工通过肉眼观察已灌装好的产品，是否存在高（低）液面、歪盖、脱盖等情况，如有则人工选出后再重新进行生产，如没有则人工套标签后即可入库，待装车销售。

（4）饮用天然水

饮用天然水是以水井、山泉、水库、湖泊或高山冰川等，且未经公共供水系统的自然来源的水为水源，制成的包装饮用水。其生产工艺同饮用天然泉水。

（5）其他饮用水

其他饮用水是以符合原料要求的水为生产用水源，经适当的加工处理，可适量添加食品添加剂，但不得添加糖、甜味剂、香精香料或者其他食品配料加工制成的包装饮用水。

（6）主要生产工艺设备

生产设备和设施根据实际工艺需要配备，一般包括：水贮存设备（原水储水罐、成品水储水罐等）、水处理设备、清洗消毒系统、全自动灌装封盖（口）设备（禁止手工灌装、封盖）、自动喷码设备等。

如使用周转容器生产包装饮用水，应配备周转容器的外洗设备、自动内洗消毒设备、灯检设备、自动灌装封盖（口）设备、盖清洁或消毒设备、喷码设备等，生产桶装饮用水的，还应配备拔盖设备、桶口热塑膜包裹密封设备。

周转使用的空桶的内部清洗消毒设备应为连续自动化设备，至少包括预清洗、洗涤剂清洗、消毒剂清洗、水冲洗、成品水冲洗或符合《食品安全国家标准　包装饮用水》（GB 19298）要求的水冲洗等，且不少于 10 个清洗消毒工位（含沥干工艺）。

包装饮用水主要生产工艺设备见表 2-7。

表 2-7　包装饮用水主要生产工艺设备

主要生产单元名称	生产设施名称	设施参数	单位
过滤系统	过滤机	处理能力	t/h
调配系统	调配罐	容积	m^3
杀菌系统	杀菌机	处理能力	t/h
灌装系统	灌装机	处理能力	t/h

2.2.1.2　碳酸饮料生产工艺

碳酸饮料生产线生产方式按种类可分为：一次混合和二次混合两种。一次混合适合产量比较少的，糖浆和水通过两个泵同时打入混合桶里，进行混合，再充入二氧化碳进行饮料的制作混合。二次混合是指通过饮料泵将水和糖浆各灌入储罐中，通过混合机的泵将水和糖浆注入最终的混合桶进行搅拌和混合，再充入二氧化碳进行混合灌装。

主要生产工艺单元包括制水、溶糖、过滤、混合，灌装等。

（1）制水

饮料行业用水通常需要用到预处理净水或纯净水，符合《生活饮用水卫生标准》（GB 5749—2022）、《饮用净水水质标准》（CJ/T 94—2005），《食品安全国家标准　包装饮用水》（GB 19298—2014）。制备纯水工序常用反渗透水处理设备进行，将废水中的细菌、矿物质、异色异味、重金属等杂质除去，从而做到净化水质。

采用一级反渗透工艺方式，制备食品饮料工艺生产用水，其流程如下：原水箱→增压泵→多介质过滤器→活性炭过滤器→保安过滤器→高压泵→一级反渗透→纯水箱。

制备的纯水还需要进行消毒处理。传统的工艺流程为经反渗透处理后的水先进入储罐中进行贮存并加氯，然后再使用泵并经过活性炭过滤器、经精过滤器输送到生产线上的使用点。这种方法的缺点就是在处理过程中需要加入次氯酸钙进行消毒，并且经过活性炭过滤器需要进行反洗及活化，增加了水的消耗及活性炭废弃物的排放，另外还要定期对精过滤器进行更换。新的方案为反渗透产水经过中间水罐缓冲后，经过紫外线杀菌后直接输入到生产线上进行生产，中间没有任何化学用品的消耗及水的消耗。可以节省费用同时也起到节能减排的作用。

将反渗透的浓水再经反渗透预处理后进入原水池回用，新生水处理时采用三段反渗透系统，将原来浓水再进一次低压膜过滤，水的利用率由 75% 提高到 90%。

采用三段反渗透系统可以多级回收反渗透浓水，有效提高水的利用效率，其工艺流程见图 2-20。

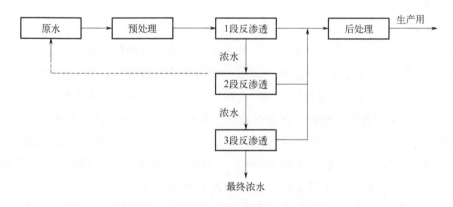

图 2-20　水处理浓水回收工艺流程

采用一级三段反渗透处理能够提高水的利用率，但是第三段的进水为第二段的浓水（盐度高），结垢倾向大，需要定期进行冲洗，采用反渗透的产水或采用除盐水进行冲洗，这种冲洗方式能够很好地把反渗透浓水置换出来，从而保证了反渗透停运后浓水侧的含盐量很低，能够有效地防止反渗透停运中出现浓水侧结垢现象的发生。

（2）溶糖

溶糖是碳酸饮料生产的关键步骤。它是指将白砂糖和其他物料加入配料桶并混合均匀的过程。

由于糖浆是饮料的主体之一，它与碳酸水混合即成碳酸饮料，所以糖浆配制的好坏直接影响产品的一致性和质量。因此，从质量、风味的形成和卫生角度来考虑糖浆的制备是碳酸饮料生产中极为重要的工序。

白砂糖是饮料常用的甜味剂，有甜菜糖和甘蔗糖两种。饮料使用的白砂糖应符合《白砂糖》（GB/T 317—2018）的中优级和一级标准的要求，以及《食品安全国家标准　食糖》（GB 13104—2014）的要求。

把定量的白砂糖溶解，制得的具有一定浓度的糖液，一般称为原糖浆。溶糖方法有冷溶法和热溶法两种。将白砂糖直接加入水中，在温室下进行搅拌使其溶解的方法，称为冷溶法。采用冷溶法生产糖浆，可省去加热和冷却的过程，减少费用，但溶解时间长，设备体积大，利用率差，而且必须具有非常严格的卫生控制措施。这种方法适用于采用砂糖生产短期内饮用的饮料的糖浆，浓度一般配为 $45 \sim 65°Bx$ ❶，如要存放一天配成 $65°Bx$。冷溶法所用设备一般采用内装搅拌器的不锈钢桶，设备便于彻底清洗，以保证无菌。

热溶法是将白砂糖和水一起加热，并不断搅拌使白砂糖完全溶解。热溶系统的主要设备有糖化锅、糖浆泵、过滤器、配置容器等。溶糖时将水蒸气通入溶糖罐中，糖浆表面有杂物浮出，需用筛子除去。待糖完全溶化后，将糖浆在 $85℃$ 保温 $5min$ 杀菌，然后再经过板式换热器冷却至 $40 \sim 50℃$，但不可长时间保持高温，以免加重颜色并产生焦糖味。由于热溶法具有生产纯度高、生产效率高等优点，大多数企业采用此方法。

（3）过滤

由于白砂糖中含有灰尘、色素和胶体等杂质，如果不对制得的原糖浆进行过滤除去糖浆中的杂质，常会导致饮料出现沉淀、絮凝、变色等质量问题。硅藻土过滤机是采用硅藻土作为助滤剂的过滤设备，是制作饮料时常用的一种过滤设备。硅藻土是由海中硅藻类的遗骸沉淀下来，再经破碎、磨粉、筛分而成的一种松散粉粒颗粒，主要成分是二氧化硅。

硅藻土过滤机的密闭不锈钢容器内，自下而上水平放置不锈钢过滤圆盘，圆盘的上层是不锈钢滤网，下层是不锈钢支撑板，中间是液体收集腔。过滤时，先进行硅藻土预涂，使盘上形成一层硅藻土涂层，待过滤液体在泵压力作用下，通过预涂层而进入收集腔内，颗粒及高分子被截流在预涂层，再进入收集腔内的澄清液体通过中心轴流出容器。

（4）混合

将经及渗透（RO）处理后的精水输送到混合机，同时从糖浆室配制好的糖浆以及经

---

❶ 白利糖度符号°Bx，是测量糖度的单位，代表 $20℃$ 条件下，每 $100g$ 水溶液中溶解的蔗糖质量。

净化后的二氧化碳一同进入到混合机中,按照规定的混比规程要求在混合机中进行混合,完成混合后输送到灌装工序。

(5) 灌装

完成混合的饮料经泵输送至灌装机后灌装到经冲瓶后的空瓶内,完成产品的灌装过程,经过一定的转换过程,可以灌不同容量的瓶型及不同口味的产品。

(6) 主要生产工艺设备

碳酸饮料主要生产工艺设备见表 2-8。

表 2-8　碳酸饮料主要生产工艺设备

主要生产单元名称	生产设施名称	设施参数	单位
溶糖系统	溶糖罐	容积	m³
调配系统	调配罐	容积	m³
冷却系统	板式换热器	处理能力	t/h
碳酸化系统	饮料混合机	处理能力	t/h
过滤系统	过滤机	处理能力	t/h
灌装系统	灌装机	处理能力	t/h

2.2.1.3　果蔬汁及果蔬汁饮料生产工艺

根据《果蔬汁类及其饮料》(GB/T 31121—2014),果蔬汁及果蔬汁饮料根据产品工艺不同可以划分为果蔬汁(浆)、浓缩果蔬汁、果蔬汁饮料 3 大类。

(1) 果蔬汁(浆)工艺流程

果蔬汁是以水果或蔬菜为原料,采用物理方法制成的可发酵但未发酵的汁液、浆液制品;或在浓缩果蔬汁中加入其加工过程中除去的等量水分复原制成的汁液、浆液制品。主要生产工艺包括原汁工艺和还原工艺,其中还原工艺和果蔬汁饮料生产工艺基本一致,生产工艺见图 2-21。

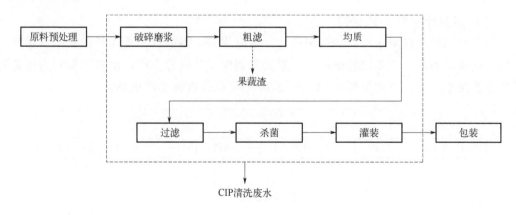

图 2-21　果蔬汁(浆)基本生产工艺流程

目前连续榨汁设备主要分为螺旋榨汁机、带式榨汁机。其中螺旋榨汁机在我国广泛应用，其结构简单、故障少、生产效率比较高，但出汁率低，大多情况下仅为40%～60%，浑浊物>3%。而带式榨汁机，能够连续作业，工作效率高，适合大规模生产，并且出汁率高，为78%左右。带式榨汁机是国内外果汁生产最先进的榨汁设备。

（2）浓缩果蔬汁工艺流程

浓缩果蔬汁是以水果或蔬菜为原料，从采取物理方法制取的果蔬汁原汁中除去一定量的水分制成的、加入其加工过程中除去的等量水分复原后具有果蔬汁应有特征的制品，与果蔬汁原汁生产相比，浓缩果蔬汁在原来的工艺流程后增加了浓缩工艺，一般采用多效浓缩工艺，果蔬原汁的水分含量很高，通常在80%～85%之间，而浓缩工艺可以把果蔬原汁中的固形物从5%～20%提高到60%～75%，其中蒸发出来的蒸汽冷凝水也是废水的来源之一，单位浓缩果蔬汁产品的蒸发冷凝水能够达到8m³/t，是最主要的废水来源。

浓缩果蔬汁基本生产工艺流程见图2-22。

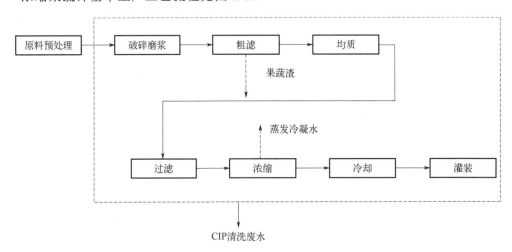

图2-22　浓缩果蔬汁基本生产工艺流程

（3）果蔬汁饮料工艺流程

果蔬汁饮料是以果蔬汁、浓缩果蔬汁、水为原料，添加或不添加其他食品原辅料，经加工制成的制品。工艺比较简单，一般采取调配工艺进行生产，主要污染物为设备管道的清洗废水。生产工艺见图2-23，图2-24为果蔬汁饮料生产现场。

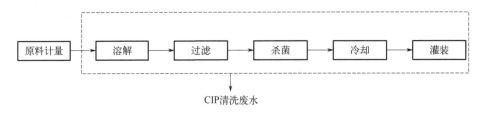

图2-23　果蔬汁饮料基本生产工艺流程

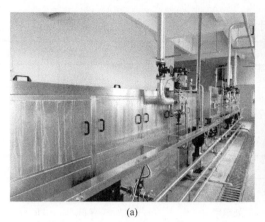

(a)   (b)

图 2-24　果蔬汁饮料生产现场

（4）CIP 清洗

果蔬汁及果蔬汁饮料生产过程中主要废水来源为 CIP 清洗废水，CIP 清洗系统俗称就地清洗系统，广泛用于饮料等机械化程度较高的食品饮料生产企业中。CIP 清洗系统能保证一定的清洗效果，提高产品的安全性；节约操作时间，提高效率；节约劳动力，保障操作安全；节约水、蒸汽等能源，减少洗涤剂用量；生产设备可实现大型化，自动化水平高；延长生产设备的使用寿命，常见设备见图 2-25。

(a) CIP清洗机   (b) 酸碱罐

图 2-25　CIP 清洗机及酸碱罐

饮料行业 CIP 清洗程序如下：40℃清水、2%碱液、40℃清水、0.8%酸液、90℃以上热水依次清洗。

实际操作中，碱液、酸液可以循环使用，最后一遍清洗水回收使用，用于下一次 CIP 清洗的第一遍清洗水，第一遍清洗水由于含有较高浓度的物料，污染负荷较高，无法回收利用，需要进入废水处理系统净化。

果蔬汁及果蔬汁饮料主要生产工艺设备见表 2-9。

表 2-9　果蔬汁及果蔬汁饮料主要生产工艺设备

排污单位类别	主要生产单元名称	生产设施名称	设施参数	单位
果蔬汁及果蔬汁饮料制造（原榨果蔬汁）	原料预处理系统	挑选台	用水量	t/h
		洗涤槽	用水量	t/h
	破碎打浆系统	破碎机	处理能力	t/h
		打浆机	处理能力	t/h
		胶体磨	处理能力	t/h
	榨汁前预处理系统	加热锅	容积	m^3
		处理罐	容积	m^3
	榨汁系统	压榨机	处理能力	t/h
	粗滤系统	筛滤机	处理能力	t/h
	澄清系统	澄清罐	容积	m^3
	过滤系统	板框过滤机	处理能力	t/h
		真空过滤机	处理能力	t/h
	均质与脱气系统	均质机	处理能力	t/h
	调整与混合系统	调配罐	容积	m^3
	杀菌系统	杀菌机	处理能力	t/h
	灌装系统	灌装机	处理能力	t/h
	果蔬渣综合利用系统	贮存设备	容积	m^3
		发酵设备	处理能力	t/h
		干燥机	处理能力	t/h
果蔬汁及果蔬汁饮料制造（浓缩果蔬汁）	脱水浓缩系统	多效蒸发器	处理能力	t/h
		冷凝器	处理能力	t/h
果蔬汁及果蔬汁饮料制造（果蔬汁饮料）	混合系统	调配罐	容积	m^3
	杀菌系统	杀菌机	处理能力	t/h
	灌装系统	灌装机	处理能力	t/h
果蔬汁及果蔬汁饮料制造（发酵果蔬汁饮料）	混合系统	调配罐	容积	m^3
	杀菌系统	杀菌机	处理能力	t/h
	发酵系统	发酵罐	容积	m^3
	冷却系统	板式换热器	处理能力	t/h
	调配系统	调配罐	容积	m^3
	净化系统	过滤器	处理能力	t/h
	均质系统	均质机	处理能力	t/h
	杀菌系统	杀菌机	处理能力	t/h
	灌装系统	灌装机	处理能力	t/h

2.2.1.4　含乳饮料和植物蛋白饮料生产工艺

含乳饮料及植物蛋白饮料产品包括以鲜乳或乳制品（经发酵或未经发酵）为主要原料，经调配、均质、灌装、杀菌（或杀菌、灌装）等工序加工而成的含乳饮料和以蛋白质含量较高的植物果实、种子或核果类、坚果类的果仁等为原料，经处理、制浆、调配、均质、灌装、杀菌（或杀菌、灌装）等工序加工而成的植物蛋白饮料产品。

（1）含乳饮料

以乳和（或）乳制品为原料，添加或不添加其他食品原辅料和（或）食品添加剂，经加工或发酵制成的蛋白饮料。可以细分为配制型含乳饮料、发酵型含乳饮料。其中发酵型含乳饮料生产中含有发酵工艺。

1）配制型含乳饮料　配制型含乳饮料生产工艺比较简单，主要工艺如下：

① 混合：将奶粉（或鲜奶）、配料（如白砂糖、甜味剂、食品稳定剂等）依次加入搅拌锅在一定温度下搅拌混合，当生产红枣枸杞奶、甜奶等调味饮料时，在搅拌锅中继续加入蔬果原浆、香精等辅料进行调配、均质；当生产调配型酸奶时，需将混合液体冷却后，加入柠檬酸钠、香精等辅料进行调配、均质，制得成品。

② 灭菌、灌装：成品泵入成品缸（罐）中暂存，待成品罐内液体到达一定液位足以供应灌装机连续作业时，进行成品检验，检验合格后，进入杀菌机内高温灭菌，灭菌后液体冷却，然后进行无菌灌装。其中红枣枸杞奶、甜奶主要采用利乐包装，调配型酸奶主要采用瓶装。

2）发酵型含乳饮料　发酵型含乳饮料以乳和（或）乳制品为原料，经国家规定可用于食品的菌种培养发酵，添加或不添加其他食品原辅料和（或）食品添加剂，经加工制成的饮料，如乳酸菌乳饮料、乳酸菌饮料、其他发酵型含乳饮料。根据其是否经过杀菌处理可区分为杀菌（非活菌）型和未杀菌（活菌）型。

发酵型含乳饮料的加工方式有多种，目前生产厂家普遍采用的方法是：先将牛乳进行乳酸菌发酵制成酸乳，再根据配方加入糖、稳定剂、水等其他原辅料，经混合、标准化后直接灌装或经热处理后灌装。

① 原料乳成分的调整：原料要选用优质脱脂乳或复原乳，不得含有阻碍发酵的物质。建议发酵前将调配料中的非脂乳固体含量调整到 8.5%左右，这可通过添加脱脂乳粉，或蒸发原料乳，或超滤，或添加酪蛋白粉、乳清粉等来实现。

② 冷却、破乳和配料：发酵过程结束后要进行冷却和破碎凝乳，破碎凝乳的方式可以采用边碎乳边混入已杀菌的稳定剂、糖液等混合料。一般乳酸菌饮料的配方中包括酸乳、糖、果汁、稳定剂、酸味剂、香精和色素等。在长货架期乳酸菌饮料中最常用的稳定剂是果胶，或果胶与其他稳定剂的混合物。果胶对酪蛋白的颗粒具有最佳的稳定性，因为果胶是一种聚半乳糖醛酸，它的分子链在 pH 为中性和酸性时是带负电荷的。由于同性电荷互相排斥，因此避免了酪蛋白颗粒间互相聚合成大颗粒而产生沉淀。考虑到果胶分子在使用过程中的降解趋势以及它在 pH 值为 4 时稳定性最佳的特点，杀菌前一般将乳酸菌饮料的 pH 值调整为 3.8～4.2。

③ 均质：均质使混合料液滴微细化，提高料液黏度，抑制粒子的沉淀，并增强稳定剂的稳定效果。乳酸菌饮料较适宜的均质压力为 20～25MPa，温度为 53℃左右。

④ 杀菌：由于乳酸菌饮料属于高酸食品，故采用高温短时巴氏杀菌即可得到商业无菌，也可采用更高的杀菌条件如 95～108℃、30s，或 110℃、4s。发酵调配后的杀菌目的是延长饮料的保存期。经合理杀菌、无菌灌装后的饮料，其保存期可达 3～6 个月。生产厂家可根据自己的实际情况，对以上杀菌制度做相应的调整，对塑料瓶包装的产品来说，一般灌装后采用 95～98℃、20～30min 的杀菌条件，然后进行冷却。

⑤ 果蔬预处理及混合：在制作果蔬乳酸菌饮料时，要首先对果蔬进行加热处理，以起到灭酶作用，通常在沸水中放置 6～8min。经灭酶后打浆或取汁，再与杀菌后的原料乳混合。

⑥ 灭菌、灌装：成品泵入成品缸（罐）中暂存，待成品罐内液体到达一定液位足以供应灌装机连续作业时，进行成品检验，检验合格后进入杀菌机内高温灭菌，灭菌后液体冷却，然后进行无菌灌装。

（2）植物蛋白饮料

以一种或多种含有一定蛋白质的植物果实、种子或种仁等为原料，添加或不添加其他食品原辅料和（或）食品添加剂，加工或发酵成的制品，如豆奶（乳）、豆浆、豆奶（乳）饮料、椰子汁（乳）、杏仁露（乳）、核桃露（乳）、花生露（乳）等。以两种或两种以上含有一定蛋白质的植物果实、种子或种仁等为原料,添加或不添加其他食品原辅料和（或）食品添加剂，经加工或发酵制成的也可称为复合植物蛋白饮料，如花生核桃、核桃杏仁、花生杏仁复合植物蛋白饮料。典型的产品有花生露、核桃露、杏仁露等产品。

主要生产工艺为：原料→预处理→制浆→过滤脱气→调配→均质→杀菌灌装（或灌装杀菌）→成品。

（3）复合蛋白饮料

复合蛋白饮料的生产过程与植物蛋白饮料过程相似，在灌装之前加入乳制品进行复配，提高产品的蛋白质含量和种类数量，产排污过程与植物蛋白饮料生产一致。

（4）主要生产工艺设备

含乳饮料和植物蛋白饮料主要生产工艺设备见表 2-10。

表 2-10 含乳饮料和植物蛋白饮料主要生产工艺设备

排污单位类别	主要生产单元名称	生产设施名称	设施参数	单位
含乳饮料和植物蛋白饮料制造（含乳饮料/发酵乳饮料）	原料预处理系统	原料罐	容积	m³
	原料净化系统	过滤器	处理能力	t/h
		离心净乳机	处理能力	t/h
	标准化系统	调配罐	容积	m³
	均质系统	均质机	处理能力	t/h
	杀菌系统	板式杀菌器	处理能力	t/h

排污单位类别	主要生产单元名称	生产设施名称	设施参数	单位
含乳饮料和植物蛋白饮料制造（含乳饮料/发酵乳饮料）	发酵系统	发酵罐	容积	m³
	冷却系统	板式换热器	处理能力	t/h
含乳饮料和植物蛋白饮料制造（含乳饮料/发酵乳饮料）	调配系统	调配罐	容积	m³
	净化系统	过滤器	处理能力	t/h
	均质系统	均质机	处理能力	t/h
	杀菌系统	杀菌机	处理能力	t/h
	灌装系统	灌装机	灌装能力	t/h
含乳饮料和植物蛋白饮料制造（植物蛋白饮料）	原料预处理系统	碱煮罐	容积	m³
	磨浆系统	胶体磨	处理能力	t/h
	调配系统	定容罐	容积	m³
	粗滤系统	反洗过滤器	处理能力	t/h
	均质系统	均质机	处理能力	t/h
	过滤系统	反洗过滤器	处理能力	t/h
	灌装系统	灌装机、封口机	灌装能力	t/h
	杀菌系统	杀菌釜	用水量	t/h

2.2.1.5　固体饮料生产工艺

固体饮料种类繁多，例如茶类、咖啡类、五谷类、保健类等，不同的种类生产工艺不一样。前期阶段可以参考饮料的生产工艺，里面常有混合、过滤、加热等工序。但液态饮料与固体饮料工艺上有一个很大的区别，就是固体饮料有干燥工艺。因此下面重点介绍干燥工艺。

冷冻干燥、流化床造粒、喷雾干燥是目前固体饮料生产中 3 种主要的加工方法。其中，冷冻干燥是一种先进的干燥工艺，可较好地保留物料的营养及风味成分，但投资高，应用受到限制；流化床造粒适合于低果汁或不含果汁物料的干燥；喷雾干燥技术适合于干燥高果汁含量的液态物料，由于物料受热温度低、时间短，能较好地保留物料的营养及风味成分。固体饮料的其他加工方法还有喷雾冷冻干燥、真空干燥等方式。

（1）冷冻干燥

冷冻干燥是将物料中的水冻结成固体的冰，在真空条件下，使水直接升华变成水蒸气逸出，从而把水从物料中脱除的方法。其特点是营养物质及挥发性成分保存完好，但加工成本极高，因而用冷冻干燥生产固体饮料还很少，只有在少部分附加值较高的产品如速溶茶粉、咖啡粉中应用。

（2）流化床造粒

造粒技术有湿法造粒、干法造粒、快速搅拌制粒技术以及流化床造粒 4 种。流化床造粒又称沸腾造粒，是将常规湿法造粒的混合、制粒、干燥 3 个步骤在密闭容器内一次完成的新型造粒技术，可大大减少辅料量，制出的颗粒大小均匀，效果好。

流化床造粒中颗粒的成长一般有附聚、涂层和累积造粒 3 种机理。流化床造粒过程中往往是这 3 种作用共同使颗粒生长。食品工业造粒的目的主要是解决速溶性，并使外观优良，改善流动性，便于包装，从而提高商品价值。

目前国内生产的速溶果蔬固体饮料，一般采用调配、造粒、干燥的方法，利用摇摆式颗粒机进行造粒，但直接利用摇摆式颗粒机加工固体饮料的主要缺点是辅料含量高。

（3）喷雾干燥

喷雾干燥是利用雾化器将料液分散为细小的雾滴，并在热干燥介质中迅速蒸发溶剂形成干粉的过程，料液的形式可以是溶液、悬浮液、乳浊液等泵可以输送的液体形式，干燥的产品可以是粉状、颗粒状或经团聚的颗粒。

喷雾干燥固体饮料的生产范围很广，除广泛用于生产的奶粉、速溶豆粉和番茄粉以外，应用于荔枝粉、藕粉、香蕉粉、草莓粉等也有报道。

经喷雾干燥加工的粉体营养损失小、色泽好，除可以直接冲调外，还可作为配料。但喷雾干燥后的粉体，一般粒度较小、冲调性差，需要造粒后才可以直接冲调。速溶奶粉是一种典型的通过喷雾干燥后附聚造粒成冷热水迅速溶解的固体饮料。

（4）主要生产工艺设备

固体饮料主要生产工艺设备见表 2-11。

表 2-11　固体饮料主要生产工艺设备

排污单位类别	主要生产单元名称	生产设施名称	设施参数
原料预处理系统	粉碎机	处理能力	t/h
配料系统	配料罐	容积	m³
浓缩系统	蒸发器	处理能力	t/h
干燥系统	喷雾干燥机	处理能力	t/h
	沸腾干燥机	处理能力	t/h
	真空干燥机	处理能力	t/h
	带式干燥机	处理能力	t/h
筛分系统	振动筛	处理能力	t/h
包装系统	自动包装机	包装能力	t/h

2.2.1.6　茶饮料生产工艺

茶饮料是指用水浸泡茶叶经萃取、澄清过滤等工艺制成的茶汤或在茶汤中加入水、糖液、酸味剂、食用香精、果汁或植（谷）物抽提液等调制加工而成的制品。

（1）茶饮料生产线工艺单元介绍

目前市面上有两种茶饮料生产工艺：一种是通过茶叶萃取后调配制成的茶饮料，还有一种是通过茶粉调配制成的茶饮料。典型生产单元如下：

① 茶叶萃取：加入已漂洗好的所有饮料，往提取罐中加入 85℃ 左右的热水，迅速

升温至 100℃，维持沸腾状态 20min，然后迅速抽出提取液经板式冷却至标准罐。在第一次出料完成后，进行第二次煎煮，再加入 85℃左右的热水，迅速升温至 100℃，维持沸腾状态 10min，然后迅速抽出提取液经板式冷却至标准罐。

② 化糖：加入适量纯净水，通入蒸汽加热到 75℃，将白砂糖投放到锅内溶化，再加入白砂糖用量1%的化糖用粉末状活性炭，充分搅拌，并通过硅藻土过滤机过滤得到糖浆。

③ 调配：注入额定用水量的 60%的纯净水加热到 80℃，将萃取液和糖浆分别加入，同时开启搅拌。

④ 板框过滤：将配料罐内的料液通过过滤级别为 0.5～5μm 板框过滤器过滤，料液应为透明、无味、无肉眼可视物。

⑤ 定容：在缓冲罐中把滤液定容到额定的刻度。

⑥ 高速分离：料液通过高速分离机利用高速旋转所产生的离心作用，把不溶于水的杂质一并分离并从料液中排出。

⑦ 瞬时杀菌：杀菌温度 137℃，2～4s。料液通过杀菌机时可把料液中绝大部分微生物杀死，处于商业无菌状态。杀菌温度要控制好，过高则易使料液产生褐变，过低则影响杀菌的效果，加入适量的 β-环状糊精可以有效地防止高温杀菌引起的料液颜色变化及香气劣变的产生。

⑧ 灌装：经过预处理的 PET 空瓶，通过无菌水冲洗后自动进入灌装封口工序。本工序可采用冲瓶、灌装、旋盖三位一体技术，并采用可编程逻辑控制器（PLC）自动控制。

⑨ 倒瓶杀菌：封盖后的半成品（相对于完成了贴标、喷码等工序后的产品而言），迅速通过倒瓶系统，时间为 40s 左右。在此期间，瓶内的料液利用自身的余热对瓶盖、瓶口再次杀菌，然后通过输送带进入喷淋冷却装置。

⑩ 喷淋冷却：分段喷淋出的温水、凉水冲洗灌装过程中附着在瓶体上的料液，同时由于喷淋降温引起的温度骤变还能起到再次杀菌的功效。

⑪ 套标缩标：商标经过套标机后进入缩标机，缩标机分电热和蒸汽加热两种。收缩的温度可以根据商标的材质（不同的收缩比）作相应的调整，要求收缩后的商标美观、大方、无皱、无污渍。

⑫ 喷码、检验、入库：套标后的产品喷码，经检验员检验后，填写合格证，装箱封箱。最后成品入库。

（2）主要生产工艺设备

茶饮料主要生产工艺设备见表 2-12。

表 2-12 茶饮料主要生产工艺设备

主要生产单元名称	生产设施名称	设施参数	单位
原料预处理系统	原料罐	容积	m³

续表

主要生产单元名称	生产设施名称	设施参数	单位
茶汁制备系统	提取罐	容积	m³
冷却系统	板式换热器、冷却缸	处理能力	t/h
过滤系统	离心机、金属筛网、板框式压滤机	处理能力	t/h
调配系统	调配罐	容积	m³
杀菌系统	高温瞬时灭菌机、超高温瞬时灭菌机	处理能力	t/h
灌装系统	灌装机	灌装能力	t/h

2.2.2 产排污情况分析

2.2.2.1 总体情况

饮料制造过程废水产生量较大，污染负荷相对较低，可生化性好，治理难度较小。饮料制造业废水来源包括制水工段产生的反渗透浓水（超滤膜前水）、再生废水，生产设备的洗涤水、冲洗水，杀菌、发酵等工艺的冷却水等。

根据《饮料制造废水治理工程技术规范》（HJ 2048—2015），各种饮料生产过程废水产生环节及废水水质见表 2-13。

表 2-13 饮料制造综合废水水质

序号	饮料种类	主要废水产生环节	废水中各类污染物的浓度/（mg/L）			单位产品废水产生量/（m³/t）
			COD	BOD	NH₃-N	
1	瓶（罐）装饮用水	设备、管道清洗废水，制水工段废水	<30			6～15
2	碳酸饮料	设备、管道清洗废水，制水工段废水	650～3000	320～1800	4～30	1.0～2.5
3	果蔬汁及果蔬汁饮料	原料预处理废水，设备、管道清洗废水，制水工段废水	1700～3700	1200～2900	5～25	5～26
4	蛋白饮料	原料预处理废水，设备、管道清洗废水，制水工段废水	900～2000	200～1300	10～80	2～5
5	固体饮料	设备、管道清洗废水，浓缩过程排水和冷却水排水	800～4000	400～1780	10～40	2～10.5
6	茶饮料	原料预处理废水，设备、管道清洗废水，制水工段废水	600～2500	300～1400	5～35	0.5～5

在饮料行业中，污染负荷较高的碳酸饮料、果蔬汁和果蔬汁饮料、含乳和植物蛋白饮料等产品的废水，经过适当的废水处理后，出水水质能够达到《污水综合排放标准》一级标准的要求。固体饮料、茶饮料及其他饮料等产品的污染负荷较低，且废水容易处理。瓶装饮用水企业一般采用反渗透或者超滤工艺对原水进行净化，一般不添加其他物质，废水水质主要污染物为悬浮物，化学需氧量浓度一般低于 30mg/L。

碳酸饮料废水属于高浓度酸性有机废污水，COD 在 1000～2500mg/L，BOD 在 1200～1500mg/L。采用厌氧+接触氧化工艺处理该类废水，处理效果好且稳定。COD、BOD 去除率分别达到 95% 和 98%，出水水质较好，具体参数见表 2-14。

表 2-14　厌氧+接触氧化法废水处理效果表

项目	COD/（mg/L）	BOD/（mg/L）	SS/（mg/L）	pH 值
进水水质	1000～2500	1200～1500	160～300	2～11
出水水质	<50	<20	<40	6～9

果蔬汁饮料中污染较重的是浓缩果蔬汁的生产，主要来源于蒸发冷凝水、过滤废水和清洗废水，主要成分为糖、蛋白质等有机污染物，主要污染物为 COD、BOD、SS，BOD/COD 值一般为 0.5 左右，可生化性高，易于生物降解，氮、磷含量较低。采用二级生化法为主体的生化处理工艺，出水水质可达较高水平，部分企业增加了膜深度治理技术，废水能够达到直排标准，具体参数见表 2-15。

表 2-15　二级生化法废水处理效果表

项目	COD/（mg/L）	BOD/（mg/L）	SS/（mg/L）	pH 值
进水水质	1700～3700	1200～2900	32～41	4～18
出水水质	<80	<30	<15	7～8

含乳饮料废水中主要含有大量的可溶性有机物（糖类、脂肪酸、蛋白质、淀粉等），可生化性很好，不含有有毒有害物质，COD 在 800～2000mg/L，属于中低浓度有机废水。采用水解酸化+好氧工艺、复合生物处理法处理含乳饮料废水，一般情况下处理后废水 COD 可以达到 60mg/L 以下，达到《污水综合排放标准》一级标准的要求，具体参数见表 2-16。

表 2-16　水解酸化+好氧法废水处理效果表

项目	COD/（mg/L）	BOD/（mg/L）	SS/（mg/L）	pH 值
进水水质	800～2000	200～350	80～400	5～7
出水水质	<60	<10	<30	6～9

2.2.2.2　各种饮料产品产污情况

第一次全国污染源普查公报表明 2007 年，饮料制造业化学需氧量排放量 51.65 万吨，排第 5 位；氨氮排放量 1.24 万吨，排第 7 位。到了 2017 年第二次污染源普查中，部分省市的饮料制造业仍占化学需氧量、氨氮排放总量的较大比例。

（1）瓶（罐）装饮用水

如图 2-26 所示，瓶（罐）装饮用水生产过程的废水主要来自原水过滤设备内部清洗和反冲洗产生的废水，桶装和瓶装饮用水生产过程中空桶、空瓶清洗排水，另外还有纯净水生产过程中产生的反渗透浓水或超滤膜前水。废水中的化学需氧量、悬浮物浓度一般低于 30mg/L。

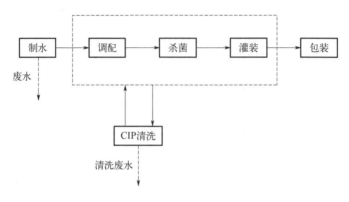

图 2-26　瓶（罐）装饮用水生产工艺及产排污节点图

（2）碳酸饮料

如图 2-27 所示，碳酸饮料生产废水主要来自设备、管道内部清洗和通过反渗透制取纯水所产生的反渗透浓水，主要成分是糖，易于生物降解，化学需氧量一般在 1000～2500mg/L。

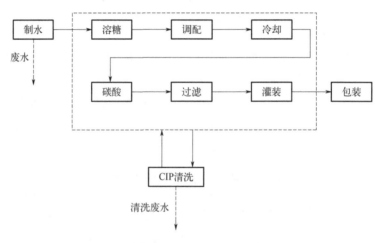

图 2-27　碳酸饮料生产工艺及产排污节点图

（3）果蔬汁及果蔬汁饮料

如图 2-28 所示，果蔬汁及果蔬汁饮料生产废水主要来自设备、管道内部清洗和原水制备纯水过程中产生的反渗透浓水，主要成分为糖、蛋白质等有机污染物，BOD/COD值一般在 0.3～0.5 之间，易于生化。化学需氧量一般在 800mg/L 左右，属于中低浓度有机废水。浓缩果汁（浆）和浓缩蔬菜汁（浆）生产的废水主要来自原料清洗过程中的蒸发冷凝水和设备、管道内部清洗废水，主要成分为糖、蛋白质等有机污染物，BOD_5/COD_{Cr}值一般高于 0.5，可生化性好，化学需氧量一般为 2000～4000mg/L。

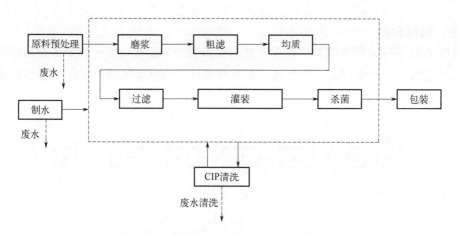

图 2-28　果蔬汁及果蔬汁饮料生产工艺及产排污节点图

（4）含乳饮料和植物蛋白饮料

如图 2-29、图 2-30 所示，含乳饮料和植物蛋白饮料生产废水主要来自设备、管道内部清洗、反渗透产生的反渗透浓水和原料预处理废水，主要成分为蛋白质、糖类，易于生物降解，化学需氧量一般在 1000mg/L 左右。

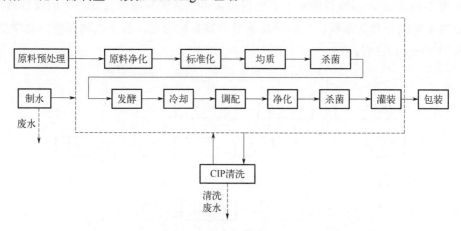

图 2-29　含乳蛋白饮料生产工艺及产排污节点图

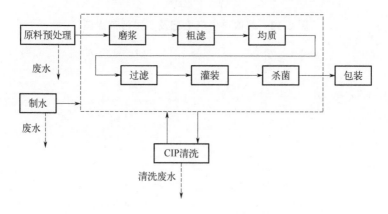

图 2-30　植物蛋白饮料生产工艺及产排污节点图

（5）固体饮料

如图 2-31 所示，固体饮料生产过程废水排放较少，湿混加工过程中因有循环冷排水和浓缩过程排水而水量较大，但废水主要成分相同，均以有机物为主，易于生化降解，化学需氧量为 600mg/L 左右。

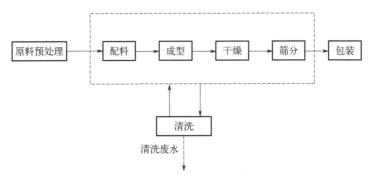

图 2-31　固体饮料用水生产工艺及产排污节点图

（6）茶饮料

如图 2-32 所示，茶饮料废水主要来自设备内部清洗和原水过滤产生的反渗透浓水，废水中的主要成分是氨基酸、生物碱及茶多酚等有机物质，易于生物降解，化学需氧量一般在 1000mg/L 左右。

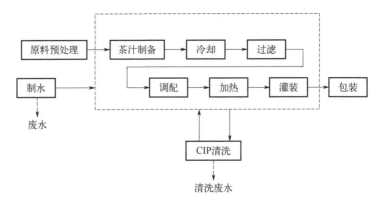

图 2-32　茶饮料生产工艺及产排污节点图

第3章
排污许可证核发情况

3.1 酒类制造行业排污许可证核发情况

3.1.1 排污许可技术规范的部分内容

3.1.1.1 适用范围

《排污许可证申请与核发技术规范 酒、饮料制造工业》（HJ 1028—2019）规定了酒、饮料制造工业排污单位排污许可证申请与核发的基本情况填报要求、许可排放限值确定、实际排放量核算和合规判定的方法，以及自行监测、环境管理台账与排污许可证执行报告等环境管理要求，提出了酒、饮料制造工业污染防治可行技术要求。

该标准适用于指导酒、饮料制造工业排污单位在全国排污许可证管理信息平台填报相关申请信息，同时适用于指导核发机关审核确定酒、饮料制造工业排污单位排污许可证许可要求。

该标准适用于酒、饮料制造工业排污单位排放的大气污染物、水污染物的排污许可管理。

酒、饮料制造工业排污单位中，执行《火电厂大气污染物排放标准》（GB 13223）的产污设施或排放口，适用《火电行业排污许可证申请与核发技术规范》；执行《锅炉大气污染物排放标准》（GB 13271）的产污设施或排放口，适用《排污许可证申请与核发技术规范 锅炉》（HJ 953）。

该标准未做规定，但排放工业废水、废气或者国家规定的有毒有害污染物的酒、饮料制造工业排污单位的其他产污设施和排放口，参照《排污许可证申请与核发技术规范 总则》（HJ 942）执行。

3.1.1.2 排污许可申请的部分技术方法

（1）排污单位差异化管理

依据《固定污染源排污许可分类管理名录（2019 年版）》第二条：国家根据排放污染物的企业事业单位和其他生产经营者（以下简称排污单位）污染物产生量、排放量、对环境的影响程度等因素，实行排污许可重点管理、简化管理和登记管理。

对污染物产生量、排放量或者对环境的影响程度较大的排污单位，实行排污许可重点管理；对污染物产生量、排放量和对环境的影响程度较小的排污单位，实行排污许可简化管理。对污染物产生量、排放量和对环境的影响程度很小的排污单位，实行排污登记管理。

实行登记管理的排污单位，不需要申请取得排污许可证，应当在全国排污许可证管理信息平台填报排污登记表，登记基本信息、污染物排放去向、执行的污染物排放标准以及采取的污染防治措施等信息。

酿酒行业的管理类别见表 3-1。

表 3-1　酿酒行业的管理类别

行业类别	重点管理	简化管理	登记管理
酒的制造 151	酒精制造 1511，有发酵工艺的年生产能力 5000kL 及以上的白酒、啤酒、黄酒、葡萄酒、其他酒制造	有发酵工艺的年生产能力 5000kL 以下的白酒、啤酒、黄酒、葡萄酒、其他酒制造①	其他①

① 指在工业建筑中生产的排污单位。工业建筑的定义参见《工程结构设计基本术语标准》（GB/T 50083—2014），是指提供生产用的各种建筑物，如车间、厂前区建筑、生活间、动力站、库房和运输设施等。

（2）排污口差异化管理

① 废气：酒类制造工业排污单位废气排放口为一般排放口。

② 废水：实行重点管理的酒类制造工业排污单位废水总排放口（综合污水处理站排放口）为主要排放口，生活污水直接排放口和其他废水排放口为一般排放口。实行简化管理的酒类制造工业排污单位的废水排放口为一般排放口。单独排入公共污水处理系统的生活污水仅说明去向。

（3）大气污染物许可浓度确定方法

按照污染物排放标准确定酒类制造工业排污单位许可排放浓度时，有组织废气排放浓度应依据《大气污染物综合排放标准》（GB 16297—1996）及地方排放标准从严确定，无组织废气排放浓度应依据《恶臭污染物排放标准》（GB 14554—93）及地方排放标准从严确定。

（4）水污染物许可浓度和排放量确定方法

1）许可排放浓度

按照污染物排放标准确定发酵酒精、白酒制造工业排污单位许可排放浓度时，应依据《发酵酒精和白酒工业水污染物排放标准》（GB 27631—2011）及地方标准从严确定。

按照污染物排放标准确定啤酒制造工业排污单位许可排放浓度时，应依据《啤酒工业污染物排放标准》（GB 19821—2005）及地方标准从严确定。

按照污染物排放标准确定黄酒、葡萄酒及其他酒制造工业排污单位许可排放浓度时，应依据《污水综合排放标准》（GB 8978—1996）及地方标准从严确定。

2）许可排放量

酒类制造工业排污单位应明确化学需氧量、氨氮、总氮、总磷的年许可排放量。

实行重点管理的酒类制造工业排污单位水污染物年许可排放量是指排污单位废水主要排放口水污染物年排放量的最高允许值。

① 发酵酒精和白酒制造工业排污单位依据水污染物许可排放浓度限值、单位产品基准排水量和产品产能核定，计算公式如式（3-1）所示：

$$D_j = S \times Q \times C_j \times 10^{-6} \tag{3-1}$$

式中　D_j——排污单位废水第 j 项水污染物的年许可排放量，t/a；

　　　S——排污单位年生产产品产能，kL/a；

　　　Q——单位产品基准排水量，m³/kL 产品（按照 GB 27631 规定的单位产品基准排水量核算；待酒类制造业水污染物排放标准发布后，从其规定；地方有更严格排放标准要求的，按照地方排放标准从严确定）。

　　　C_j——排污单位废水第 j 项水污染物许可排放浓度限值，mg/L。

② 啤酒制造工业排污单位依据单位产品的水污染物排放量限值和产品产能核定，计算公式如式（3-2）所示：

$$D_j = S \times P_j \times 10^{-6} \tag{3-2}$$

式中　D_j——排污单位废水第 j 项水污染物的年许可排放量，t/a；

　　　S——排污单位年生产产品产能，酒的单位为 kL/a，麦芽的单位为 t/a；

　　　P_j——单位产品的水污染物排放量限值，酒的单位为 g/kL 产品，麦芽的单位为 g/t 产品，分别按照表 3-2、表 3-3 核算。

表 3-2　啤酒制造工业排污单位单位产品水污染物排放量限值　　　单位：g/kL 产品

产品类别	指标	直接排放	间接排放
啤酒	化学需氧量	560	3500
	氨氮	105	315
	总氮	175	490
	总磷	21	56

注：适用于不含制麦芽工段的啤酒制造排污单位，含有制麦芽工段的啤酒制造排污单位计算许可排放量时还应包括制麦芽工段的许可排放量（单位产品水污染物排放量限值见表 3-3）。

表 3-3 啤酒制造工业排污单位制麦芽工段单位产品水污染物排放量限值　单位：g/t 产品

指标	直接排放	间接排放
化学需氧量	400	2500
氨氮	75	225
总氮	125	350
总磷	15	40

③ 黄酒、葡萄酒制造工业排污单位依据单位产品的水污染物排放量限值和产品产能核定，按式（3-2）核算，单位产品水污染物排放量限值见表 3-4。

表 3-4 黄酒、葡萄酒制造工业排污单位单位产品水污染物排放量限值　单位：g/kL 产品

产品类别	指标	直接排放	间接排放
黄酒	化学需氧量	1100	5500
	氨氮	165	495
	总氮	275	770
	总磷	11	88
葡萄酒	化学需氧量	550	2750
	氨氮	82.5	247.5
	总氮	137.5	385
	总磷	5.5	44

酒类制造业水污染物排放标准发布后或地方有更严格排放标准要求的，分别按式（3-1）和式（3-2）核算，从严确定。

（5）合规性判定方法

1）废气排放浓度合规性判定　酒类制造工业排污单位废气排放浓度合规是指各有组织排放口和无组织污染物排放浓度分别满足《大气污染物综合排放标准》（GB 16297—1996）、《恶臭污染物排放标准》（GB 14554—93）及地方排放标准的要求。

大气污染防治重点控制区按照《关于执行大气污染物特别排放限值的公告》等相关文件的要求执行。其他执行大气污染物特别排放限值的地域范围、时间，由国务院生态环境主管部门或省级人民政府规定。

若执行不同许可排放浓度的多台生产设施或排放口采用混合方式排放废气，且选择的监控位置只能监测混合废气中的大气污染物浓度，则应执行各限值要求中最严格的许可排放浓度。

其中，在执法监测时，按照监测规范要求获取的执法监测数据超过许可排放浓度限值的，即视为超标。根据《固定污染源排气中颗粒物测定与气态污染物采样方法》（GB/T 16157—1996）、《大气污染物无组织排放监测技术导则》（HJ/T 55—2000）、《固定源废气监测技术规范》（HJ/T 397—2007）确定监测要求。

采用自动监测时，按照监测规范要求获取的有效自动监测数据计算得到的有效小时浓度均值（林格曼黑度除外）与许可排放浓度限值进行对比，超过许可排放浓度限值的，即视为超标。对于应采用自动监测而未采用的排放口或污染物，即视为不合规。自动监测小时浓度均值是指"整点 1 小时内不少于 45 分钟的有效数据的算术平均值"。

2）废水排放浓度和排放量合规性判定

① 废水排放浓度合规性判定。发酵酒精、白酒制造工业排污单位废水排放浓度合规是指各废水排放口污染物的排放浓度满足《发酵酒精和白酒工业水污染物排放标准》（GB 27631—2011）及地方标准的要求。

啤酒制造工业排污单位废水排放浓度合规是指各废水排放口污染物的排放浓度满足《啤酒工业污染物排放标准》（GB 19821—2005）及地方标准的要求。

黄酒、葡萄酒及其他酒制造工业排污单位废水排放浓度合规是指各废水排放口污染物的排放浓度满足《污水综合排放标准》（GB 8978—1996）及地方标准的要求。

② 废水排放量合规性判定。酒类制造工业排污单位废水污染物排放量合规指废水污染物年实际排放量之和不超过相应污染物的年许可排放量。

3.1.1.3　排污许可环境管理要求

（1）排污单位自行监测

《排污单位自行监测技术指南　酒、饮料制造》（HJ 1085—2020）规定了酒、饮料制造排污单位自行监测的一般要求、监测方案制定、信息记录和报告的基本内容和要求。该标准适用于酒、饮料制造排污单位对其排放的水、气污染物，噪声以及对其周边环境质量影响开展监测。

排污单位废水排放监测点位、监测指标及最低监测频次按照表 3-5 执行。

表 3-5　废水排放监测点位、监测指标及最低监测频次

排污单位级别	监测点位	监测指标	监测频次		备注
			直接排放	间接排放	
重点排污单位	废水总排放口	流量、pH 值、化学需氧量、氨氮	自动监测	自动监测	适用于所有酒、饮料制造排污单位
		总磷	月（日/自动监测）①	季度（日/自动监测）①	
		总氮	月（日/自动监测）②	季度（日/自动监测）②	
		悬浮物、五日生化需氧量	月	季度	
		色度	月	季度	适用于发酵酒精和白酒制造排污单位，其他排污单位为选测项目
	生活污水排放口	流量、pH 值、化学需氧量、氨氮	自动监测	—	适用于所有酒、饮料制造排污单位
		总磷	月（日/自动监测）①	—	

续表

排污单位级别	监测点位	监测指标	监测频次		备注
			直接排放	间接排放	
重点排污单位	生活污水排放口	总氮	月（日/自动监测）②	—	适用于所有酒、饮料制造排污单位
		悬浮物、五日生化需氧量	月	—	
	雨水排放口	悬浮物、化学需氧量	月③		
非重点排污单位	废水总排放口	流量、pH 值、悬浮物、五日生化需氧量、化学需氧量、氨氮、总氮、总磷	季度	半年	适用于所有酒、饮料制造排污单位
		色度	季度	半年	适用于发酵酒精和白酒制造排污单位，其他排污单位为选测项目
	生活污水排放口	流量、pH 值、悬浮物、五日生化需氧量、化学需氧量、氨氮、总氮、总磷	季度	—	适用于所有酒、饮料制造排污单位

① 水环境质量中总磷实施总量控制区域及氮、磷排放重点行业的重点排污单位，总磷需采取自动监测。

② 水环境质量中总氮实施总量控制区域及氮、磷排放重点行业的重点排污单位，总氮最低监测频次按日执行，待自动监测技术规范发布后，需采取自动监测。

③ 雨水排放口有流动水排放时按月监测。若监测一年无异常情况，可放宽至每季度开展一次监测。

注：1. 设区的市级及以上生态环境主管部门明确要求安装自动监测设备的污染物指标，需采取自动监测。

2. 监测结果有超标记录的，应适当增加监测频次。

各生产工序有组织废气排放监测点位、指标及最低监测频次按表 3-6 执行。对于多个污染源或生产设备共用一个排气筒的，监测点位可布设在共用排气筒上。当执行不同排放控制要求的废气合并排气筒排放时，应在废气混合前进行监测；若监测点位只能布设在混合后的排气筒上，监测指标应涵盖所对应污染源或生产设备的监测指标，最低监测频次按照严格的执行。

表 3-6　有组织废气排放监测点位、监测指标及最低监测频次

监测点位	监测指标	监测频次	备注
原辅料储运、破（粉）碎、脱皮（壳）、烘干、筛分等工序车间排气筒或废气处理设施排放口	颗粒物	半年	适用于有原辅料储运、破（粉）碎、脱皮（壳）、烘干、筛分等生产过程涉及颗粒物排放的排污单位
干燥设施等废气排放口	非甲烷总烃	季度	适用于产品干燥等涉及挥发性有机物排放的生产工序
恶臭气体处理设施排放口	臭气浓度、氨①、硫化氢①	半年	适用于有生化污水处理的排污单位

① 根据环境影响评价文件及其批复确定监测指标。

注：监测须按照相应监测分析方法、技术规范同步监测废气排放参数。

无组织废气排放监测点位、指标及最低监测频次按表 3-7 执行。

表 3-7　无组织废气排放监测点位、监测指标及最低监测频次

监测点位	监测指标	监测频次	备注
厂界	臭气浓度①	半年	适用于所有排污单位
	非甲烷总烃	半年	适用于生产过程中涉及挥发性有机物排放的排污单位
	颗粒物	半年	适用于有原辅料储运、破（粉）碎、脱皮（壳）、烘干、筛分等生产过程涉及颗粒物排放的生产工序
	氨	半年	适用于有氨制冷系统或液氨储罐的排污单位
	硫化氢、氨	半年	适用于有生化污水处理的排污单位

① 根据环境影响评价文件及其批复以及原辅用料、生产工艺等，确定是否监测其他恶臭污染物。

注：1. 若周边有环境敏感点或监测结果超标的，应适当增加监测频次。

2. 无组织废气监测必须同步监测气象参数。

厂界环境噪声监测点位设置应遵循 HJ 819 中的原则，主要考虑噪声源在厂区内的分布情况（表 3-8）。厂界环境噪声每季度至少开展一次监测，周边有敏感点的，应提高监测频次。

表 3-8　厂界环境噪声布点应关注的主要噪声源

噪声源	主要设备
生产车间及配套设施	破碎设备、筛分设备、大型风机、制冷机、水泵等
污水处理	曝气设备、风机、泵等

对于周边环境质量影响开展监测，执行以下要求：

① 污染物排放标准、环境影响评价文件及其批复 [仅限于 2015 年 1 月 1 日（含）后取得环境影响评价批复的排污单位] 或其他环境管理政策有明确要求的，按要求执行。

② 无明确要求的，排污单位可根据实际情况对周边地表水、海水、地下水和土壤开展监测。对于废水直接排入地表水、海水的排污单位，可参照 HJ 2.3、HJ/T 91、HJ 442.1 及受纳水体环境管理要求设置监测断面及监测点位；开展地下水、土壤监测的排污单位，可按照 HJ 610、HJ/T 164、HJ/T 166 及地下水、土壤环境管理要求设置监测点位。

（2）环境管理台账记录

1）一般原则

排污单位在申请排污许可证时，应按《排污许可证申请与核发技术规范　酒、饮料制造工业》（HJ 1028—2019）规定，在"排污许可证申请表"中明确环境管理台账记录要求。有核发权的地方生态环境主管部门可以依据法律法规、标准规范增加和加严记录要求。排污单位也可自行增加和加严记录要求。

排污单位应建立环境管理台账制度，落实环境管理台账记录的责任单位和责任人，明确工作职责，并对环境管理台账的真实性、完整性和规范性负责。一般按日或按批次进行记录，异常情况应按次记录。

实行简化管理的排污单位，其环境管理台账内容可适当缩减，至少记录污染防治设

施运行管理信息和监测记录信息，记录频次可适当降低。

环境管理台账包括电子台账和纸质台账两种。

排污单位环境管理台账应真实记录基本信息、生产设施运行管理信息、污染防治措施运行管理信息、监测记录信息及其他环境管理信息等。生产设施、污染防治设施、排放口编码应与排污许可证副本中载明的编码一致。

2）记录内容

① 基本信息。包括生产设施基本信息、污染防治设施基本信息。

Ⅰ. 生产设施基本信息：主要技术参数及设计值等。

Ⅱ. 污染防治设施基本信息：主要技术参数及设计值等。

② 生产设施运行管理信息。包括生产单元、公用单元等单元的生产设施运行管理信息。

Ⅰ. 正常工况，包括：a. 运行状态，即是否正常运行，主要参数名称及数值；b. 生产负荷，即主要产品产量与设计生产能力之比；c. 主要产品产量，如名称、产量等；d. 原辅料，如名称、用量等；e. 其他，如用电量等。

Ⅱ. 非正常工况包括起止时间、产品产量、原辅料消耗量、事件原因、应对措施、是否报告等。

对于无实际产品、辅助工程及储运工程的相关生产设施，仅记录正常工况下的运行状态和生产负荷信息。

③ 污染防治设施运行管理信息。

Ⅰ. 正常情况，包括：a. 运行情况，即是否正常运行，治理效率、副产物产生量等；b. 主要药剂添加情况，如添加时间、添加量等；c. 固体废物贮存量、产生量、处理量、处置方式等。

Ⅱ. 异常情况，包括：起止时间、污染物排放浓度、异常原因、应对措施、是否报告等。

④ 其他环境管理信息，包括：a. 无组织废气污染防治措施管理维护信息，如管理维护时间及主要内容等；b. 特殊时段环境管理信息，如具体管理要求及执行情况；c. 其他信息，如法律法规、标准规范确定的其他信息，企业自主记录的环境管理信息。

⑤ 监测记录信息。手工监测记录和自动监测运维记录按照 HJ 819 执行。

3）记录频次

① 基本信息。对于未发生变化的基本信息，按年记录，1 次/a；对于发生变化的基本信息，在发生变化时记录 1 次。

② 生产设施运行管理信息。

Ⅰ. 正常工况，按以下 4 种情况记录：a. 运行状态，按日或批次记录，1 次/d 或批次；b. 生产负荷，按日或批次记录，1 次/d 或批次；c. 产品产量，连续生产的按日记录，1 次/d，非连续生产的按照生产周期记录，1 次/周期；d. 原辅料，按照采购批次记录，1 次/批。

Ⅱ．非正常工况，按照工况期记录，1 次/工况期。

③ 污染防治设施运行管理信息。

Ⅰ．正常情况按照以下 2 种情况记录：a．运行情况，按日记录，1 次/d；b．主要药剂添加情况，按日或批次记录，1 次/d 或批次。

Ⅱ．异常情况按照异常情况期记录，1 次/异常情况期。

④ 监测记录信息。按照《排污许可证申请与核发技术规范 酒、饮料制造工业》（HJ 1028—2019）7.5 中所确定的监测频次要求记录。

⑤ 其他环境管理信息，包括：a．无组织废气污染防治措施管理信息，按日记录，1 次/d；b．特殊时段环境管理信息，按照上述①～④规定频次记录，对于停产或错峰生产的，原则上仅对停产或错峰生产的起止日期各记录 1 次；c．其他信息，根据法律法规、标准规范或实际生产运行规律确定记录频次。

4）记录存储和保存

① 纸质存储。纸质台账应存放于保护袋、卷夹或保护盒等保存介质中；由专人签字、定点保存；应采取防光、防热、防潮、防细菌及防污染等措施；如有破损应及时修补，并留存备查。

② 电子化存储。电子台账应存放于电子存储介质中，并进行数据备份；可在排污许可证管理信息平台填报并保存；由专人定期维护管理。

（3）执行报告要求

1）一般原则 排污单位应按照排污许可证中规定的内容和频次定期提交执行报告，排污单位可参照《排污许可证申请与核发技术规范 酒、饮料制造工业》（HJ 1028—2019），根据环境管理台账记录等归纳总结报告期内排污许可执行情况，按照执行报告提纲编写执行报告，保证执行报告的规范性和真实性，按时提交至有核发权的生态环境主管部门，台账记录留存备查。技术负责人发生变化时应当在年度执行报告中及时报告。

2）报告周期

① 一般原则。实行重点管理的排污单位应按照《排污许可证申请与核发技术规范 酒、饮料制造工业》（HJ 1028—2019）规定提交年度执行报告与季度执行报告，实行简化管理的排污单位应提交年度执行报告。地方生态环境主管部门根据环境管理需求，可要求排污单位上报月度执行报告，并在排污许可证中明确。

② 年度执行报告。排污单位应每年提交一次排污许可证年度执行报告。对于持证时间超过三个月的年度，报告周期为当年全年（自然年）；对于持证时间不足三个月的年度，当年可不提交年度执行报告，排污许可执行情况纳入下一年度执行报告。

③ 季度执行报告。对于持证时间超过一个月的季度，报告周期为当季全季（自然季度）；对于持证时间不足一个月的季度，该报告周期内可不提交季度执行报告，排污许可执行情况纳入下一季度执行报告。

3）编制流程 包括资料收集与分析、编制、质量控制、提交四个阶段，具体要求按照 HJ 944 执行。

4）报告内容　排污单位应对提交的排污许可证执行报告中各项内容和数据的真实性、有效性负责，并自愿承担相应法律责任；应自觉接受生态环境主管部门监管和社会公众监督，如提交的内容和数据与实际情况不符，应积极配合调查，并依法接受处罚。

排污单位应对上述要求作出承诺，并将承诺书纳入执行报告中。

① 年度执行报告。年度执行报告内容包括：a. 排污单位基本情况；b. 污染防治设施运行情况；c. 自行监测执行情况；d. 环境管理台账执行情况；e. 实际排放情况及合规判定分析；f. 信息公开情况；g. 排污单位内部环境管理体系建设与运行情况；h. 其他排污许可证规定的内容执行情况；i. 其他需要说明的问题；j. 结论；k. 附图附件。具体内容可根据排污单位的管理要求选择。

实行简化管理的工业排污单位，其年度执行报告内容可适当缩减，至少包括排污单位基本情况、污染防治设施运行情况、自行监测执行情况、环境管理台账执行情况、实际排放情况及合规判定分析、结论等，相关内容可进行简化。

② 季度执行报告。实行重点管理的排污单位季度执行报告应至少包括污染物实际排放浓度和排放量，合规判定分析，超标排放或污染防治设施异常情况说明，各月度生产小时数、主要产品及其产量、主要原料及其消耗量、新水用量及废水排放量、主要污染物排放量等信息。实行简化管理的排污单位，季度执行报告应至少包括污染物实际排放浓度，合规判定分析，超标排放或污染防治设施异常情况说明等信息。

（4）污染防治可行技术要求

1）一般原则　《排污许可证申请与核发技术规范　酒、饮料制造工业》（HJ 1028—2019）所列污染防治可行技术及运行管理要求可作为生态环境主管部门对排污许可证申请材料审核的参考。待酒、饮料制造工业污染防治可行技术指南发布后，从其规定。

2）废气

① 有组织废气。排污单位产生的颗粒物主要来源于发酵酒精、白酒、啤酒原料粉碎等生产工序。有组织废气污染防治可行技术参考表 3-9。

表 3-9　酒、饮料制造工业排污单位有组织废气污染防治可行技术参考表

产排污环节	污染物项目	可行技术
原料粉碎系统废气	颗粒物	旋风除尘技术、袋式除尘技术、湿式除尘技术

② 无组织废气。排污单位综合污水处理站、酒糟堆场、果蔬渣堆场、沼渣堆场等无组织废气排放污染防治控制要求如下：a. 应对厂内综合污水处理站产生恶臭的区域加罩或加盖，或者投放除臭剂，或者集中收集恶臭气体到除臭装置处理后经排气筒排放；b. 对于有酒糟堆场、果蔬渣堆场、沼渣堆场等的排污单位，堆放的酒糟、果蔬渣、沼渣等应进行覆盖，及时清理堆场、道路上抛撒的酒糟、果蔬渣、沼渣等。

3）废水

① 可行技术。排污单位废水污染防治可行技术参考表 3-10。

表3-10 酒、饮料制造工业排污单位废水污染防治可行技术参考表

废水类别	污染物项目	排放去向	污染物监控位置	可行技术	
				一般排污单位	执行特别排放限值的排污单位
谷物类发酵酒精酒糟液	pH值、悬浮物、化学需氧量、五日生化需氧量、总氮、色度	综合利用、排入厂内综合污水处理站、其他	排污单位废水总排放口	生产干全酒精糟（DDGS）后，废水排入厂内综合污水处理站	
薯类发酵酒精酒糟液	pH值、悬浮物、化学需氧量、五日生化需氧量、总氮、色度	综合利用、排入厂内综合污水处理站、其他	排污单位废水总排放口	采用全糟厌氧发酵工艺综合利用后，废水排入厂内综合污水处理站	
糖蜜发酵酒精酒糟液	pH值、悬浮物、化学需氧量、五日生化需氧量、总氮、色度	综合利用、排入厂内综合污水处理站、其他	排污单位废水总排放口	采用蒸发浓缩工艺或厌氧发酵工艺等方式综合利用后，废水排入厂内综合污水处理站	
厂内综合污水处理站的综合污水（生产废水、生活污水等）	pH值、悬浮物、化学需氧量、五日生化需氧量、总氮、总磷、色度	直接排放①	排污单位废水总排放口	预处理：除油、沉淀、过滤；二级处理：好氧、水解酸化-好氧、兼性-好氧、厌氧-好氧、氧化沟、生物转盘	预处理：除油、沉淀、过滤；二级处理：好氧、水解酸化-好氧、兼性-好氧、厌氧-好氧、氧化沟、生物转盘；深度处理（或澄清）：高级氧化、活性炭吸附；混凝沉淀
		间接排放②		预处理：除油、沉淀、过滤；二级处理：好氧、水解酸化-好氧、兼性-好氧、氧化沟、生物转盘	预处理：除油、沉淀、过滤；二级处理：好氧、水解酸化-好氧、兼性-好氧、厌氧-好氧、氧化沟、生物转盘；深度处理（或澄清）：高级氧化、活性炭吸附；混凝沉淀
生活污水（仅适用于生活污水单独排放）	pH值、悬浮物、化学需氧量、五日生化需氧量、总氮、总磷、色度	直接排放①	生活污水排放口	预处理：除油、沉淀、过滤；二级处理：好氧、水解酸化-好氧、兼性-好氧、氧化沟、生物转盘	预处理：除油、沉淀、过滤；二级处理：好氧、水解酸化-好氧、兼性-好氧、厌氧-好氧、氧化沟、生物转盘；深度处理（或澄清）：高级氧化、活性炭吸附；混凝沉淀

① 直接排放指直接进入江河、湖、库等水环境，直接进入海域（再入沿海海域），进入城市下水道（再入江河、湖、库），直接进入海域，以及其他直接进入环境水体的排放方式。

② 间接排放指进入公共污水处理系统，以及其他间接进入环境水体的排放方式。

② 运行管理要求。排污单位应当按照相关法律法规、标准和技术规范等要求运行水污染防治设施并进行维护和管理，保证设施运行正常，处理、排放水污染物符合相关国家或地方污染物排放标准的规定。

Ⅰ. 应进行雨污分流、清污分流、冷热分流，分类收集，分质处理，循环利用，使污染物稳定达到排放标准要求。

Ⅱ. 高浓度有机废水（锅底水、黄水、废糟液、米浆水等）宜单独收集进行综合利用或预处理，再与中低浓度工艺废水（冲洗水、洗涤水等）混合处理。

Ⅲ. 洗瓶废水量大时宜处理后回用。

4）固体废物管理要求

① 薯类酒精废水处理后的沼渣和污泥宜用作有机肥原料；糖蜜酒精废水经蒸发浓缩后的浓缩液宜用作有机肥原料、锅炉燃料等进行综合利用；白酒酒糟、啤酒麦糟宜作为饲料或锅炉燃料进行综合利用；黄酒糟宜制备糟烧酒，开发饲料蛋白等；葡萄酒与果酒皮渣应收集并进行综合利用或无害化处理；白酒企业产生的废窖泥、啤酒企业产生的废酵母、葡萄酒产生的酒石宜进行回收综合利用；采用坛式储酒方式的黄酒企业产生的封坛泥宜进行重复利用。

② 生产车间产生的废活性炭、废硅藻土、废树脂、废包装物、厂内实验室固体废物以及其他固体废物，应进行分类管理并及时处理处置，危险废物应委托有资质的相关单位进行处理，并按规定严格执行危险废物转移联单制度。

③ 污水处理产生的污泥应及时处理处置，并达到相应的控制标准要求。

④ 加强污泥处理处置各个环节（收集、贮存、调节、脱水和外运等）的运行管理，污泥暂存场所地面应采取防渗漏措施。

⑤ 应记录固体废物产生量和去向（处理、处置、综合利用或外运）及相应量。

3.1.2 排污许可证核发现状

截至 2022 年 1 月 31 日 5423 家酒类制造企业（C151）核发了排污许可证。其中：酒精制造企业（C1511）114 家；白酒制造企业（C1512）3840 家；啤酒制造企业（C1513）473 家；黄酒制造企业（C1514）235 家；葡萄酒制造企业（C1515）470 家；其他酒制造企业（C1519）291 家。如图 3-1 所示（书后另见彩图）。

（1）酒精制造

酒精制造行业排污许可证核发情况汇总见表 3-11，排名前 8 位的按从多到少依次是黑龙江省 17 家、河南省 14 家、广西壮族自治区 14 家、江苏省 12 家、山东省 10 家、吉林省 8 家、安徽省 7 家、广东省 6 家，这 8 个省（区、市）的数量之和占全国总数量的 77%。

（2）白酒制造

白酒制造行业排污许可证核发情况汇总见表 3-12，排名前 8 位的按从多到少依次是四川省 1022 家、贵州省 791 家、黑龙江省 250 家、重庆市 188 家、辽宁省 184 家、安徽省 172 家、山东省 169 家、河南省 123 家，这 8 个省（区、市）的数量之和占全国总数量的 75%。

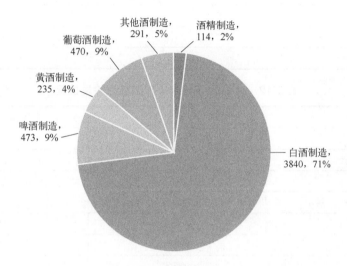

图 3-1　排污许可证核发情况（单位：家）

表 3-11　酒精制造行业排污许可证核发情况

序号	地区	企业数量/家
1	黑龙江省	17
2	河南省	14
3	广西壮族自治区	14
4	江苏省	12
5	山东省	10
6	吉林省	8
7	安徽省	7
8	广东省	6
9	内蒙古自治区	3
10	四川省	3
11	云南省	3
12	河北省	2
13	山西省	2
14	辽宁省	2
15	江西省	2
16	湖北省	2
17	贵州省	2
18	新疆维吾尔自治区	2

续表

序号	地区	企业数量/家
19	海南省	1
20	陕西省	1
21	甘肃省	1
合计		114

表 3-12　白酒制造行业排污许可证核发情况

序号	地区	企业数量/家
1	四川省	1022
2	贵州省	791
3	黑龙江省	250
4	重庆市	188
5	辽宁省	184
6	安徽省	172
7	山东省	169
8	河南省	123
9	内蒙古自治区	113
10	云南省	95
11	河北省	93
12	山西省	92
13	吉林省	71
14	广东省	62
15	湖北省	52
16	江苏省	47
17	甘肃省	42
18	新疆维吾尔自治区	42
19	陕西省	40
20	广西壮族自治区	33
21	江西省	32
22	浙江省	29
23	青海省	25
24	福建省	21
25	新疆生产建设兵团	16
26	湖南省	15
27	北京市	6
28	宁夏回族自治区	6
29	天津市	3

续表

序号	地区	企业数量/家
30	西藏自治区	3
31	海南省	2
32	上海市	1
合计		3840

（3）啤酒制造

啤酒制造行业排污许可证核发情况汇总见表 3-13，排名前 8 位的按从多到少依次是山东省 82 家、四川省 31 家、河北省 29 家、黑龙江省 27 家、河南省 24 家、广东省 22 家、江苏省 21 家、辽宁省 19 家，这 8 个省（区、市）的数量之和占全国总数量的 54%。

表 3-13　啤酒制造行业排污许可证核发情况

序号	地区	企业数量/家
1	山东省	82
2	四川省	31
3	河北省	29
4	黑龙江省	27
5	河南省	24
6	广东省	22
7	江苏省	21
8	辽宁省	19
9	浙江省	19
10	安徽省	17
11	湖北省	17
12	云南省	15
13	福建省	13
14	湖南省	13
15	贵州省	12
16	江西省	11
17	上海市	10
18	重庆市	10
19	陕西省	10
20	甘肃省	10
21	内蒙古自治区	9
22	广西壮族自治区	9
23	新疆维吾尔自治区	8
24	山西省	7

序号	地区	企业数量/家
25	西藏自治区	7
26	吉林省	6
27	北京市	4
28	天津市	3
29	新疆生产建设兵团	3
30	海南省	2
31	宁夏回族自治区	2
32	青海省	1
合计		473

（4）黄酒制造

黄酒制造行业排污许可证核发情况汇总见表3-14，排名前8位的按从多到少依次是浙江省66家、江苏省24家、福建省23家、广东省18家、河南省17家、江西省15家、山东省10家、安徽省8家，这8个省（区、市）的数量之和占全国总数量的77%。

表3-14 黄酒制造行业排污许可证核发情况

序号	地区	企业数量/家
1	浙江省	66
2	江苏省	24
3	福建省	23
4	广东省	18
5	河南省	17
6	江西省	15
7	山东省	10
8	安徽省	8
9	陕西省	6
10	上海市	5
11	湖南省	5
12	山西省	4
13	湖北省	4
14	四川省	4
15	甘肃省	4
16	宁夏回族自治区	4
17	北京市	3
18	重庆市	3
19	辽宁省	2

序号	地区	企业数量/家
20	黑龙江省	2
21	广西壮族自治区	2
22	贵州省	2
23	天津市	1
24	河北省	1
25	吉林省	1
26	西藏自治区	1
合计		235

（5）葡萄酒制造

葡萄酒制造行业排污许可证核发情况汇总见表 3-15，排名前 8 位的按从多到少依次是宁夏回族自治区 91 家、新疆维吾尔自治区 73 家、河北省 66 家、山东省 42 家、吉林省 24 家、辽宁省 21 家、新疆生产建设兵团 20 家、云南省 17 家，这 8 个地区的数量之和占全国总数量的 75%。

表 3-15　葡萄酒制造行业排污许可证核发情况

序号	地区	企业数量/家
1	宁夏回族自治区	91
2	新疆维吾尔自治区	73
3	河北省	66
4	山东省	42
5	吉林省	24
6	辽宁省	21
7	新疆生产建设兵团	20
8	云南省	17
9	陕西省	15
10	北京市	13
11	四川省	13
12	山西省	12
13	黑龙江省	11
14	内蒙古自治区	10
15	甘肃省	10
16	湖南省	6
17	天津市	5
18	西藏自治区	5
19	广西壮族自治区	4

序号	地区	企业数量/家
20	湖北省	3
21	贵州省	3
22	河南省	2
23	广东省	2
24	江苏省	1
25	青海省	1
合计		470

（6）其他酒制造

其他酒制造行业排污许可证核发情况汇总见表3-16，排名前8位的按从多到少依次是四川省32家、湖北省26家、陕西省24家、黑龙江省23家、山东省19家、贵州省17家、广西壮族自治区15家、浙江省13家，这8个省（区、市）的数量之和占全国总数量的58%。

表3-16　其他酒制造行业排污许可证核发情况

序号	地区	企业数量/家
1	四川省	32
2	湖北省	26
3	陕西省	24
4	黑龙江省	23
5	山东省	19
6	贵州省	17
7	广西壮族自治区	15
8	浙江省	13
9	湖南省	11
10	山西省	10
11	广东省	10
12	河北省	9
13	吉林省	8
14	江苏省	8
15	新疆维吾尔自治区	8
16	安徽省	7
17	福建省	7
18	河南省	6

序号	地区	企业数量/家
19	云南省	6
20	上海市	4
21	西藏自治区	4
22	青海省	4
23	北京市	3
24	内蒙古自治区	3
25	辽宁省	3
26	天津市	2
27	江西省	2
28	重庆市	2
29	甘肃省	2
30	宁夏回族自治区	2
31	海南省	1
合计		291

截至 2022 年 1 月 31 日 1965 家酒类制造企业（C151）进行了排污许可登记。其中：酒精制造企业（C1511）113 家，白酒制造企业（C1512）382 家，啤酒制造企业（C1513）471 家，黄酒制造企业（C1514）238 家，葡萄酒制造企业（C1515）469 家，其他酒制造企业（C1519）292 家。如图 3-2 所示（书后另见彩图）。

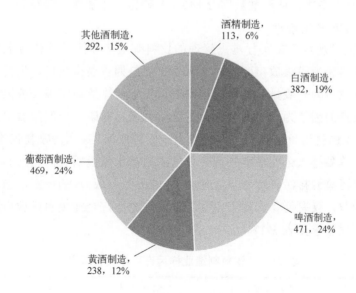

图 3-2　排污许可登记情况

3.2 饮料制造行业排污许可证核发情况

3.2.1 排污许可技术规范的部分内容

根据"含发酵工艺或者原汁生产"的饮料主要包括原榨果菜汁、浓缩果菜汁、发酵果菜汁、发酵乳饮料及发酵植物蛋白饮料等，考虑到饮料企业多为多品种经营甚至一条生产线生产多种产品，同一企业除了生产以上"含发酵工艺或者原汁生产"的饮料，还会生产含乳饮料和植物蛋白饮料、碳酸饮料、瓶（罐）装饮用水、固体饮料和茶饮料等其他饮料，为便于这类企业排污许可证的申请和核发，HJ 1028—2019 对各种饮料生产相关内容均做出了规定，企业可根据实际情况进行申报。

3.2.1.1 产排污环节与污染因子的确定

（1）水污染物

饮料生产过程的生产废水主要包括原料清洗废水、设备清洗废水、洗瓶废水、地面冲洗废水、冷却水系统排水、制水过程排水等。饮料制造工业废水污染因子依据《污水综合排放标准》（GB 8978）确定，主要为化学需氧量、氨氮、总氮、总磷、五日生化需氧量、悬浮物、色度等。

（2）大气污染物

果蔬渣堆场、沼渣堆场产生的恶臭废气，以及固体饮料的干燥、筛分、包装等工序产生的含颗粒物废气。饮料行业的废气污染因子依据《大气污染物综合排放标准》（GB 16297）和《恶臭污染物排放标准》（GB 14554）确定，主要包括颗粒物、臭气浓度等。

3.2.1.2 排污口差异化管理

"饮料制造技术规范"将实行重点管理的饮料制造工业排污单位废水排放口管理类型分为主要排放口和一般排放口两类，废水总排放口为主要排放口，生活污水直接排放口和其他废水排放口为一般排放口。该标准要求对主要排放口实施排放浓度和排放量双管控，许可排放量的因子为化学需氧量、氨氮、总氮、总磷，一般排放口仅许可排放浓度。实行简化管理的排污单位废水排放口均为一般排放口，废水污染物仅许可排放浓度，不许可排放量。单独排入公共污水处理系统的生活污水仅说明去向。

根据《固定污染源排污许可分类管理名录（2019 年版）》的规定，当前饮料制造行业无重点管理企业，仅有简化管理企业和登记管理企业，企业废水排放口均为一般排放口，具体分类管理要求见表 3-17。

表 3-17 饮料制造业排污许可分类管理表

行业	重点管理	简化管理	登记管理
饮料制造 152	—	有发酵工艺或者原汁生产的	其他

3.2.1.3 许可排放量的核算方法

目前，根据《固定污染源排污许可分类管理名录（2019 年版）》饮料制造行业无重点管理企业，仅有简化管理企业和登记管理企业，因此企业无需计算排污许可量，若企业还涉及其他重点管理的行业应按照其相应的技术规范计算许可排放量。

考虑到管理要求的差异化和变化，HJ 1028—2019 还是针对重点管理企业给出了两种水污染物许可排放量核算方法，排污单位分别按照两种方式进行计算，从严确定；当仅能通过其中一种方式计算时，以该计算方法确定。第一种计算方式是依据水污染物许可排放浓度限值、单位产品基准排水量和产品产能来确定；第二种计算方式是依据单位产品的水污染物排放量限值和产品产能来确定。

（1）单独排放

实行重点管理的饮料制造工业排污单位水污染物年许可排放量是指排污单位废水主要排放口水污染物年排放量的最高允许值。HJ 1028—2019 给出了饮料制造中的果菜汁及果菜汁饮料、含乳饮料和植物蛋白饮料、碳酸饮料、瓶（罐）装饮用水、固体饮料、茶饮料制造排污单位许可排放量核算方法，特殊用途饮料、风味饮料制造排污单位许可排放量核算可参照碳酸饮料执行，咖啡（类）饮料、植物饮料制造许可排放量核算可参照茶饮料执行。

饮料制造工业排污单位依据单位产品的水污染物排放量限值和产品产能核定，按照式（3-3）进行测算，单位产品水污染物排放量限值见表 3-18。饮料工业水污染物排放标准发布后或地方有更严格排放标准要求的，分别按单位核算，从严确定。

$$D_j = S \times P_j \times 10^{-6} \tag{3-3}$$

式中 D_j——排污单位废水第 j 项水污染物的年许可排放量，t/a；

S——排污单位年生产产品产能，t/a；

P_j——单位产品的水污染物排放量限值，g/t 产品。

表 3-18 饮料制造排污单位单位产品水污染物排放量限值 单位：g/t 产品

产品类别		指标	直接排放	间接排放
果菜汁及果菜汁饮料	榨汁	化学需氧量	300	1500
		氨氮	45	135
		总氮	75	210
		总磷	3	24
	浓缩	化学需氧量	1000	5000
		氨氮	150	450
		总氮	250	700
		总磷	10	80
	调配	化学需氧量	200	1000

续表

产品类别		指标	直接排放	间接排放
果菜汁及果菜汁饮料	调配	氨氮	30	90
		总氮	50	140
		总磷	2	16
含乳饮料和植物蛋白饮料		化学需氧量	350	1750
		氨氮	52.5	157.5
		总氮	87.5	245
		总磷	3.5	28
碳酸饮料		化学需氧量	120	600
		氨氮	18	54
		总氮	30	84
		总磷	1.2	9.6
瓶（罐）装饮用水		化学需氧量	100	500
		氨氮	15	45
		总氮	25	70
		总磷	1	8
固体饮料	湿混	化学需氧量	5000	25000
		氨氮	750	2250
		总氮	1250	3500
		总磷	50	400
	干混	化学需氧量	10	50
		氨氮	1.5	4.5
		总氮	2.5	7
		总磷	0.1	0.8
茶饮料		化学需氧量	200	1000
		氨氮	30	90
		总氮	50	140
		总磷	2	16

（2）混合排放

排污单位同时排放饮料制造工业和其他工业等多种工业废水，年许可排放量的计算方法如式（3-4）所示：

$$D_j = \sum_{i=1}^{n} D_{ij} \qquad\qquad (3-4)$$

式中　D_j——排污单位废水第 j 项水污染物的年许可排放量，t/a；

　　　　D_{ij}——第 i 个单位产品的第 j 项水污染物的年许可排放量，t/a；

　　　　n——排污单位的产品数量。

3.2.1.4　污染防治可行技术要求

（1）一般原则

HJ 1028—2019 所列污染防治可行技术及运行管理要求可作为生态环境主管部门对排污许可证申请材料审核的参考。待酒、饮料制造工业污染防治可行技术指南发布后从其规定。

（2）废气

1）有组织废气

饮料制造工业排污单位产生的颗粒物主要来源于固体饮料的干燥、筛分、包装等生产工序。有组织废气污染防治可行技术参考表 3-19。

表 3-19　饮料制造工业排污单位有组织废气污染防治可行技术参考表

产排污环节	污染物项目	可行技术
固体饮料干燥系统废气	颗粒物	旋风除尘技术、袋式除尘技术、湿式除尘技术
固体饮料筛分系统废气	颗粒物	旋风除尘技术、袋式除尘技术、湿式除尘技术
固体饮料包装系统废气	颗粒物	旋风除尘技术、袋式除尘技术、湿式除尘技术

2）无组织废气

饮料制造工业排污单位综合污水处理站、果蔬渣堆场、沼渣堆场等无组织废气排放污染防治控制要求如下：

①　应对厂内综合污水处理站产生恶臭的区域加罩或加盖，或者投放除臭剂，或者集中收集恶臭气体到除臭装置处理后经排气筒排放。

②　对于有果蔬渣堆场、沼渣堆场等的排污单位，堆放的酒糟、果蔬渣、沼渣等应进行覆盖，及时清理堆场、道路上抛撒的酒糟、果蔬渣、沼渣等。

（3）废水

1）可行技术

饮料制造工业排污单位废水污染防治可行技术参考表 3-20。

2）运行管理要求

饮料制造工业排污单位应当按照相关法律法规、标准和技术规范等要求运行水污染防治设施并进行维护和管理，保证设施运行正常，处理、排放水污染物符合相关国家或地方污染物排放标准的规定。

①　应进行雨污分流、清污分流、冷热分流，分类收集，分质处理，循环利用，使污染物稳定达到排放标准要求。

表 3-20　饮料制造工业排污单位废水污染防治可行技术参考表

废水类别	污染物项目	排放去向	污染物监控位置	可行技术	
				一般排污单位	执行特别排放限值的排污单位
厂内污水处理站的综合污水（生产废水、生活污水等）	pH值、悬浮物、化学需氧量、五日生化需氧量、总磷、氨氮、总氮、色度	直接排放①	排污单位废水总排放口	(1) 预处理：除油、沉淀、过滤。(2) 二级处理：好氧、水解酸化、厌氧-好氧、兼性好氧、氧化沟、生物转盘	(1) 预处理：除油、沉淀、过滤。(2) 二级处理：好氧、水解酸化、厌氧-好氧、兼性好氧、氧化沟、生物转盘。(3) 深度处理：高级氧化、生物滤池、过滤、混凝沉淀（或澄清）、活性炭吸附
		间接排放②		(1) 预处理：除油、沉淀、过滤。(2) 二级处理：好氧、水解酸化、厌氧-好氧、兼性好氧、氧化沟、生物转盘	(1) 预处理：除油、沉淀、过滤。(2) 二级处理：好氧、水解酸化、厌氧-好氧、兼性好氧、氧化沟、生物转盘。(3) 深度处理：高级氧化、生物滤池、过滤、混凝沉淀（或澄清）、活性炭吸附
生活污水（仅适用于生活污水单独排放）	pH值、悬浮物、化学需氧量、五日生化需氧量、总磷、氨氮、总氮、色度	直接排放①	生活污水排放口	(1) 预处理：除油、沉淀、过滤。(2) 二级处理：好氧、水解酸化、厌氧-好氧、兼性好氧、氧化沟、生物转盘	(1) 预处理：除油、沉淀、过滤。(2) 二级处理：好氧、水解酸化、厌氧-好氧、兼性好氧、氧化沟、生物转盘。(3) 深度处理：高级氧化、生物滤池、过滤、混凝沉淀（或澄清）、活性炭吸附

① 直接排放指直接进入江河、湖、库等环境水体，直接进入海域，进入城市下水道（再入江河、湖、库），进入城市下水道（再入沿海海域，以及其他直接进入环境水体的排放方式。

② 间接排放指进入公共污水处理系统，以及其他间接进入环境水体的排放方式。

② 高浓度有机废水宜单独收集进行综合利用或预处理，再与中低浓度工艺废水（冲洗水、洗涤水等）混合处理。

③ 洗瓶废水量大时宜处理后回用。

（4）固体废物

① 原榨果菜汁生产过程中产生的果渣、蔬菜渣，植物蛋白饮料生产过程中产生的滤渣，茶饮料生产提取过程产生的茶渣等宜作为肥料或饲料进行综合利用。

② 生产车间产生的废活性炭、废硅藻土、废树脂、废包装物、厂内实验室固体废物以及其他固体废物，应进行分类管理并及时处理处置，危险废物应委托有资质的相关单位进行处理，并按规定严格执行危险废物转移联单制度。

③ 污水处理产生的污泥应及时处理处置，并达到相应的控制标准要求。

④ 加强污泥处理处置各个环节（收集、贮存、调节、脱水和外运等）的运行管理，污泥暂存场所地面应采取防渗漏措施。

⑤ 应记录固体废物产生量和去向（处理、处置、综合利用或外运）及相应量。

3.2.1.5　自行监测要求

（1）废水监测

2020 年，生态环境部发布《排污单位自行监测技术指南 酒、饮料制造》（HJ 1085—2020），饮料企业自行监测的要求见表 3-21。

表 3-21　废水排放监测点位、监测指标及最低监测频次

排污单位级别	监测点位	监测指标	监测频次	
			直接排放	间接排放
重点排污单位	废水总排放口	流量、pH 值、化学需氧量、氨氮	自动监测	自动监测
		总磷	月（日/自动监测）	季度（日/自动监测）
		总氮	月（日/自动监测）	季度（日/自动监测）
		悬浮物、五日生化需氧量	月	季度
		色度	月	季度
	生活污水排放口	流量、pH 值、化学需氧量、氨氮	自动监测	自动监测
		总磷	月（日/自动监测）	季度（日/自动监测）
		总氮	月（日/自动监测）	季度（日/自动监测）
		悬浮物、五日生化需氧量	月	季度
非重点排污单位	废水总排口	流量、pH 值、化学需氧量、氨氮、总氮、总磷	季度	半年
	生活污水排放口	流量、pH 值、化学需氧量、氨氮、总氮、总磷	季度	—

注：1. 设区的市级以上生态环境主管部门明确要求安装自动监测设备的污染物指标，需采取自动监测。

2. 监测结果有超标记录的，应适当增加监测频次。

3. 水环境质量中总磷实施总量控制区域及氮、磷发放重点行业的重点排污单位，总磷需采取自动监测。

4. 水环境质量中总氮实施总量控制区域及氮、磷发放重点行业的重点排污单位，总氮最低监测频次按日执行，待自动监测技术规范发布后，需采取自动监测。

5. 雨水排放口有流动水排放时按月监测，若监测一年无异常情况可放宽至每季度开展一次监测。

（2）废气监测

1）有组织废气

① 各生产工序有组织废气排放监测点位、指标及最低监测频次按照表 3-22 执行。

表 3-22　有组织废气排放监测点位、监测指标及最低监测频次

监测点位	监测指标	监测频次	备注
原辅料储运、破（粉）碎、脱皮（壳）、烘干、筛分等工序车间排气筒或废气处理设施排放口	颗粒物	半年	适用于有原辅料储运、破（粉）碎、脱皮（壳）、烘干、筛分等生产过程涉及颗粒物排放的排污单位
干燥设施等废气排放口	非甲烷总烃	季度	适用于产品干燥过程等涉及挥发性有机物排放的生产工序
恶臭气体处理设施排放口	臭气浓度、氨、硫化氢	半年	适用于有生化污水处理的排污单位

② 对于多个污染源或生产设备共用一个排气筒的，监测点位可布设在共用排气筒上。当执行不同排放控制要求的废气合并排气筒排放时，应在废气混合前进行监测；若监测点位只能布设在混合后的排气筒上，监测指标应涵盖所对应污染源或生产设备的监测指标，最低监测频次按照严格的执行。

2）无组织废气　无组织废气排放监测点位、指标及最低监测频次按表 3-23 执行。

表 3-23　无组织废气排放监测点位、监测指标及最低监测频次

监测点位	监测指标	监测频次	备注
厂界	臭气浓度	半年	适用于所有排污单位
	非甲烷总烃	半年	适用于生产过程中涉及挥发性有机物排放的排污单位
	颗粒物	半年	适用于有原辅料储运、破（粉）碎、脱皮（壳）、烘干、筛分等生产过程涉及颗粒物排放的生产工序
	氨	半年	适用于有氨制冷系统或液氨储罐的排污单位
	硫化氢、氨	半年	适用于有生化污水处理的排污单位

（3）厂界环境噪声

厂界环境噪声监测点位设置应遵循 HJ 819 中的原则，主要考虑表 3-24 噪声源在厂区内的分布情况。厂界环境噪声每季度至少开展 1 次监测，周边有敏感点的应提高监测频次。

表 3-24　厂界环境噪声布点应关注的主要噪声源

噪声源	主要设备
生产车间及配套设施	粉碎设备、筛分设备、大型风机、制冷机、水泵等
污水处理	曝气设备、风机、泵等

3.2.2　排污许可证核发现状

根据《固定污染源排污许可分类管理名录（2019 年版）》的要求，含有原汁或发酵工艺的饮料企业进行简化管理，其余饮料企业为登记管理。

根据全国排污许可证信息管理平台的数据统计，截至 2023 年 6 月有 1117 家饮料制造企业取得了排污许可证，2946 家饮料企业进行了排污许可登记。

2019 年 5 月 14 日，伊天果汁（陕西）有限公司领取了饮料行业第一张排污许可证。如图 3-3 所示，2019 年，共有 517 家饮料企业领取了排污许可证；2020 年，共有 446 家饮料企业领取了排污许可证；2021 年，共有 138 家饮料企业领取了排污许可证；2022 年，共有 16 家饮料企业领取了排污许可证。

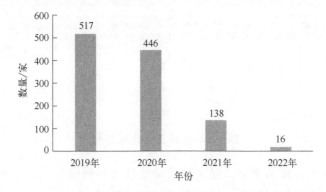

图 3-3　饮料企业排污许可证申领情况表

2018 年 11 月 16 日，江苏梅都健康食品有限公司成为饮料行业第一个进行排污许可登记的企业。如图 3-4 所示，2019 年，共有 56 家饮料企业进行了排污许可登记；2020 年，共有 2404 家饮料企业进行了排污许可登记；2021 年，共有 433 家饮料企业进行了排污许可登记；2022 年（截至 2022 年 2 月），共有 53 家饮料企业进行了排污许可登记。

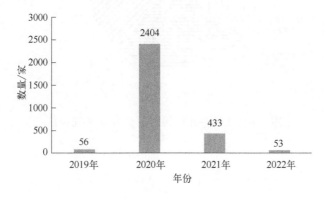

图 3-4　饮料企业排污许可登记数量

　　已经取得排污许可证的企业中，从地域分布来看，河南省、山东省、广东省饮料企业数量明显高于其他地区，详见图 3-5。

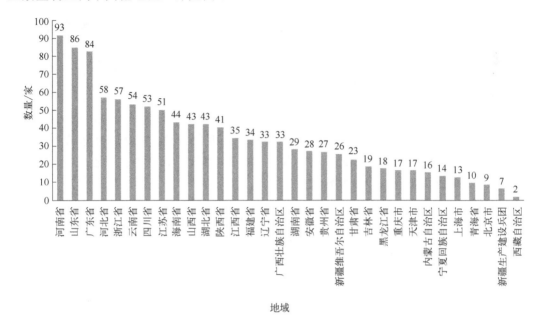

图 3-5　饮料企业地域分布

　　从图 3-6 中的产品结构来看，果菜汁及果菜汁饮料制造企业、含乳饮料和植物蛋白饮料制造企业所占比例达到 62%，远高于其他产品种类。

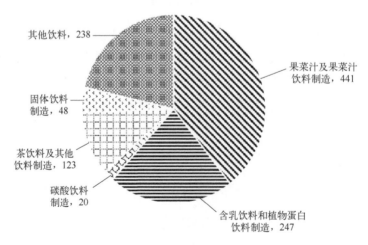

图 3-6　饮料企业排污许可证行业类别构成

第4章
排污许可证核发要点及常见填报问题

4.1 排污许可证的申请、变更、撤销和注销、遗失

4.1.1 排污许可证的申请

根据《排污许可管理条例》（中华人民共和国国务院令 第 736 号），排污单位应当向其生产经营场所所在地设区的市级以上地方人民政府生态环境主管部门（以下称审批部门）申请取得排污许可证。排污单位有两个以上生产经营场所排放污染物的，应当按照生产经营场所分别申请取得排污许可证。

申请取得排污许可证，可以通过全国排污许可证管理信息平台提交排污许可证申请表，也可以通过信函等方式提交。

排污单位登录全国排污许可证管理信息平台后，可以点击"网上申报"进入申请系统。如图 4-1 所示。

排污单位首次申请则需先进行注册，并填写企业基本信息，进入系统后，点击"许可证申请"，酒、饮料制造排污单位应当按照《排污许可证申请与核发技术规范 酒、饮料制造工业》（HJ 1028—2019）逐项填报相关信息，并按要求进行信息公开。图 4-2 为排污许可证申请界面。

排污许可证申请表应当包括下列事项：

① 排污单位名称、住所、法定代表人或者主要负责人、生产经营场所所在地、统一社会信用代码等信息；

② 建设项目环境影响报告书（表）批准文件或者环境影响登记表备案材料；

图 4-1 全国排污许可证管理信息平台页面

图 4-2 排污许可证申请界面

③ 按照污染物排放口、主要生产设施或者车间、厂界申请的污染物排放种类、排放浓度和排放量，执行的污染物排放标准和重点污染物排放总量控制指标；

④ 污染防治设施、污染物排放口位置和数量，污染物排放方式、排放去向、自行监测方案等信息；

⑤ 主要生产设施、主要产品及产能、主要原辅材料、产生和排放污染物环节等信息，及其是否涉及商业秘密等不宜公开情形的情况说明。

排污单位在申请排污许可证时应当按照自行监测技术指南，编制自行监测方案。自行监测方案应当包括以下内容：

① 监测点位及示意图、监测指标、监测频次；

② 使用的监测分析方法、采样方法；

③ 监测质量保证与质量控制要求；

④ 监测数据记录、整理、存档要求等。

有下列情形之一的，申请取得排污许可证还应当提交相应材料：

① 属于实行排污许可重点管理的，排污单位在提出申请前已通过全国排污许可证管理信息平台公开单位基本信息、拟申请许可事项的说明材料；

② 属于城镇和工业污水集中处理设施的，排污单位的纳污范围、管网布置、最终排放去向等说明材料；

③ 属于排放重点污染物的新建、改建、扩建项目以及实施技术改造项目的，排污单位通过污染物排放量削减替代获得重点污染物排放总量控制指标的说明材料。

排污许可证应当记载下列信息：

① 排污单位名称、住所、法定代表人或者主要负责人、生产经营场所所在地等；

② 排污许可证有效期限、发证机关、发证日期、证书编号和二维码等；

③ 产生和排放污染物环节、污染防治设施等；

④ 污染物排放口位置和数量、污染物排放方式和排放去向等；

⑤ 污染物排放种类、许可排放浓度、许可排放量等；

⑥ 污染防治设施运行和维护要求、污染物排放口规范化建设要求等；

⑦ 特殊时段禁止或者限制污染物排放的要求；

⑧ 自行监测、环境管理台账记录、排污许可证执行报告的内容和频次等要求；

⑨ 排污单位环境信息公开要求；

⑩ 存在大气污染物无组织排放情形时的无组织排放控制要求；

⑪ 法律法规规定排污单位应当遵守的其他控制污染物排放的要求。

4.1.2　排污许可证的变更

排污单位变更名称、住所、法定代表人或者主要负责人的，应当自变更之日起 30 日内，向审批部门申请办理排污许可证变更手续。

在排污许可证有效期内，排污单位有下列情形之一的应当重新申请取得排污许可证：

① 新建、改建、扩建排放污染物的项目；

② 生产经营场所、污染物排放口位置或者污染物排放方式、排放去向发生变化；

③ 污染物排放口数量或者污染物排放种类、排放量、排放浓度增加。

排污单位适用的污染物排放标准、重点污染物总量控制要求发生变化，需要对排污许可证进行变更的，审批部门可以依法对排污许可证相应事项进行变更。

申请变更排污许可证的应当提交下列申请材料：

① 变更排污许可证申请；

② 由排污单位法定代表人或者主要负责人签字或者盖章的承诺书；

③ 与变更排污许可事项有关的其他材料。

4.1.3 排污许可证的撤销和注销

有下列情形之一的，核发环保部门或者其上级行政机关，可以撤销排污许可证并在全国排污许可证管理信息平台上公告：

① 超越法定职权核发排污许可证的；

② 违反法定程序核发排污许可证的；

③ 核发环保部门工作人员滥用职权、玩忽职守核发排污许可证的；

④ 对不具备申请资格或者不符合法定条件的申请人准予行政许可的；

⑤ 依法可以撤销排污许可证的其他情形。

有下列情形之一的，核发环保部门应当依法办理排污许可证的注销手续，并在全国排污许可证管理信息平台上公告：

① 排污许可证有效期届满，未延续的；

② 排污单位被依法终止的；

③ 应当注销的其他情形。

4.1.4 排污许可证的遗失

排污许可证发生遗失、损毁的，排污单位应当在 30 个工作日内向核发环保部门申请补领排污许可证；遗失排污许可证的，在申请补领前应当在全国排污许可证管理信息平台上发布遗失声明；损毁排污许可证的，应当同时交回被损毁的排污许可证。

4.2 排污许可证核发要点

4.2.1 材料的完整性审核

排污单位应提交以下申请材料：

① 排污许可证申请表；

② 自行监测方案；

③ 由排污单位法定代表人或者主要负责人签字或者盖章的承诺书；

④ 排污单位有关排污口规范化的情况说明；

⑤ 建设项目环境影响评价文件审批文号，或者按照有关国家规定经地方人民政府

依法处理、整顿规范并符合要求的相关证明材料；

⑥ 申请前信息公开情况说明表，需要注意，仅实施排污许可重点管理的排污单位需要提交；

⑦ 与污染物排放总量控制相关的环评批复、总量许可、现有排污许可证、排污权交易等材料；

⑧ 附图、附件等材料，其中，附图应包括生产工艺流程图和平面布置图；

⑨ 排污许可证副本；

⑩ 排放量计算过程；

⑪ 其他需要说明的材料。

此外，主要生产设施、主要产品产能等登记事项中涉及商业秘密的，排污单位应当进行标注。

对存在下列情形之一的，负责核发的生态环境部门不予核发排污许可证：

① 位于法律法规规定禁止建设区域内的；

② 属于国务院经济综合宏观调控部门会同国务院有关部门发布的产业政策目录中明令淘汰或者立即淘汰的落后生产工艺装备、落后产品的；

③ 法律法规规定不予许可的其他情形。

4.2.2　材料的规范性审核

4.2.2.1　申请前信息公开

申请前信息公开审核主要包括：

① 实行重点管理的排污单位需要在申请前信息公开，实行简化管理的排污单位可不进行申请前信息公开。

② 申请前信息公开时间应不少于 5 个工作日。

③ 信息公开内容包括承诺书、基本信息以及拟申请的许可事项。承诺书样式应在全国排污许可信息平台下载最新版本，不得对内容进行删减。

④ 信息公开方式应选择全国排污许可证管理信息平台。

⑤ 信息公开情况说明表应填写完整，包括信息公开的具体起止日期。

有法定代表人的排污单位，应由法定代表人签字，且应与排污许可证申请表、承诺书等保持一致。没有法定代表人的排污单位，如个体工商户、私营企业者等，可由主要负责人签字。对于集团公司下属不具备法定代表人资格的独立分公司，也可由主要负责人签字。

⑥ 排污单位应如实填写申请前信息公开期间收到的意见并逐条答复。没有收到意见的填写"无"，不可不填。

4.2.2.2　排污许可证申请表

排污许可证申请表核查是否填写完整。

（1）封面

① 单位名称、注册地址必须与统一社会信用代码证中一致。

② 正确选择行业类别，全面、准确反映排污单位的生产情况。

③ 生产经营场所地址应填写排污单位实际地址。

④ 没有组织机构代码的，可不填写。

⑤ 法定代表人与承诺书、申请前信息公开情况说明表保持一致。

⑥ 电子版与纸质版申请表的条形码应保持一致。

（2）排污单位基本信息表

① 分期投运的，投产日期以先期投运时间为准。

② 填写大气重点控制区域的，应结合生态环境部相关公告文件，核实是否执行特别排放限值。例如根据 2018 年 6 月 27 日国发〔2018〕22 号文《打赢蓝天保卫战三年行动计划》，陕西省西安市、铜川市、宝鸡市、咸阳市、渭南市以及杨凌示范区二氧化硫、氮氧化物、颗粒物、挥发性有机物（VOCs）全面执行大气污染物特别排放限值。

③ 应如实填写是否位于工业园区及工业园区名称。

④ 原则上，排污单位应具备环评批复或者地方政府对违规项目的认定或备案文件，如两者全无，应核实排污单位具体情况，填写申请书中"改正规定"。对于法律法规要求建设项目开展环境影响评价［1998 年 11 月 29 日《建设项目环境保护管理条例》（国务院令第 253 号）］之前已经建成且之后未实施改、扩建的排污单位，可不要求。

⑤ 对涉及酒、饮料制造业划分实施重点管理、简化管理。根据《固定污染源排污许可分类管理名录（2019 年版）》对企业管理类别划分，表 4-1 为酒的制造和饮料制造排污许可分类划分。

表 4-1　排污许可分类管理划分表

序号	行业类别	重点管理	简化管理	登记管理
21	酒的制造 151	酒精制造 1511，有发酵工艺的年生产能力 5000 千升及以上的白酒、啤酒、黄酒、葡萄酒、其他酒制造	有发酵工艺的年生产能力 5000 千升以下的白酒、啤酒、黄酒、葡萄酒、其他酒制造[①]	其他[①]
22	饮料制造 152		有发酵工艺或者原汁生产的[①]	其他[①]

① 指在工业建筑中生产的排污单位。工业建筑的定义参见《工程结构设计基本术语标准》（GB/T 50083—2014），是指提供生产用的各种建筑物，如车间、厂前区建筑、生活间、动力站、库房和运输设施等。

⑥ 总量分配计划文件需填写具体文号或来源，来源包括总量分配计划文件、现有排污许可证、环评文件（2015 年 1 月 1 日后）、排污权交易和其他政府文件形式确认的，总量控制指标需逐一填写。

⑦ 系统默认水污染控制因子为化学需氧量和氨氮，不用再做选择；系统默认大气污染控制因子为颗粒物、二氧化硫、氮氧化物和 VOCs，不用再做选择。

（3）产品及产能信息表

① 生产线类型、主要生产单元、生产工艺及生产设施由排污单位根据自身情况全

面申报。有多个生产线/生产设施的，应分别编号填报，不应采取备注数量的方式。生产多种产品的同一生产设施只填报一次，在"其他信息"中注明产品情况。

② 生产能力及生产时间为主要产品设计产能及时间，并标明计量单位。生产能力不包括国家或地方政府予以淘汰或取缔的产能。

③ 主要生产单元包括主体工程、公用工程、辅助工程、储运工程，核对企业是否填报完整。生产设施参数填报应体现设施运行及处理能力的主要特征。

《排污许可证申请与核发技术规范　酒、饮料制造工业》（HJ 1028—2019）中的表1-1、表1-2 和表2 列出了需要填写的主要工艺、生产设施、设施参数。企业根据自身实际情况从中选择生产单元填报。

（4）原辅材料信息表

原辅料应填写完整，包括主要原料、外购件、辅助材料等。辅助种类包括酵母、酶制剂、啤酒花及其制品、焦亚硫酸钾、果胶酶、矿物质、糖、甜味剂、食用香精等。

燃料信息应如实填报。燃料中对于启动用燃油也应在此填报。

（5）废气产排污节点、污染物及污染治理设施信息

① 所有产排污环节参照技术规范填报写正确、完整。污染物种类依照 GB 13223、GB 13271、GB 14554、GB 16297 确定。地方有更严格排放标准要求的，按照地方排放标准从严确定。

② 有组织排放应填报污染治理设施相关信息，包括编号、名称和工艺，判断是否为可行技术。对于未采用上表中推荐的最佳可行技术的，应填写"否"。新建、改建、扩建建设项目排污单位采用环境影响评价审批意见要求的污染治理技术的，应在"污染治理设施其他信息"中注明为"环评审批要求技术"。既未采用可行技术，新改扩建项目也未采用环评审批要求技术的，应提供相关证明材料。确无污染治理设施的相关信息画"/"。

③ 填报无组织排放的，污染治理设施编号、名称、工艺和是否为可行技术均填"/"。技术规范要求有组织排放，而排污单位仍为无组织排放的，申报时按无组织排放填写，在"其他信息"中注明"待改"，并填写"改正规定表"，涉及补充或变更环评的，也应体现在改正规定中。

（6）废水类别污染物及污染治理设施信息

① 废水类别应按照技术规范填写完整。污染治理设施相同的废水可合并填报，污染治理设施不同的废水须单独填报。啤酒制造工业排污单位污染物种类依据《啤酒工业污染物排放标准》（GB 19821）确定，发酵酒精和白酒制造工业排污单位污染物种类依据《发酵酒精和白酒工业水污染物排放标准》（GB 27631）确定，其他酒及饮料制造工业排污单位污染物种类依据 GB 8978 确定。地方有更严格排放标准要求的，按照地方排放标准从严确定。

② 实行重点管理的酒、饮料制造工业排污单位废水总排放口（综合污水处理站排放口）为主要排放口，生活污水直接排放口和其他废水排放口为一般排放口。实行简化

管理的酒、饮料制造工业排污单位的废水排放口为一般排放口。单独排入公共污水处理系统的生活污水仅说明去向。

③ 污染治理设施信息，包括编号、名称和工艺，并参照技术规范中"污染防治可行技术要求"判断是否为可行技术。对于未采用最佳可行技术的，应填写"否"，并提供相关证明材料。新建、改建、扩建项目采用环评审批意见要求的污染治理技术，应在"其他信息"中注明"环评审批要求技术"。污染治理设施或措施不能达到许可排放浓度要求的，应在"其他信息"中备注"待改"，并填写"改正规定表"。

（7）大气排放口基本情况

排放口编号、名称以及排放污染物信息应与废气产排污节点、污染物及污染治理设施信息保持一致。排气筒高度应满足该排放口执行排放标准中的相关要求。

（8）废气污染物排放执行标准表

① 执行排放标准中如有排放速率要求的，不要漏填。

② 地方有更严格排放标准的应填报地方标准。

③ 排污单位持证有效期内，国家和地方标准有新规定的，应在"其他信息"中说明。

④ 环评批复要求和承诺更加严格排放限值的，应填报数值+单位，不应填报文字。

（9）大气污染物有组织排放表

排放口编号、名称和污染物种类应与废气产排污节点、污染物及污染治理设施信息保持一致。

（10）大气污染物无组织排放表

① 所有无组织排放的统一必填表。

② 无组织排放必须对应厂界和生产设施编号填写，注意填报无组织产污环节、污染物种类、主要污染防治措施、执行排放标准等信息。

③ 在"其他信息"一列，可填写排放标准浓度限值对应的监测点位，如"厂界"。无组织排放无需申请许可排放量，画"/"。

（11）废水直接排放口基本信息表

如排污单位废水为直接排放，则填写此表。排放口编号、排放口名称、排放去向、排放规律等信息应与废水类别污染物及污染治理设施信息保持一致。

废水直接排放时应填写各排放口对应的入河排污口名称、编号以及批复文号等相关信息。

（12）废水间接排放口基本信息表

① 如排污单位废水为间接排放，则填写此表。排放口编号、排放口名称、排放去向、排放规律等信息应与废水类别污染物及污染治理设施信息保持一致。

② 需准确填报受纳污水处理厂相关信息，包括其名称、污染物种类和执行排放标准中的浓度限值。注意填报的是受纳污水处理厂的排放控制污染物种类和浓度限值，不是排污单位的排放控制要求。

（13）废水污染物排放执行标准表

标准名称及污染因子种类根据标准要求填报。

排污单位持证有效期内，国家和地方标准有新规定的，应在"其他信息"中说明。

（14）废水污染物排放表

① 排放口名称、编号、类型和污染物种类应与废水类别污染物及污染治理设施信息保持一致。

② 水污染物申请浓度限值依据 GB 19821 确定啤酒制造工业排污单位废水总排放口的水污染物许可排放浓度，依 GB 27631 确定发酵酒精和白酒制造工业排污单位废水总排放口的水污染物许可排放浓度，依据 GB 8978 确定其他酒及饮料制造工业排污单位废水总排放口的水污染物许可排放浓度。

③ 排污单位持证有效期内，国家和地方标准有新规定的应在"其他信息"中说明。

④ 水污染物许可排放量限值计算过程的说明应详细，并审查其合理性：a. 含一类污染物车间排放口仅许可排放浓度，其他主要排放口（化学需氧量和氨氮）应申请许可排放量，一般排放口仅许可排放浓度；b. 排污单位持证有效期内，国家和地方标准有新规定的，许可排放量限值应分年度计算。

（15）噪声排放信息表

根据区域噪声功能区划、环评文件及其批复要求，原则上按最新要求填写。

（16）固体废物排放信息表

固体废物是指工业固体废物（不包含生活垃圾）的相关信息。固体废物类别分为一般固体废物和危险废物。固体废物处理方式分为贮存、处置和综合利用。固体废物产生量与各种固体废物处理量（贮存量、处置量、综合利用量之和）的差值即为排放量，应填报"0"。综合利用或处置时，在"备注"中说明具体综合利用或处置方式，如委托有危险废物处理资质单位处置等。

（17）自行监测及记录信息表

① 废气有组织监测按照《排污许可证申请与核发技术规范 酒、饮料制造工业》（HJ 1028—2019）中表 10 执行，废气无组织监测按照《排污许可证申请与核发技术规范 酒、饮料制造工业》（HJ 1028—2019）中表 11 执行。废气有组织排放"监测内容"填写"烟气量、烟气流速、烟气温度、烟气压力、含氧量、排气筒截面积"等；废气无组织排放"监测内容"填写"风向、风速、气温、气压"等。

② 废水监测按照《排污许可证申请与核发技术规范 酒、饮料制造工业》（HJ 1028—2019）中表 9 执行，废水"监测内容"填写"流量"。

③ 开展自动监测的，填报自动监测信息的同时还应填报设备故障时的手工监测信息，并在其他信息中备注。手工监测方法应优先选用执行排放标准中规定的方法。

（18）环境管理台账信息表

① 应按照《排污单位环境管理台账及排污许可证执行报告技术规范 总则（试行）》

（HJ 944）要求填报环境管理台账记录内容，不要有漏项。

② 记录频次应严格按照技术规范和《排污许可管理条例》要求。记录形式应按照电子台账和纸质台账同时管理，保存期限不少于 5 年。

③ 注意区分重点管理与简化管理单位的差异。

（19）有核发权的地方生态环境主管部门增加的管理内容

由地方生态环境主管部门按要求填写。

（20）改正规定

有改正问题的，应在此处明确时限要求及改正措施，改正时限不得超过一年。

（21）附图

① 工艺流程图与总平面布置图要清晰可见、图例明确，且不存在上下左右颠倒的情况。

② 工艺流程图应包括主要生产设施（设备）、生产工艺流程等内容。

③ 平面布置图应包括主体设施、公辅设施、全厂污水处理站等内容，同时注明厂区雨、污水流向及排放口位置。

4.3 排污许可证信息填报主要问题

4.3.1 排污许可证申领问题及建议

《排污许可管理条例》（简称"《条例》"）将《排污许可管理办法（试行）》（以下简称"《办法》"）第二章、第三章及第五章的部分内容进行了整合，不单独设排污许可证内容及变更、延续、撤销章节。

《条例》明确设区的市级及以上地方人民政府生态环境主管部门有权审批排污许可申请，对排污许可审批权限的重大调整：省级生态环境主管部门也有权审批排污许可申请；但《条例》未对分级审批或审批权限等做出规定。《条例》取消排污许可证核发提法，在《条例》第十条提出审查与颁发排污许可证；依法取消地方性法规对排污许可证审批权限有关规定的适用性。《条例》明确以生产经营场所为主体申请取得排污许可证，但未对两个以上场所的判定、生产经营场所和排放口分别位于不同行政区域时审批部门做出规定。

《条例》中未对排污单位生产设施、污染防治设施和排放口实行统一编码管理提出明确的具体要求，排污单位应按《办法》中的要求执行。《条例》未对排污单位申请前承诺做出强制要求，将排污许可由依承诺许可调整为依法许可。

《条例》增加以信函方式提交排污许可证申请表，不再要求通过同时提交电子申请表和印制书面申请材料，落实"放管服"；明确排污许可证的申请材料中需要提供自行监测方案，未规定自行监测方案具体内容（第十一条中规定：自行监测方案的监测点位、指标、频次等符合国家自行监测规范）；明确对排污许可证申请表的一般规定，取消《办法》中提交承诺书的规定，对申请材料的特殊规定在第九条中针对不同情形进行明确。建议排污单位自行监测方案编制按照《办法》规定执行。

《条例》提出了重点排污单位申请前信息公开要求，取消公开承诺书的要求，并对 3 种特殊情形需要提供的材料进行了明确。排污单位应按照《条例》的要求执行。

针对排污许可申请，《条例》针对不需要申请排污许可证或不属于本审批部门职权范围情形的告知时限进行了调整，未规定具体时限，均要求"即时"告知；针对申请材料不齐全或者不符合法定形式的，将告知时限从 5 个工作日调整为 3 个工作日，并提出一次性告知排污单位需要补正的全部材料的要求。

《条例》对排污许可证记载内容提出要求，未对排污许可证结构和形式（正本和副本等）作出规定；对《办法》中的第十二条至十六条及十八条内容进行了整合，统一对排污许可记载信息提出具体要求，不再将登记事项和许可事项分别要求；并取消对《办法》中"登记事项主要生产设施、主要产品及产能、主要原辅材料等""环境影响评价审批意见、依法分解落实到本单位的重点污染物排放总量控制指标、排污权有偿使用和交易记录等"在排污许可证中记载的要求。《条例》将《办法》中"取得排污许可证后应当遵守的环境管理要求"和"法律法规规定的其他许可事项"修改为"法律法规规定排污单位应当遵守的其他控制污染物排放的要求"，体现了排污许可管理针对性，排污单位的排污许可证内容至少满足《条例》规定，结构和形式按照《办法》的要求执行。

针对排污许可证有效期、延续及变更事项进行了明确，《条例》统一规定了排污许可证的有效期为 5 年，不再区分首次发放和延续换发的有效期。《条例》对延续排污许可证的时限要求进行了加严，从《办法》第四十六条规定的应当在排污许可证届满三十个工作日前提出申请改为 60 日前向审批部门提出申请；未对延续的申请材料进行具体规定。《条例》明确针对排污单位变更名称、住所、法定代表人或者主要负责人的变更时限要求，针对其他情形取消变更，要求重新申请取得排污许可证的形式。排污单位延续、变更的程序应参照《办法》执行。

《条例》新增"重新申请取得排污许可证"的情形，对《办法》第四十三条第二款至第五款规定的变更情形改为：应当重新申请排污许可证。对《办法》第四十三条第六款至第八款规定的情形未做出相关规定。基于《条例》将变更情形的范围大幅度地缩减，增加"重新申请取得排污许可证"的情形，因此，取消第四十四条变更申请材料内容的要求，取消第四十五条内容。排污单位应按照《条例》的规定执行。

基于污染物排放标准和总量控制要求变化的变更，《条例》将《办法》第四十三条第一款第（六）、（七）、（八）规定的适用污染物排放标准、重点污染物总量控制要求发生变化情形依排污单位申请变更修改为"审批部门可以依法对排污许可证相应事项进行变更"，排污许可证变更的责任主体从排污单位变成了审批部门或排污单位。

《条例》与《办法》部分具体内容变化情况见表 4-2。

表4-2　《条例》与《办法》变化情况表

序号	《条例》内容	《办法》内容
1	第二章　申请与审批共10条	第三章　申请与核发共10条；第五章　变更、延续、撤销中的7条
2	第六条　排污单位应当向其生产经营场所所在地设区的市级以上地方人民政府生态环境主管部门（以下称审批部门）申请取得排污许可证。生产经营场所和排放污染物的排放口分别位于两个以上生产经营场所所在地的，应当按照排放污染物的排放口分别申请取得排污许可证	第六条　环境保护部负责指导全国排污许可制度实施和监督。各省级环境保护主管部门负责本行政区域排污许可证核发。地方性法规对核发权限另有规定的，从其规定。第七条　同一法人单位或者其他组织所属、位于不同生产经营场所的排污单位，应当以其所属的法人单位或者其他组织的名义，分别向生产经营场所所在地核发环境保护主管部门申请排污许可证。生产经营场所和排放口分别位于不同行政区域时，生产经营场所所在地同级环境保护主管部门负责核发排污许可证，并应当在核发前，征求其排放口所在地同级环境保护主管部门意见
3	—	第九条　环境保护部对实施排污许可管理的排污单位及其生产经营场所、污染防治设施、污染物排放口实行统一编码管理
4	—	第二十条　排污单位在填报排污许可证申请时，应当承诺排污许可证申请材料是完整、真实和合法的，并由法定代表人或者主要负责人签字或者盖章。落实按照排污许可证规定排放污染物的环境管理要求，编制自行监测方案。自行监测方案应当承诺自行监测技术指南，编制自行监测方案。监测方案应当包括以下内容：
5	第七条　申请取得排污许可证，可以通过全国排污许可证管理信息平台提交申请表，也可以通过信函等方式提交。排污许可证申请表应当包括下列事项： （一）排污单位名称、住所、法定代表人或者主要负责人、统一社会信用代码等信息； （二）建设项目环境影响报告书（表）批准文件或者环境影响登记表备案材料； （三）按照污染物排放口、主要生产设施或者车间，厂界申请的污染物排放种类、排放浓度和排放量，执行的污染物排放标准和重点污染物排放总量控制指标； （四）污染防治设施、污染物排放口位置和数量、污染物排放方式、排放去向，自行监测方案信息； （五）主要生产设施、主要产品及产能、主要原辅材料，及其是否涉及商业秘密等不宜公开情形的情况说明	（一）监测点位及示意图，监测指标，监测方法； （二）使用的监测分析方法、采样方法； （三）监测质量保证与质量控制要求等； （四）监测数据记录、整理、存档要求等。 第二十五条　实行重点管理的排污单位在提交申请材料前，应当将承诺书、基本信息以及拟申请的许可事项向社会公开。公开时间不得少于五个工作日。 第十六条　排污许可部门应当通过全国排污许可证管理信息平台向社会公开制作的书面申请材料。申请材料应当包括： （一）排污许可证申请表，主要内容包括：排污单位基本信息，主要产品及产能、主要生产设施，主要原辅材料，废气、废水等产排污环节或者车间的污染防治设施，申请的排放口位置和数量、排放污染物种类、排放浓度和排放量，执行的排放标准； （二）自行监测方案； （三）由排污许可证法定代表人或者主要负责人签字或者盖章的承诺书； （四）排污许可证排放口规范化整治的情况说明； （五）建设项目环境影响评价文件批复文号，或者按照有关国家规定经地方人民政府依法处理、整顿并符合要求的相关证明材料；

续表

序号	《条例》内容	《办法》内容
6	第八条 有下列情形之一的，申请取得排污许可证应当提交相应材料： （一）属于实行排污许可重点管理的，排污许可证申请前信息公开情况基本信息，拟申请排污许可事项的说明材料； （二）属于城镇和工业污水集中处理设施的，排污单位的纳污范围、管网布置、最终排放去向的说明材料； （三）属于排放重点污染物通过总量控制指标的新建、改建、扩建项目以及实施技术改造重点污染物排放总量削减替代获得的说明材料	（六）排污许可证申请前信息公开情况说明表； （七）污水集中处理设施的经营管理单位还应当提供纳污范围、纳污排污单位名单、管网布置、最终排放去向等材料； （八）本办法实施后新建、改建、扩建项目排污单位存在通过污染物排放总量替代削减获得重点污染物排放总量控制指标的排污单位已经取得排污许可证的，应当提交让重点污染物排放说明材料；属于排放重点污染物通过总量控制指标的新建、改建、扩建项目，排污单位排放重点污染物排放总量控制指标的说明材料； （九）法律法规规章规定的其他材料。主要产品产能等登记事项中涉及商业秘密的，排污单位应当进行标注
7	第九条 审批部门对收到的排污许可证申请，应当根据下列情况分别做出即时告知或者补正要求： （一）依法不需要申请取得排污许可证的，应当即时告知不予受理的决定； （二）不属于本审批部门职权范围的，应当即时做出不予受理的决定，并告知排污单位向有审批权的生态环境主管部门申请； （三）申请材料存在错误的，应当允许排污单位当场更正； （四）申请材料不齐全或者不符合法定形式的，应当当场或者在3日内出具告知单，一次性告知排污单位需要补正的全部材料； （五）申请材料齐全、符合法定形式，或者排污单位按照要求提交全部补正申请材料的，同时向排污单位出具加盖本审批部门专用印章和注明日期的书面凭证。审批部门应当在全国排污许可证管理信息平台上公开受理或者不予受理排污许可证申请的决定，同时向排污单位出具加盖本审批部门专用印章和注明日期的书面凭证	第三十七条 核发环保部门收到排污单位提交的申请材料后，对材料的完整性、规范性进行审查，按照下列情形分别作出处理： （一）依照本办法不需要取得排污许可证的，应当当场或者在5个工作日内告知排污单位不需要办理，并告知排污单位； （二）不属于本行政机关职权范围的，应当当场或者在5个工作日内做出不予受理的决定，并告知排污单位向有核发权限的部门申请； （三）申请材料不齐全或者不符合规定的，应当当场或者5个工作日内告知排污单位当场更正； 需要补正的全部材料，可以当场更正的应当允许排污单位当场补正、申请材料齐全、符合规定，或者排污单位按照要求提交全部补正申请材料之日起即视为受理； （四）属于本行政机关职权范围，申请材料齐全、符合法定形式，或者排污单位按照要求补正申请材料，但逾期申请面补正申请材料之日起即视为受理； 核发环保部门不予受理或者受理的，同时向排污单位出具加盖本行政机关专用印章并注明日期的受理单，自收到排污许可证申请材料之日起即视为受理
8	第十三条 排污许可证应当记载下列信息： （一）排污单位名称、住所、法定代表人或者主要负责人、生产经营场所所在地等； （二）排污许可证有效期限、发证日期、发证机关、证书编号和二维码等； （三）产生污染物环节、污染防治设施等；	第十二条 排污许可证内容：许可事项、承诺书等内容。 设区的市级以上地方环境保护主管部门可以根据地方性法规，增加需要在排污许可证中载明的内容。 第十三条 排污许可证以下基本信息应当同时在排污许可证正本和副本中载明，正本载明基本信息，正本载明基本信息，副本包括基本信息，正本和副本构成，正本载明基本信息，正本载明正本和副本中载明，行业类别、统一社会信用代码等排污单位基本信息。 （一）排污单位名称、注册地址、法定代表人或者主要负责人、技术负责人、生产经营场所地址、行…

续表

序号	《条例》内容	《办法》内容
8	(四)污染物排放口位置和数量、污染物排放方式和排放去向等; (五)污染物排放种类、许可排放浓度、许可排放量; (六)污染防治设施建设运行和维护要求、污染物排放口规范化要求等; (七)特殊时段禁止或者限制污染物排放的要求; (八)自行监测、环境管理台账记录、排污许可证执行报告的内容和频次等要求; (九)存在大气污染物无组织排放情形时的无组织排放控制要求; (十)排污单位污染总量控制要求、污染物排放信息公开要求; (十一)法律法规规定排污单位应当遵守的其他控制污染物排放的要求。	(二)排污许可证有效期限、发证机关、发证日期、证书编号和二维码等基本信息。 第十四条 以下登记事项由排污单位申报，并在排污许可证副本中记录: (一)主要生产设施、主要产品及产能等; (二)产排污环节、污染治理设施等; (三)环境影响评价审批意见、依法分解落实的重点污染物排放总量控制指标、排污权有偿使用和交易记录等。 第十五条 下列许可事项由排污单位申请，经核发环保部门审核后，在排污许可证副本中进行规定，使用和交易记录等: (一)污染物排放方式和排放去向和种类、大气污染物排放浓度、许可排放量; (二)排放口位置和数量、无组织排放源的位置和数量; (三)取得排污许可证后应当遵守的环境管理事项; (四)法律法规规定的其他许可事项。 第十六条 核发环保部门确定排污单位排放口或者无组织排放源应当根据国家和地方污染物排放标准，确定排污单位排放浓度。 排污单位承诺执行更加严格的排放浓度的，应当在排污许可证副本中规定。 第十八条 下列环境管理要求由核发环保部门根据排污单位的申请材料、相关技术规范和监管要求，在排污许可证副本中进行规定: (一)污染治理设施运行和维护、无组织排放控制等要求; (二)自行监测要求、台账记录要求、执行报告内容和频次等要求; (三)排放信息公开等要求; (四)法律法规规定的其他事项
9	第十四条 排污许可证有效期为5年。 排污许可证有效期届满，排污单位需要继续排放污染物的，应当于排污许可证有效期届满60日前向审批部门提出申请。审批部门应当自受理申请之日起20日内完成审查;对符合条件的予以延续并书面说明理由。	第二十一条 排污许可证自作出许可决定之日起生效。首次发放的排污许可证有效期为三年，延续换发的排污许可证有效期为五年。 对列入国务院经济综合宏观调控部门会同国务院有关部门发布的产业政策目录中计划淘汰的落后工艺装备或者落后产品，排污许可证有效期不得超过计划淘汰期限。 第四十三条 在排污许可证有效期内，下列与排污单位有关的事项发生变化的，排污单位应当在规定时间内向核发环保部门提出变更排污许可证的申请:
10	第十五条 在排污许可证有效期内，排污单位有下列情形之一的，应当重新申请取得排污许可证: (一)新建、改建、扩建排放污染物的项目的; (二)生产经营场所、污染物排放口位置或者污染物排放方式、排放去向发生变化。	(一)排污单位名称、地址、法定代表人或者主要负责人等正本中载明的基本信息发生变化的，在变更之日起三十个工作日内; (二)因排污单位原因导致许可事项或原场地址发生变更之日起三十个工作日内; (三)排污行为发生地方污染物排放标准实施前三十个工作日内; (四)排污单位依法分解落实的国家和地方重点污染物排放总量控制指标发生变化的，在实施前三十个工作日内; (五)依法新制定或者修改的重点污染物排放总量控制指标发生变化的，在实施前三十个工作日内; (六)地方人民政府依法提高污染物排放标准实施的; (七)地方人民政府规定的重点污染物应当实施预案实施预案实施后三十个工作日内; (八)法律法规规定需要进行变更的其他情形。

续表

序号	《条例》内容	《办法》内容
10	（三）污染物排放口数量或者污染物排放种类、排放量、排放浓度增加	发生本条第一款第三项规定情形，且通过污染物排放量替代削减量等或者减量替代削减获得重点污染物排放总量控制指标的，在排污许可申请前，出让重点污染物排放总量指标的排污单位应当完成排污许可证变更。 第四十四条　申请变更排污许可证的，应当提交下列申请材料： （一）变更排污许可证申请； （二）由排污单位法定代表人或者主要负责人签字或者盖章的承诺书； （三）与变更排污许可事项有关的其他材料。 第四十五条　核发环保部门应当对变更申请材料进行审查，同时对全国排污许可证管理信息平台上公告；作出变更决定的，在排污许可证副本中载明变更内容并加盖本行政机关印章，还应当换发排污许可证正本。属于本办法第四十三条第一款第一项情形的，排污许可证有效期限仍自原证书核发之日起计算。属于本办法第四十三条第一款第二款情形的，变更后排污许可证有效期自变更之日起计算。
11	第十六条　排污单位适用的污染物排放标准、重点污染物总量控制要求发生变化，需要对排污许可证进行变更的，审批部门可以依法对排污许可证相应事项进行变更	属于本办法第四十三条第一款第一项、第二项情形的，核发环保部门应当自受理变更申请之日起十个工作日作出变更决定；属于本办法第四十三条第四款第一款规定的其他情形的，应当自受理变更申请之日起二十个工作日作出变更决定。 第四十六条　排污单位需要延续依法取得的排污许可证的，应当在排污许可证届满三十个工作日前向原核发环保部门提出申请。 第四十七条　延续排污许可证，应当提交下列材料： （一）延续排污许可证申请； （二）由排污单位法定代表人或者主要负责人签字或者盖章的承诺书； （三）与延续排污许可事项有关的其他材料。 第四十八条　自受理延续许可申请之日起二十个工作日内作出延续许可证决定。做出准予延续许可决定的，向排污单位发放加盖本行政机关印章的新的排污许可证正本、副本，收回原排污许可证，并自理延续申请之日起二十个工作日内作出延续许可决定，同时在全国排污许可证管理信息平台上公告

在《办法》废止或修订前，与《条例》不一致的规定，应当按《条例》执行；《条例》中未明确做出规定且与排污许可制执行程序有关的内容，或者《条例》明确授权国务院生态环境主管部门负责的内容，应按照《办法》执行，如排污许可证有效期届满延续、遗失补办、撤销等程序性规定，以及《办法》落实《条例》第三十条、第四十七条规定的相关内容。

4.3.2 排污许可证信息填报问题

4.3.2.1 行业类别填报

"行业类别"中酒类制造的排污单位应根据企业生产的具体酒的类型填写"酒精制造（C1511）""白酒制造（C1512）""啤酒制造（C1513）""黄酒制造（C1514）""葡萄酒制造（C1515）""其他酒制造（C1519）"，饮料制造的排污单位应根据企业生产的具体饮料的类型填写"碳酸饮料制造（C1521）""瓶（罐）装饮用水制造（C1522）""果菜汁及果菜汁饮料制造（C1523）""含乳饮料和植物蛋白饮料制造（C1524）""固体饮料制造（C1525）""茶饮料及其他饮料制造（C1529）"。

4.3.2.2 管理类别填报

根据《固定污染源排污许可分类管理名录（2019年版）》，酒精制造排污单位属于重点管理，有发酵工艺的年生产能力5000千升及以上的白酒、啤酒、黄酒、葡萄酒、其他酒制造排污单位属于重点管理，有发酵工艺的年生产能力5000千升以下的白酒、啤酒、黄酒、葡萄酒、其他酒制造属于简化管理，其他的酒类制造排污单位属于登记管理，如单纯勾兑调配的酒类制造企业就属于登记管理。

有发酵工艺或者原汁生产的排污单位属于简化管理，其他的饮料制造排污单位属于登记管理，这里的原汁是指从原料中直接提取有效成分制成产品，和调配工艺相对应。

表4-3为《固定污染源排污许可分类管理名录（2019年版）》关于酒的制造和饮料制造的要求。

表4-3 《固定污染源排污许可分类管理名录（2019年版）》关于酒的制造和饮料制造的要求

序号	行业类别	重点管理	简化管理	登记管理
21	酒的制造151	酒精制造1511，有发酵工艺的年生产能力5000千升及以上的白酒、啤酒、黄酒、葡萄酒、其他酒制造	有发酵工艺的年生产能力5000千升以下的白酒、啤酒、黄酒、葡萄酒、其他酒制造①	其他①
22	饮料制造152		有发酵工艺或者原汁生产的①	其他①

① 指在工业建筑中生产的排污单位。工业建筑的定义参见《工程结构设计基本术语标准》（GB/T 50083—2014），是指提供生产用的各种建筑物，例如车间、厂前区建筑、生活间、动力站、库房和运输设施等。

4.3.2.3 主要产品及产能信息填报

酒类制造的主要产品包括发酵酒精（包括燃料酒精）、白酒、啤酒、黄酒、葡萄酒和其他酒。酒类制造的生产能力为主要产品设计产能，不包括国家或地方政府明确规定予以淘汰或取缔的产能。没有设计产能数据时，以近三年实际产量均值计算，酒生产能力计量单位为 kL/a。其中发酵酒精的产能需按酒精体积分数 95%折算，白酒的产能需按酒精体积分数 65%折算，啤酒的产能需按原麦汁浓度 11°P[●]折算。部分酒类制造排污单位的统计酒的计量单位为质量单位，如 t，需要根据密度换算为体积单位 kL，发酵酒精和白酒还需要统计实际的酒精体积分数，并分别折算为 95%和 65%，啤酒还需要统计实际的麦汁浓度，并折算为 11°P。

饮料制造的主要产品包括果菜汁及果菜汁饮料、含乳饮料和植物蛋白饮料、碳酸饮料、瓶（罐）装饮用水、固体饮料、茶饮料和其他饮料。饮料制造的生产能力为主要产品设计产能，不包括国家或地方政府明确规定予以淘汰或取缔的产能。没有设计产能数据时，以近 3 年实际产量均值计算，饮料生产能力计量单位为 t/a。

酒类制造和饮料制造排污单位填报时应注意对比近 3 年实际产能与环评批复产能的相符性。如果产能与环评不符，可以通过核实原辅料用量与产品产能的匹配度来初步判断是否是企业填错导致的产能超过环评。

重点管理的排污单位按生产线—主要生产单元—单台设备逐一填报，生产设施编号可沿用该设备固定资产编号，更便于查找，也可以根据 HJ 608 进行编号。此外应对比实际生产设备及公用设施与环评文件的设备类型及数量是否存在差异，并判断增减的设备是否会导致新增污染因子或污染物增加 10%及以上，或环境风险增大。

4.3.2.4　主要原辅材料及燃料填报

酒类制造和饮料制造排污单位应按照实际情况填写主要原辅料。发酵酒精制造原料种类包括谷物类原料（玉米、小麦、稻谷等）、薯类、糖蜜、其他，辅料种类包括辅助添加料（酶制剂、活性干酵母等）、其他；白酒制造原料种类包括小麦、高粱、豌豆、玉米、大米、食用酒精，辅料种类包括酒曲、酶制剂、其他；啤酒制造原料种类包括麦芽、大米、玉米、小麦、其他，辅料种类包括酵母、啤酒花及其制品、其他；黄酒制造原料种类包括糯米、大米、小米、其他，辅料种类包括酒曲、其他；葡萄酒制造原料种类包括葡萄、其他，辅料种类包括焦亚硫酸钾、果胶酶、酵母、其他。

果菜汁及果菜汁饮料制造原料种类包括水果、蔬菜、原榨果菜汁或浓缩果菜汁、其他，辅料种类包括糖、甜味剂、食用香精等食品添加剂，其他；含乳饮料和植物蛋白饮料制造原料种类包括液体乳、乳粉、植物果实、植物种子、其他，辅料种类包括糖、甜味剂、食用香精等食品添加剂，其他；碳酸饮料制造原料种类包括蔗糖、果糖、主剂、二氧化碳、其他，辅料种类包括甜味剂、食用香精等食品添加剂，其他；瓶（罐）装饮用水制造原料种类包括地表水、地下水、自来水，辅料种类包括矿物质等食品添加剂、其他；固体饮料制造原料种类包括浓缩果菜汁、乳制品、其他，辅料种类包括糖、甜味剂、食用香精等食品添加剂，其他；茶饮料制造原料种类包括茶叶、茶叶的水提取液或其浓缩液、茶粉、茶的鲜叶、其他，辅料种类包括糖、甜味剂、食用香精等食品添加剂，

　[●] °P 是啤酒行业中一个常用的浓度计量单位，指啤酒生产原料麦芽汁的浓度，即麦芽汁浸出物浓度或含糖量的质量比（例如 1000mL 麦芽汁中有 100g 糖，那么麦芽汁的浓度就是 10°P）。

其他。

酒类制造和饮料制造排污单位填报辅料时应包含废气、废水污染防治过程中添加的化学品。原辅料使用量大于环评中使用量，应判断其是否会导致污染物排放量增加。

4.3.2.5 产排污节点、污染物及污染治理设施信息表填报

技术规范中列明，但环评中不包括的产污环节，应如实细致地填写完整。排污单位实际建设内容（产品、产量、生产工艺等）严格落实相关环评要求，仅由于非排污单位自身原因（如法律法规、标准规范、管理政策等更新调整）导致产污环节、污染因子、污染物排放量等许可内容与原环评不一致的，经相关业务部门确认，可按当前适用的管理要求进行填报。

酒、饮料生产过程中涉及的生产废水主要包括原料清洗废水、设备清洗废水、洗瓶废水、地面冲洗废水、冷却水系统排水、制水过程排水等。此外，发酵酒精蒸馏过程中会产生废糟液，白酒发酵过程中会产生黄水，白酒蒸馏过程中会产生锅底水，黄酒浸米过程中会产生米浆水。

酒、饮料制造业生产过程中涉及的废气包括综合污水处理站产生的恶臭废气，酒糟堆场、果蔬渣堆场、沼渣堆场产生的恶臭废气，以及发酵酒精、白酒、啤酒原料粉碎和固体饮料的干燥、筛分、包装等工序产生的含颗粒物废气。

注意合理区分废水排放去向和排放方式。间接排放时，排放口按出排污单位厂界的排放口进行填报，而不是下游污水集中处理设施的排放口。

4.3.2.6 排放口基本情况表填报

酒、饮料制造工业排污单位废水排放口管理类型分为主要排放口和一般排放口两类，废水总排放口为主要排放口，生活污水直接排放口和其他废水排放口为一般排放口。其中实行重点管理的酒、饮料制造工业排污单位主要排放口实施排放浓度和排放量双管控，许可排放量的因子为化学需氧量、氨氮、总氮、总磷，一般排放口仅许可排放浓度，实行简化管理的排污单位主要排放口和一般排放口仅许可排放浓度。单独排入公共污水处理系统的生活污水仅说明去向。

酒、饮料制造工业排污单位废气排放口为一般排放口。

4.3.2.7 排放因子和排放限值填报

应选用国家和地方的排放标准中的污染因子和排放限值。酒、饮料制造工业废水污染因子依据《啤酒工业污染物排放标准》（GB 19821）、《发酵酒精和白酒工业水污染物排放标准》（GB 27631）、《污水综合排放标准》（GB 8978）确定，主要为化学需氧量、氨氮、总氮、总磷、五日生化需氧量、悬浮物、色度等。

酒、饮料行业生产废气污染因子依据《大气污染物综合排放标准》（GB 16297）和《恶臭污染物排放标准》（GB 14554）确定，主要包括颗粒物、臭气浓度等。

4.3.2.8 许可排放量填报

酒、饮料制造工业排污单位分别按照两种方式进行计算水污染物许可排放量，从严确定；当仅能通过一种方式计算时，以该计算方法确定。第一种是依据水污染物许可排

放浓度限值、单位产品基准排水量和产品产能来确定；第二种是依据单位产品的水污染物排放量限值和产品产能来确定。

4.3.2.9　自行监测及记录信息表填报

首先，应梳理排污单位现有在线监测系统是否完备。其次，应确认在线监测设施是否符合在线监测系统安装、运行、维护等管理要求。若不符合，则需备注整改。对于已按规范建立平台并完成验收、实现数据上传的在线监测系统，还需统计在线监测数据的缺失率，判断自动监测数据能否作为核算实际排放量的依据，无法取用的需说明理由。在线监测注意不要遗漏故障时手工监测方法。

4.3.2.10　环境管理台账信息表填报

区分重点管理和简化管理的差异，应按照技术规范要求填报环境管理台账记录内容，不要有漏项，如缺少生产设施运行管理信息、无组织废气污染防治措施管理维护信息等。记录频次应符合技术规范要求，不能随意放宽。

4.4　白酒企业重点管理排污许可证申请表案例

4.4.1　排污单位基本情况

白酒排污单位（重点管理）基本信息填报内容见表 4-4。

表 4-4　排污单位基本信息表

单位名称	×××白酒有限公司	注册地址	×××省×××市×××区×××街×××号
生产经营场所地址	×××省×××市×××区×××街×××号	邮政编码①	××××××
行业类别	白酒制造，锅炉	是否投产②	是/否
投产日期③	2002 年 10 月 1 日		
生产经营场所中心经度④	×°×′×″	生产经营场所中心纬度⑤	×°×′×″
组织机构代码	××××××××××××××××	统一社会信用代码	××××××××××××××××××
技术负责人	×××	联系电话	××××××××××
所在地是否属于大气重点控制区⑥	是/否	所在地是否属于总磷控制区⑦	是/否
所在地是否属于总氮控制区⑦	是/否	所在地是否属于重金属污染特别排放限值实施区域⑧	是/否
是否位于工业园区⑨	是/否	所属工业园区名称	
是否有环评审批文件	是/否	环境影响评价审批文件文号或备案编号⑩	×××
			×××

续表

是否有地方政府对违规项目的认定或备案文件①	是/否	认定或备案文件文号	有认定或备案文件文号的填文件文号，没有的填/
是否需要改正②	是/否	排污许可证管理类别③	重点管理
是否有主要污染物总量分配计划文件⑭	是/否	总量分配计划文件文号	有总量分配计划文件文号的填文号，没有的填/
氮氧化物总量控制指标/（t/a）	有总量指标的填总量指标数，没有的填/	（备注）	
二氧化硫总量控制指标/（t/a）	有总量指标的填总量指标数，没有的填/	（备注）	
化学需氧量总量控制指标/（t/a）	有总量指标的填总量指标数，没有的填/	（备注）	
氨氮（NH₃-N）总量控制指标/（t/a）	有总量指标的填总量指标数，没有的填/	（备注）	
其他总量控制指标（如有）	有总量指标的填总量指标数，没有的填/	（备注）	

① 指生产经营场所地址所在地邮政编码。

② 2015年1月1日起，正在建设过程中，或者已建成但尚未投产的，选"否"；已经建成投产并产生排污行为的，选"是"。

③ 指已投运的排污单位正式投产运行的时间，对于分期投运的排污单位，以先期投运时间为准。

④ 指生产经营场所中心经度坐标，可通过排污许可管理信息平台中的GIS系统点选后自动生成经度。

⑤ 指生产经营场所中心纬度坐标，可通过排污许可管理信息平台中的GIS系统点选后自动生成纬度。

⑥ "大气重点控制区"指生态环境部关于大气污染特别排放限值的执行范围。需要查询企业所在地是否属于大气重点控制区。

⑦ 总磷、总氮控制区是指《国务院关于印发"十三五"生态环境保护规划的通知》（国发〔2016〕65号）以及生态环境部相关文件中确定的需要对总磷、总氮进行总量控制的区域。需要查询企业所在地是否属于总磷、总氮控制区。

⑧ 是指各省根据《土壤污染防治行动计划》确定重金属污染排放限值的矿产资源开发活动集中的区域。需要查询企业所在地是否属于重金属污染特别排放限值实施区域。

⑨ 是指各级人民政府设立的工业园区、工业集聚区等。

⑩ 是指环境影响评价报告书、报告表的审批文件号，或者是环境影响评价登记表的备案编号。

⑪ 对于按照《国务院关于化解产能严重过剩矛盾的指导意见》（国发〔2013〕41号）和《国务院办公厅关于加强环境监管执法的通知》（国办发〔2014〕56号）要求，经地方政府依法处理、整顿规范并符合要求的项目，必须列出证明符合要求的相关文件名和文号。

⑫ 指首次申请排污许可证时，存在未批先建或不具备达标排放能力的，且受到生态环境部门处罚的排污单位，应选择"是"，其他选"否"。

⑬ 排污单位属于《固定污染源排污许可分类管理名录》中排污许可重点管理的，应选择"重点"，简化管理的选择"简化"。

⑭ 对于有主要污染物总量控制指标计划的排污单位，必须列出相关文件文号（或者其他能够证明排污单位污染物排放总量控制指标的文件和法律文书），并列出上一年主要污染物总量指标；对于总量指标中包括自备电厂的排污单位，应当在备注栏对自备电厂进行单独说明。

4.4.2　排污单位登记信息

4.4.2.1　主要产品及产能

白酒排污单位（重点管理）主要产品及产能信息见表 4-5，补充信息填报内容见表 4-6、表 4-7。

表 4-5　主要产品及产能信息表

序号	生产线名称	生产线编号	产品名称	计量单位	生产能力	设计年生产时间/h	其他产品信息
1	白酒生产线	001	38 度白酒	kL/a	2577.3	3650	4200t/a
2	白酒生产线	002	52 度白酒	kL/a	7224.2	3650	8400t/a

表 4-6　主要产品及产能信息补充表

序号	生产线名称	生产线编号	主要生产单元名称	主要工艺名称	生产设施名称	生产设施编号	设施参数				其他设施信息	其他工艺信息
							参数名称	计量单位	设计值	其他设施参数信息		
1	白酒生产线	001	原料粉碎系统	粉碎	粉碎机	MF0001	粉碎能力	t/h	250			
2	白酒生产线	001	清蒸排杂系统	清蒸排杂	蒸煮装置	MF0002	容积	m³	1000			
3	白酒生产线	001	糖化、糊化系统	糖化、糊化	蒸馏装置	MF0003	容积	m³	1000			
4	白酒生产线	001	发酵系统	发酵	发酵池	MF0004	容积	m³	10000			
5	白酒生产线	001	蒸馏系统	蒸馏	蒸馏装置	MF0005	容积	m³	1000			
6	白酒生产线	001	勾调系统	勾调	勾酒罐	MF0006	容积	m³	1000			
7	白酒生产线	001	原酒贮存系统	原酒贮存	储酒罐	MF0007	容积	m³	1000			
8	白酒生产线	001	灌装系统	洗瓶	洗瓶机	MF0008	处理能力	t/h	8			
9	白酒生产线	001	灌装系统	灌酒	灌酒机	MF0009	处理能力	kL/h	10			
10	白酒生产线	002	原料粉碎系统	粉碎	粉碎机	MF0010	粉碎能力	t/h	400			
11	白酒生产线	002	清蒸排杂系统	清蒸排杂	蒸煮装置	MF0011	容积	m³	1500			

续表

序号	生产线名称	生产线编号	主要生产单元名称	主要工艺名称	生产设施名称	生产设施编号	设施参数				其他设施信息	其他工艺信息
							参数名称	计量单位	设计值	其他设施参数信息		
12	白酒生产线	002	糖化、糊化系统	糖化、糊化	蒸馏装置	MF0012	容积	m³	150			
13	白酒生产线	002	发酵系统	发酵	发酵池	MF0013	容积	m³	8000			
14	白酒生产线	002	蒸馏系统	蒸馏	蒸馏装置	MF0014	容积	m³	1500			
15	白酒生产线	002	勾调系统	勾调	勾酒罐	MF0015	容积	m³	1500			
16	白酒生产线	002	原酒贮存系统	原酒贮存	储酒罐	MF0016	容积	m³	1500			
17	白酒生产线	002	灌装系统	洗瓶	洗瓶机	MF0017	处理能力	t/h	8			
18	白酒生产线	002	灌装系统	灌酒	灌酒机	MF0018	处理能力	kL/h	10			
19	公用单元	003	酒糟综合利用生产系统	固液分离	固液分离机	MF0019	处理能力	t/h	5			
20	公用单元	003	酒糟综合利用生产系统	压榨	压榨机	MF0020	处理能力	t/h	5			
21	公用单元	003	酒糟综合利用生产系统	干燥	干燥机	MF0021	处理能力	t/h	5			
22	公用单元	003	酒糟堆场	酒糟堆场	酒糟堆场	MF0022	场地面积	m²	200			
23	公用单元	003	制水系统	RO+砂滤+碳滤	制水系统	MF0023	处理能力	t/h	5			
24	公用单元	003	制水系统	RO+砂滤+碳滤	制水系统	MF0023	得水率	%	70			
25	公用单元	003	冷却循环水系统	冷却循环	冷却塔	MF0024	水循环量	t/h	20			
26	公用单元	003	污水处理站	厌氧+好氧+RO膜处理	污水处理站	TW001	处理能力	t/h	50			

表 4-7　主要产品及产能信息补充表（锅炉）

序号	主要生产单元名称	主要工艺名称①	生产设施名称②	生产设施编号	是否为备用锅炉	参数名称	设计值	计量单位	其他设施参数信息	其他设施信息	产品（介质）名称④	生产能力⑤	计量单位	设计年生产时间/h	其他产品信息	其他工艺信息
1	辅助单元	软化水制备系统	除盐水箱	MF0025	—	容积	0.4	m³								
			离子交换树脂罐	MF0026	—	容积	12	m³								
			离子交换树脂罐	MF0027	—	容积	12	m³								
2	热力生产单元	燃烧系统	燃气锅炉	MF0028	否	锅炉额定出力	15	t/h		投运日期 2016年11月	热水	15	t/h	3650		

① 指主要生产单元所采用的工艺名称。
② 指某生产单元中主要设施（设备）名称。
③ 指设施（设备）的设计规格参数，包括参数名称、设计值、计量单位。
④ 指相应工艺中主要产品名称。
⑤ 指相应工艺中主要产品设计产能。

4.4.2.2　主要原辅材料及燃料

白酒排污单位（重点管理）主要原辅材料信息、主要原辅材料及燃料信息（锅炉）填报要求分别见表 4-8、表 4-9。

表 4-8　主要原辅材料信息表

序号	产品类型	名称①	种类	年最大使用量	年最大使用量计量单位	硫元素占比/%	其他信息
			原料及辅料				
1	白酒	新鲜水	原料	20000	t/a	—	
2	白酒	高粱	原料	10000	t/a	—	

续表

序号	产品类型	种类①	名称②	年最大使用量	年最大使用量计量单位③	硫元素占比/%	其他信息
			原料及辅料				
3	白酒	原料	小麦	1200	t/a	—	
4	白酒	原料	大米	1000	t/a	—	
5	白酒	辅料	酒曲	180	t/a	—	
6	白酒	辅料	絮凝剂	20	t/a	—	污水处理站用

① 指材料种类，选填"原料"或"辅料"。
② 指原料、辅料名称。
③ 指10⁴t/a，10⁴m³/a等。

表 4-9　主要原辅材料及燃料信息表（锅炉）

序号	种类①	名称②	设计年使用量	计量单位③	其他信息
		原料及辅料			
1	工艺辅料	离子交换树脂	1.2	t/a	
2	工艺辅料	工业用盐	18.8	t/a	
3	原料	锅炉用水	3500	t/a	

① 指材料种类，选填"原料"或"辅料"。
② 指原料、辅料名称。
③ 指10⁴t/a，10⁴m³/a等。

气体燃料信息

序号	主要生产设施单元名称	生产设施编号	生产设施名称	燃料名称	甲烷/%	乙烷/%	丙烷/%	异/正丁烷/%	异/正戊烷/%	己烷及更重组分/%	一氧化碳/%	二氧化碳/%	氢/%	氧/%	氮/%	硫化氢/%	其他组分/%	总硫/（%或mg/m³）	低位发热量/（MJ/m³）	年燃料使用量/（10⁴m³/a）	其他信息
1	热力生产单元	MF0029	燃气锅炉	天然气	93.469	3.873	0.578	0.105	0.037	0.064	0	0.933	0	0	0.813	0	0.128	0%	34.82	116.56	

① 指材料种类，选填"原料"或"辅料"。
② 指原料、辅料名称。
③ 指10⁴t/a，10⁴m³/a等。

4.4.2.3 产排污节点、污染物及污染治理设施

白酒排污单位（重点管理）废气产排污节点、污染物及污染治理设施信息填报要求见表4-10、表4-11，废水类别、污染物及污染治理设施信息填报要求见表4-12。

表4-10 废气产排污节点、污染物及污染治理设施信息表

序号	产污设施编号①	产污设施名称②	对应产污环节名称③	污染物种类④	排放形式⑤	污染治理设施					有组织排放口编号⑥	有组织排放口名称	排放口设置是否符合要求⑦	排放口类型	其他信息
						污染防治设施编号	污染防治设施名称⑥	污染防治设施工艺	是否为可行技术	污染防治设施其他信息					
1	MF0001	粉碎机	破碎废气	颗粒物	有组织	TA001	除尘系统	袋式除尘	是	—	DA001	破碎废气排放口	是	一般排放口	—
2	MF0010	粉碎机	破碎废气	颗粒物	有组织	TA002	除尘系统	袋式除尘	是	—	DA002	破碎废气排放口	是	一般排放口	—
3	MF0022	酒糟堆场	酒糟废气	臭气浓度	无组织	—	—	—	—	—	—	—	—	—	—
4	TW001	污水处理站	污水处理废气	臭气浓度	无组织	—	—	—	—	—	—	—	—	—	—

① 指主要生产设施。
② 指生产过程对应的主要产污环节名称。
③ 以相应排放标准中确定的污染因子为准。
④ 指有组织排放或无组织排放。
⑤ 指污染治理设施名称，对于有组织废气，以火电行业为例，污染治理设施名称包括三电场静电除尘器、四电场静电除尘器、普通袋式除尘器、覆膜滤料袋式除尘器等。
⑥ 排放口编号可按照地方生态环境主管部门现有编号进行填写或者由排污单位自行编制。
⑦ 指排放口设置是否符合排污口规范化整治技术要求等相关文件的规定。

表 4-11　废气产排污节点、污染物及污染治理设施信息表（锅炉）

序号	主要生产单元名称	生产设施编号①	生产设施名称①	对应产污环节名称②	污染物种类	排放④形式	污染治理设施编号	污染治理设施名称⑤	是否为可行技术	污染治理设施其他信息	有组织排放口编号⑥	有组织排放口名称	排放口设置是否符合要求⑦	排放口类型	其他信息
1	热力生产单元	MF0028	燃气锅炉	烟气	二氧化硫	有组织	—				DA003	1号锅炉废气排放口	是	主要排放口	
				烟气	氮氧化物	有组织	TA001	低氮燃烧	是		DA003	1号锅炉废气排放口	是	主要排放口	
				烟气	烟气黑度	有组织	—				DA003	1号锅炉废气排放口	是	主要排放口	
				烟气	颗粒物	有组织	—				DA003	1号锅炉废气排放口	是	主要排放口	

① 指主要生产设施。
② 指生产设施对应的主要产污环节名称。
③ 以相应排放标准中确定的污染因子为准。
④ 指有组织排放或无组织排放。
⑤ 污染治理设施名称，对于有组织废气，以火电行业为例，污染治理设施名称包括三电场电除尘器、四电场电除尘器、普通袋式除尘器、覆膜滤料袋式除尘器等。
⑥ 排放口编号可按照地方生态环境主管部门现有编号进行填写或者由排污单位自行编制。
⑦ 指排放口设置是否符合排污口规范化整治技术要求等相关文件的规定。

表4-12 废水类别、污染物及污染治理设施信息表

序号	废水类别①	污染物种类②	污染防治设施					排放去向④	排放方式	排放规律⑤	排放口编号⑥	排放口名称	排放口设置是否符合要求⑦	排放口类型	其他信息
			污染防治设施编号	污染防治设施名称③	污染防治设施工艺	是否为可行技术	污染防治设施其他信息								
1	生产废水和生活污水	pH值、色度、悬浮物、五日生化需氧量、化学需氧量、氨氮、总氮、总磷	TW001	厂内综合污水处理站	厌氧+好氧+RO膜处理	是	设计处理能力为50t/h	排入××河	直接排放	间断排放,排放期间流量不稳定且无规律,但不属于冲击型排放	DW001	污水处理站总排口	是	主要排放口	出水部分回用厂区的生产工艺,回用于厂区的绿化、地面冲洗、冲厕等

① 指产生废水的工艺、工序,或废水类型的名称。

② 以相应排放标准中确定的污染因子为准。

③ 指主要污水处理设施名称,如"综合污水处理系统"等。

④ 包括不外排;进入城市下水道(再入江河、湖、库等水环境;直接进入海域;直接进入地渗或蒸发地;进入其他单位;工业废水集中处理厂;其他(包括回喷、回灌、回用等)。对于综合污水处理厂,"不外排"指全厂废水经污水处理后综合排至排污处理站。指工序内综合污水处理后排至综合污水处理站。对于综合污水处理厂内综合污水处理后全部在工序内部循环使用,"不外排"指全部回用不排放。

⑤ 包括连续排放,流量稳定;连续排放,流量不稳定,但有周期性规律;连续排放,流量不稳定且无规律;间断排放,流量不稳定,但有规律;间断排放,流量不稳定,但有周期性规律;间断排放,排放期间流量不稳定,属于冲击型排放;间断排放,排放期间流量不稳定,排放期间流量不稳定,且日不属于丰非周期性规律,且日不属于冲击型排放。

⑥ 排放口编号可按地方环境管理部门现有编号进行填写或由排污单位根据排污口规范化整治技术要求等相关文件的规定进行编制。

⑦ 指排排放口设置是否符合排污口规范化整治技术要求等相关规定。

4.4.3 大气污染物排放

4.4.3.1 排放口

白酒排污单位（重点管理）大气排放口基本情况填报要求见表 4-13，废气污染物排放执行标准填报要求见表 4-14。

表 4-13 大气排放口基本情况表

序号	排放口编号	排放口名称	污染物种类	排放口地理坐标[①]		排气筒高度/m	排气筒出口内径[②]/m	排气温度/℃	其他信息
				经度	纬度				
1	DA001	破碎废气排放口	颗粒物	×°×′×″	×°×′×″	15	0.6	常温	
2	DA002	破碎废气排放口	颗粒物	×°×′×″	×°×′×″	15	0.6	常温	
3	DA003	锅炉烟囱	颗粒物	×°×′×″	×°×′×″	20	0.8	120	
4	DA003	锅炉烟囱	二氧化硫	×°×′×″	×°×′×″	20	0.8	120	
5	DA003	锅炉烟囱	氮氧化	×°×′×″	×°×′×″	20	0.8	120	
6	DA003	锅炉烟囱	烟气黑度	×°×′×″	×°×′×″	20	0.8	120	

① 指排气筒所在地经纬度坐标，可通过排污许可管理信息平台中的 GIS 系统点选后自动生成经纬度。

② 对于不规则形状排气筒，填写等效内径。

表 4-14 废气污染物排放执行标准表

序号	排放口编号	排放口名称	污染物种类	国家或地方污染物排放标准[①]			环境影响评价批复要求[②]	承诺更加严格排放限值[③]	其他信息
				名称	浓度限值	速率限值			
1	DA001	破碎废气排放口	颗粒物	《大气污染物综合排放标准》（GB 16297—1996）	120mg/m³	3.5kg/h	120mg/m³	—	
2	DA002	破碎废气排放口	颗粒物	《大气污染物综合排放标准》（GB 16297—1996）	120mg/m³	3.5kg/h	120mg/m³	—	
3	DA003	锅炉烟囱	颗粒物	《锅炉大气污染物排放标准》（GB 13271—2014）	30mg/m³	—	30mg/m³		
4	DA003	锅炉烟囱	二氧化硫	《锅炉大气污染物排放标准》（GB 13271—2014）	100mg/m³	—	100mg/m³		
5	DA003	锅炉烟囱	氮氧化物	《锅炉大气污染物排放标准》（GB 13271—2014）	400mg/m³	—	400mg/m³		
6	DA003	锅炉烟囱	烟气黑度（林格曼黑度）	《锅炉大气污染物排放标准》（GB 13271—2014）	≤1级	—	≤1		

① 指对应排放口须执行的国家或地方污染物排放标准的名称、编号及浓度限值。

② 新增污染源必填。

③ 如火电厂超低排放浓度限值。

4.4.3.2　有组织排放信息

白酒排污单位（重点管理）大气污染物有组织排放填报要求见表 4-15。

表 4-15　大气污染物有组织排放表

序号	排放口编号	排放口名称	污染物种类	申请许可排放浓度限值	申请许可排放速率限值（kg/h）	申请年许可排放量限值（t/a）					申请特殊排放浓度限值①	申请特殊时段许可排放量限值①
						第一年	第二年	第三年	第四年	第五年		
主要排放口												
1			颗粒物（标准状况）	30mg/m³	—	—	—	—	—	—	—	—
2	DA003	锅炉烟囱	二氧化硫（标准状况）	100mg/m³	—	—	—	—	—	—	—	—
3			氮氧化物（标准状况）	400mg/m³	—	24.97	24.97	24.97	—	—	—	—
4			烟气黑度	≤1 级	—	—	—	—	—	—	—	—
主要排放口合计			颗粒物			—	—	—	—	—		
			SO₂			—	—	—	—	—		
			NO$_x$			24.97	24.97	24.97	—	—		
			VOCs			—	—	—	—	—		
一般排放口												
1	DA001	破碎废气排放口	颗粒物	120mg/m³	3.5	—	—	—	—	—	—	—
2	DA002	破碎废气排放口	颗粒物	120mg/m³	3.5	—	—	—	—	—	—	—
一般排放口合计			颗粒物			—	—	—	—	—		
			SO₂			—	—	—	—	—		
			NO$_x$			—	—	—	—	—		
			VOCs			—	—	—	—	—		

续表

序号	排放口名称	污染物种类	申请许可排放浓度限值	申请许可排放速率限值/（kg/h）	申请年许可排放量限值/（t/a） 第一年	第二年	第三年	第四年	第五年	申请特殊排放浓度限值	申请特殊时段许可排放量限值①
		颗粒物			—	—	—	—	—	—	—
	全厂有组织排放总计②	SO₂			—	—	—	—	—	—	—
全厂有组织排放总计		NO$_x$			24.97	24.97	24.97	—	—	—	—
		VOCs			—	—	—	—	—	—	—

① 指地方政府制定的环境质量限期达标规划、重污染天气应对措施中对排污单位有更加严格的排放控制要求。

② 指的是，主要排放口与一般排放口之和和数据。

4.4.3.3 无组织排放信息

白酒排污单位（重点管理）大气污染物无组织排放填报要求见表4-16。

表4-16 大气污染物无组织排放表

序号	生产设施编号/无组织排放编号	产污环节①	污染物种类	主要污染防治措施	国家或地方污染物无组织排放标准 名称	浓度限值（标准值）/（mg/m³）	其他信息	年许可排放量限值/（t/a） 第一年	第二年	第三年	第四年	第五年	申请特殊时段许可排放量限值①
1		厂界	臭气浓度	—	《恶臭污染物排放标准》（GB 14554—93）	20	企业位于GB 3095中的二类区	—	—	—	—	—	—

续表

序号	生产设施编号/无组织排放编号	产污环节①	污染物种类	主要污染防治措施	国家或地方污染物排放标准		其他信息	年许可排放量限值/（t/a）					申请特殊时段许可排放量限值
					名称	浓度限值（标准状况）/（mg/m³）		第一年	第二年	第三年	第四年	第五年	
2	MF0022	酒糟堆场废气	臭气浓度	尽量减少酒糟库内暂存时间，作为饲料利用，及时清理厂区内外道路上抛撒的酒糟	—	—	—	—	—	—	—	—	—
3	TW001	综合污水处理站废气	臭气浓度	加盖、投放除臭剂	—	—	—	—	—	—	—	—	—

全厂无组织排放总计					
全厂无组织排放总计	颗粒物				
	SO₂	—	—	—	—
	NOₓ	—	—	—	—
	VOCs	—	—	—	—

① 主要可以分为设备与管线组件泄漏、储罐泄漏、装卸泄漏、废水集输储存及转运、原辅材料堆存及处理、循环水系统泄漏等环节。

4.4.3.4 企业大气排放总许可量

白酒排污单位（重点管理）大气污染物排放总许可量填报要求见表4-17。

表 4-17 企业大气排放总许可量

序号	污染物种类	第一年/(t/a)	第二年/(t/a)	第三年/(t/a)	第四年/(t/a)	第五年/(t/a)
1	颗粒物	—	—	—	—	—
2	SO$_2$	—	—	—	—	—
3	NO$_x$	24.97	24.97	24.97	—	—
4	VOCs	—	—	—	—	—

4.4.4 水污染物排放

4.4.4.1 排放口

白酒排污单位（重点管理）废水直接排放口基本情况填报要求见表4-18，入河排污口信息填报要求见表4-19，雨水排放口基本情况填报要求见表4-20，废水污染物排放执行标准填报要求见表4-21。

表 4-18 废水直接排放口基本情况表

序号	排放口编号	排放口名称	排放口地理坐标[1]		排放去向	排放规律	间歇排放时段	受纳自然水体信息		汇入受纳自然水体处地理坐标[4]		其他信息[5]
			经度	纬度				名称[2]	受纳水体功能目标[3]	经度	纬度	
1	DW001	污水处理站总排口	×°×′×″	×°×′×″	排入×××河	间断排放，排放期间流量不稳定且无规律，但不属于冲击型排放	不定时排放	×××河	IV类	×°×′×″	×°×′×″	—

① 对于直接排放至地表水体的排放口，指废水排出厂界处经纬度坐标；可手工填写经纬度，也可通过排污许可证管理信息平台中的GIS系统点选后自动生成经纬度。

② 指受纳水体的名称，如南沙河、太子河、温榆河等。

③ 指对于直接排放至地表水体的排放口，其所处受纳水体功能类别，如Ⅲ类、Ⅳ类、Ⅴ类等。

④ 对于直接排放至地表水体的排放口，指废水汇入地表水体处经纬度坐标；可通过排污许可证管理信息平台中的GIS系统点选后自动生成经纬度。

⑤ 废水向海洋排放的，应当填写岸边排放或深海排放。深海排放的，还应说明排污口的深度、与岸线直线距离。在其他信息一栏填写。

表 4-19　入河排污口信息表

序号	排放口编号	排放口名称	入河排污口			其他信息
			名称	编号	批复文号	
1	DW001	污水处理站总排口	×××公司排污口	××××××××	×××	—

表 4-20　雨水排放口基本情况表

序号	排放口编号	排放口名称	排放口地理坐标①		排放去向	排放规律	间歇排放时段	受纳自然水体信息		汇入受纳自然水体处地理坐标④		其他信息
			经度	纬度				名称②	受纳水体功能目标③	经度	纬度	
1	YS001	×××雨水排放口	×°×′×″	×°×′×″	排入×××河	间断排放，排放期间流量不稳定且无规律，但不属于冲击型排放	下雨形成径流时	×××河	××	×°×′×″	×°×′×″	—

① 对于直接排放至地表水体的排放口，指废水排出厂界处经纬度坐标；可手工填写经纬度，也可通过排污许可证管理信息平台中的 GIS 系统点选后自动生成经纬度。

② 指受纳水体的名称，如南沙河、太子河、温榆河等。

③ 指对于直接排放至地表水体的排放口，其所处受纳水体功能类别，如Ⅲ类、Ⅳ类、Ⅴ类等。

④ 对于直接排放至地表水体的排放口，指废水汇入地表水体处经纬度坐标；可通过排污许可证管理信息平台中的 GIS 系统点选后自动生成经纬度。

表 4-21　废水污染物排放执行标准表

序号	排放口编号	排放口名称	污染物种类	国家或地方污染物排放标准①		排水协议规定的浓度限值（如有）②	环境影响评价批复要求③	承诺更加严格排放限值	其他信息
				名称	浓度限值				
1	DW001	污水处理站总排口	pH 值	《发酵酒精和白酒工业水污染物排放标准》（GB 27631—2011）	6～9	—	6～9	—	
2	DW001	污水处理站总排口	色度（稀释倍数）	《发酵酒精和白酒工业水污染物排放标准》（GB 27631—2011）	40	—	40	—	
3	DW001	污水处理站总排口	悬浮物	《发酵酒精和白酒工业水污染物排放标准》（GB 27631—2011）	50mg/L	—	50mg/L	—	
4	DW001	污水处理站总排口	五日生化需氧量（BOD$_5$）	《发酵酒精和白酒工业水污染物排放标准》（GB 27631—2011）	30mg/L	—	30mg/L	—	

续表

序号	排放口编号	排放口名称	污染物种类	国家或地方污染物排放标准[1]		排水协议规定的浓度限值（如有）[2]	环境影响评价批复要求[3]	承诺更加严格排放限值	其他信息
				名称	浓度限值				
5	DW001	污水处理站总排口	化学需氧量（COD$_{Cr}$）	《发酵酒精和白酒工业水污染物排放标准》（GB 27631—2011）	100mg/L	—	100mg/L	—	
6	DW001	污水处理站总排口	氨氮	《发酵酒精和白酒工业水污染物排放标准》（GB 27631—2011）	10mg/L	—	10mg/L	—	
7	DW001	污水处理站总排口	总氮	《发酵酒精和白酒工业水污染物排放标准》（GB 27631—2011）	20mg/L	—	20mg/L	—	
8	DW001	污水处理站总排口	总磷	《发酵酒精和白酒工业水污染物排放标准》（GB 27631—2011）	1.0mg/L	—	1.0mg/L	—	

① 指对应排放口须执行的国家或地方污染物排放标准的名称及浓度限值。

② 属于选填项，指排污单位与受纳污水处理厂等协商的污染物排放浓度限值要求。

③ 新增污染源必填。

4.4.4.2 申请排放信息

白酒排污单位（重点管理）废水污染物排放填报要求见表4-22。

表4-22 废水污染物排放

序号	排放口编号	排放口名称	污染物种类	申请排放浓度限值	申请年排放量限值/（t/a）[1]					申请特殊时段排放量限值/（t/a）
					第一年	第二年	第三年	第四年	第五年	
主要排放口										
1	DW001	污水处理站总排口	pH 值	6～9	—	—	—	—	—	—
2	DW001	污水处理站总排口	色度（稀释倍数）	40	—	—	—	—	—	—
3	DW001	污水处理站总排口	悬浮物	50mg/L	—	—	—	—	—	—
4	DW001	污水处理站总排口	五日生化需氧量（BOD$_5$）	30mg/L	—	—	—	—	—	—
5	DW001	污水处理站总排口	化学需氧量（COD$_{Cr}$）	100mg/L	17.62	17.62	17.62	—	—	—

序号	排放口编号	排放口名称	污染物种类	申请排放浓度限值	申请年排放量限值/（t/a）①					申请特殊时段排放量限值/（t/a）
					第一年	第二年	第三年	第四年	第五年	
6	DW001	污水处理站总排口	氨氮	10mg/L	1.76	1.76	1.76	—	—	—
7	DW001	污水处理站总排口	总氮	20mg/L	3.52	3.52	3.52	—	—	—
8	DW001	污水处理站总排口	总磷	1.0mg/L	0.18	0.18	0.18	—	—	—
主要排放口合计			CODcr		17.62	17.62	17.62	—	—	—
			氨氮		1.76	1.76	1.76	—	—	—
			总氮		3.52	3.52	3.52	—	—	—
			总磷		0.18	0.18	0.18	—	—	—
一般排放口										
一般排放口合计			CODcr							
			氨氮							
全厂排放口源										
全厂排放口总计			CODcr		17.62	17.62	17.62	—	—	—
			氨氮		1.76	1.76	1.76	—	—	—
			总氮		3.52	3.52	3.52	—	—	—
			总磷		0.18	0.18	0.18	—	—	—

① 排入城镇集中污水处理设施的生活污水无需申请许可排放量。

4.4.5 环境管理要求

4.4.5.1 自行监测

白酒排污单位（重点管理）自行监测及记录信息填报要求见表4-23。

表 4-23 自行监测及记录信息表

序号	污染源类别监测类别	排放口编号监测点位	排放口名称监测点位名称	监测内容①	污染物名称	监测设施	自动监测是否联网	自动监测仪器名称	自动监测设施安装位置	自动监测设施是否符合安装、运行、维护管理等要求	手工监测采样方法及个数②	手工监测频次③	手工测定方法④	其他信息
1	废气	DA001	破碎废气排放口	烟道截面积、烟气流速、烟气温度、烟气含湿量	颗粒物	手工	—	—			非连续采样，至少3个	1次/半年	《固定污染源排气中颗粒物测定与气态污染物采样方法》(GB/T 16157—1996)	
2	废气	DA002	破碎废气排放口	烟道截面积、烟气流速、烟气温度、烟气含湿量	颗粒物	手工	—	—			非连续采样，至少3个	1次/半年	《固定污染源排气中颗粒物测定与气态污染物采样方法》(GB/T 16157—1996)	
3	废气	DA003	锅炉烟囱	烟道截面积、氧含量、烟气温度、流速、烟气含湿量	颗粒物	—	—	—			非连续采样，至少4个	1次/a	《锅炉烟尘测试方法》(GB 5468—91)	
4	废气	DA003	锅炉烟囱	烟道截面积、氧含量、烟气温度、流速、烟气含湿量	二氧化硫	—	—	—			非连续采样，至少4个	1次/a	《固定污染源废气 二氧化硫的测定 非分散红外吸收法》(HJ 629—2011)	
5	废气	DA003	锅炉烟囱	烟道截面积、氧含量、烟气温度、流速、烟气含湿量	氮氧化物	—	—	—			非连续采样，至少4个	1次/月	《固定污染物废气 氮氧化物的测定 非分散红外吸收法》(HJ 692—2014)	
6	废气	DA003	锅炉烟囱	烟道截面积、氧含量、烟气温度、流速、烟气含湿量	烟气黑度(林格曼黑度，级)	—	—	—			非连续采样，至少4个	1次/a	《固定污染源排放烟气黑度的测定 林格曼烟气图法》(HJ/T 398—2007)	

续表

序号	污染源类别/监测类别	排放口编号/监测点位	排放口名称/监测点位名称	监测内容[1]	污染物名称	监测设施	自动监测是否联网	自动监测仪器名称	自动监测设施安装位置	自动监测设施是否符合安装、运行、维护等管理要求	手工监测采样方法及个数[2]	手工监测频次[3]	手工测定方法[4]	其他信息
7	废气	厂界	—	温度、气压、风速、风向	臭气浓度	手工	—	—	—	—	非连续采样，至少3个	1次/半年	《空气质量 恶臭的测定 三点比较式臭袋法》（GB/T 14675—1993）	自动监测设施出现故障时，使用手工监测，手工监测频次每天不得少于4次，每隔6小时1次
8	废水	DW001	污水处理站总排口	流量	pH值	自动	是	pH在线监测设备	污水处理站总排口	是	混合采样（4个混合）	1次/6h	《水质 pH值的测定 玻璃电极法》（GB 6920—1986）	自动监测设施出现故障时，使用手工监测，手工监测频次每天不得少于4次，每隔6小时1次
9	废水	DW001	污水处理站总排口	流量	化学需氧量	自动	是	COD在线监测设备	污水处理站总排口	是	混合采样（4个混合）	1次/6h	《水质 化学需氧量的测定 重铬酸盐法》（HJ 828—2017）	自动监测设施出现故障时，使用手工监测，手工监测频次每天不得少于4次，每隔6小时1次
10	废水	DW001	污水处理站总排口	流量	氨氮	自动	是	氨氮在线监测设备	污水处理站总排口	是	混合采样（4个混合）	1次/6h	《水质 氨氮的测定 纳氏试剂分光光度法》（HJ 535—2009）	自动监测设施出现故障时，使用手工监测，手工监测频次每天不得少于4次，每隔6小时1次
11	废水	DW001	污水处理站总排口	流量	总氮	自动	是	总氮在线监测设备	污水处理站总排口	是	混合采样（4个混合）	1次/6h	《水质 总氮的测定 碱性过硫酸钾消解紫外分光光度法》（HJ 636—2012）	自动监测设施出现故障时，使用手工监测，手工监测频次每天不得少于4次，每隔6小时1次

续表

序号	污染源类别/监测类别	排放口编号/监测点位	排放口名称/监测点位名称	监测内容①	污染物名称	监测设施	自动监测是否联网	自动监测仪器名称	自动监测设施安装位置	自动监测设施是否符合安装、维护、运行等管理要求	手工监测采样方法及个数②	手工监测频次③	手工测定方法④	其他信息
12	废水	DW001	污水处理站总排口	流量	总磷	自动	是	总磷在线监测设备	污水处理站总排口	是	混合采样（4个混合）	1次/6h	《水质 总磷的测定 钼酸铵分光光度法》（GB 11893—1989）	自动监测设施出现故障时，使用手工监测，手工监测频次每天不得少于4次，每隔6小时1次。
13	废水	DW001	污水处理站总排口	流量	色度（稀释倍数）	手工	—	—	—	—	混合采样（4个混合）	1次/季度	《水质 色度的测定》（GB 11903—89）	
14	废水	DW001	污水处理站总排口	流量	悬浮物	手工	—	—	—	—	混合采样（4个混合）	1次/季度	《水质 悬浮物的测定 重量法》（GB 11901—1989）	
15	废水	DW001	污水处理站总排口	流量	五日生化需氧量（BOD$_5$）	手工	—	—	—	—	混合采样（4个混合）	1次/季度	《水质 五日生化需氧量（BOD$_5$）的测定 稀释与接种法》（HJ 505—2009）	
16	雨水⑤	YS001	雨水排放口	—	化学需氧量	手工	—	—	—	—	混合采样（4个混合）	1次/d（有流动水）	《水质 化学需氧量的测定 重铬酸盐法》（HJ 828—2017）	

① 指气量、水量、温度、含氧量等项目。

② 指污染物采样方法，如对于废水污染物，"混合采样（3个、4个或5个混合）""瞬时采样（3个、4个或5个瞬时样）"；对于废气污染物，"连续采样""非连续采样（3个或5个）"。

③ 指一段时期内的监测次数要求，如1次/周、1次/月等。

④ 指污染物浓度测定方法，如"测定化学需氧量的重铬酸钾法""测定氨氮的水杨酸分光光度法"等。

⑤ 根据行业特点，如果需要对雨排水进行监测的应当手动填写。

4.4.5.2 环境管理台账记录

白酒排污单位（重点管理）环境管理台账信息填报要求见表 4-24。

表 4-24　环境管理台账信息表

序号	类别	记录内容	记录频次	记录形式	其他信息
1	基本信息	（1）生产设施基本信息：主要技术参数及设计值等 （2）污染防治设施基本信息：主要技术参数及设计值等	对于未发生变化的基本信息，按年记录，1 次/年；对于发生变化的基本信息，在发生变化时记录 1 次	电子台账+纸质台账	保存期限不少于5 年
2	生产设施运行管理信息	（1）正常工况：运行状态、生产负荷、主要产品产量、原辅料等 1）运行状态：是否正常运行，主要参数名称及数值 2）生产负荷：主要产品产量与设计生产能力之比 3）主要产品产量：名称、产量 4）原辅料：名称、用量 5）其他：用电量等 （2）非正常工况：起止时间、产品产量、原辅料消耗量、事件原因、应对措施、是否报告等	（1）正常工况 1）运行状态：按日或批次记录，1 次/d 或批次 2）生产负荷：按日或批次记录，1 次/d 或批次 3）产品产量：连续生产的，按日记录，1 次/d。非连续生产的，按照生产周期记录，1 次/周期 4）原辅料：按照采购批次记录，1 次/批 （2）非正常工况：按照工况期记录，1 次/工况期	电子台账+纸质台账	保存期限不少于5 年
3	污染防治设施运行管理信息	（1）正常情况：运行情况、主要药剂添加情况等 1）运行情况：是否正常运行，治理效率、副产物产生量等 2）主要药剂添加情况：添加时间、添加量等 （2）异常情况：起止时间、污染物排放浓度、异常原因、应对措施、是否报告等	（1）正常情况 1）运行情况：按日记录，1 次/d 2）主要药剂添加情况：按日或批次记录，1 次/d 或批次 （2）异常情况：按照异常情况期记录，1 次/异常情况期	电子台账+纸质台账	保存期限不少于5 年
4	其他环境管理信息	无组织废气污染防治措施管理维护信息：管理维护时间及主要内容等 特殊时段环境管理信息：具体管理要求及执行情况 其他信息：法律法规、标准规范确定的其他信息，企业自主记录的环境管理信息	无组织废气污染防治措施管理信息：按日记录，1 次/d 特殊时段环境管理信息：按照规定频次记录；对于停产或错峰生产的，原则上仅对停产或错峰生产的起止日期各记录 1 次 其他信息：根据法律法规、标准规范或实际生产运行规律确定记录频次	电子台账+纸质台账	保存期限不少于5 年
5	监测记录信息	手工监测记录和自动监测运维记录按照 HJ 819 执行	按照 HJ 1028—2019 中 7.5 所确定的监测频次要求记录	电子台账+纸质台账	保存期限不少于5 年

4.5 白酒企业简化管理排污许可证申请表案例

4.5.1 排污单位基本情况

白酒排污单位（简化管理）基本信息填报要求见表 4-25。

表 4-25 排污单位基本信息表

单位名称	×××白酒有限公司	注册地址	×××省×××市×××区×××街×××号
生产经营场所地址	×××省×××市×××区×××街×××号	邮政编码①	××××××
行业类别	白酒制造，锅炉	是否投产②	是
投产日期③	2002 年 10 月 1 日		
生产经营场所中心经度④	×°×′×″	生产经营场所中心纬度⑤	×°×′×″
组织机构代码	×××××××××××××××××	统一社会信用代码	×××××××××××××××××
技术负责人	×××	联系电话	×××××××××××
所在地是否属于大气重点控制区⑥	是/否	所在地是否属于总磷控制区⑦	是/否
所在地是否属于总氮控制区⑦	是/否	所在地是否属于重金属污染特别排放限值实施区域⑧	是/否
是否位于工业园区⑨	是/否	所属工业园区名称	××××工业园区
是否有环评审批意见	是/否	环境影响评价审批文件文号或备案编号⑩	××× ×××
是否有地方政府对违规项目的认定或备案文件⑪	是/否	认定或备案文件文号	有认定或备案文件文号的填文件文号，没有的填/
是否需要改正⑫	是/否	排污许可证管理类别⑬	简化管理
是否有主要污染物总量分配计划文件⑭	是/否	总量分配计划文件文号	有总量分配计划文件文号的填文号，没有的填/
氮氧化物总量控制指标/（t/a）	有总量指标的填总量指标数，没有的填/	（备注）	
二氧化硫总量控制指标/（t/a）	有总量指标的填总量指标数，没有的填/	（备注）	
化学需氧量总量控制指标/（t/a）	有总量指标的填总量指标数，没有的填/	（备注）	

氨氮（NH₃-N）总量控制指标/（t/a）	有总量指标的填总量指标数，没有的填/	（备注）
其他总量控制指标（如有）	有总量指标的填总量指标数，没有的填/	（备注）

① 指生产经营场所地址所在地邮政编码。

② 2015 年 1 月 1 日起，正在建设过程中，或者已建成但尚未投产的，选"否"；已经建成投产并产生排污行为的，选"是"。

③ 指已投运的排污单位正式投产运行的时间，对于分期投运的排污单位，以先期投运时间为准。

④ 指生产经营场所中心经度坐标，可通过排污许可管理信息平台中的 GIS 系统点选后自动生成经度。

⑤ 指生产经营场所中心纬度坐标，可通过排污许可管理信息平台中的 GIS 系统点选后自动生成纬度。

⑥ "大气重点控制区"指生态环境部关于大气污染特别排放限值的执行范围。需要查询企业所在地是否属于大气重点控制区。

⑦ 总磷、总氮控制区是指《国务院关于印发"十三五"生态环境保护规划的通知》（国发〔2016〕65 号）以及生态环境部相关文件中确定的需要对总磷、总氮进行总量控制的区域。需要查询企业所在地是否属于总磷、总氮控制区。

⑧ 是指各省根据《土壤污染防治行动计划》确定重金属污染排放限值的矿产资源开发活动集中的区域。需要查询企业所在地是否属于重金属污染特别排放限值实施区域。

⑨ 是指各级人民政府设立的工业园区、工业集聚区等。

⑩ 是指环境影响评价报告书、报告表的审批文件号，或者是环境影响评价登记表的备案编号。

⑪ 对于按照《国务院关于化解产能严重过剩矛盾的指导意见》（国发〔2013〕41 号）和《国务院办公厅关于加强环境监管执法的通知》（国办发〔2014〕56 号）要求，经地方政府依法处理、整顿规范并符合要求的项目，须列出证明符合要求的相关文件名和文号。

⑫ 指首次申请排污许可证时，存在未批先建或不具备达标排放能力的，且受到生态环境部门处罚的排污单位，应选择"是"，其他选"否"。

⑬ 排污单位属于《固定污染源排污许可分类管理名录》中排污许可重点管理的，应选择"重点"，简化管理的选择"简化"。

⑭ 对于有主要污染物总量控制指标计划的排污单位，需列出相关文件文号（或者其他能够证明排污单位污染物排放总量控制指标的文件和法律文书），并列出上一年主要污染物总量指标；对于总量指标中包括自备电厂的排污单位，应当在备注栏对自备电厂进行单独说明。

4.5.2　排污单位登记信息

4.5.2.1　主要产品及产能

白酒排污单位（简化管理）主要产品及产能信息填报内容见表 4-26，补充信息填报内容见表 4-27。

表 4-26　主要产品及产能信息表

序号	生产线名称	生产线编号	产品名称	计量单位	生产能力	设计年生产时间/h	其他产品信息
1	白酒生产线	001	38 度白酒	kL/a	257.7	3650	420t/a
2	白酒生产线	002	52 度白酒	kL/a	722.4	3650	840t/a

表 4-27　主要产品及产能信息补充表

序号	生产线名称	生产线编号	主要生产单元名称	主要工艺名称	生产设施名称	生产设施编号	设施参数			其他设施信息	其他工艺信息
							参数名称	计量单位	设计值		
1	白酒生产线	001	原料粉碎系统	粉碎	粉碎机	MF0001	粉碎能力	t/h	25		
2	白酒生产线	001	清蒸排杂系统	清蒸排杂	蒸煮装置	MF0002	容积	m³	100		
3	白酒生产线	001	糖化、糊化系统	糖化、糊化	蒸馏装置	MF0003	容积	m³	100		
4	白酒生产线	001	发酵系统	发酵	发酵池	MF0004	容积	m³	1000		
5	白酒生产线	001	蒸馏系统	蒸馏	蒸馏装置	MF0005	容积	m³	100		
6	白酒生产线	002	原料粉碎系统	粉碎	粉碎机	MF0006	粉碎能力	t/h	40		
7	白酒生产线	002	清蒸排杂系统	清蒸排杂	蒸煮装置	MF0007	容积	m³	150		
8	白酒生产线	002	糖化、糊化系统	糖化、糊化	蒸馏装置	MF0008	容积	m³	150		
9	白酒生产线	002	发酵系统	发酵	发酵池	MF0009	容积	m³	800		
10	白酒生产线	002	蒸馏系统	蒸馏	蒸馏装置	MF0010	容积	m³	150		
11	公用单元	003	酒糟综合利用生产系统	干燥	干燥机	MF0011	处理能力	t/h	1		
12	公用单元	003	酒糟堆场	酒糟堆场	酒糟堆场	MF0012	场地面积	m²	20		
13	公用单元	003	污水处理站	厌氧+好氧+RO膜处理	污水处理站	TW001	处理能力	t/h	5		

4.5.2.2　主要原辅材料及燃料

白酒排污单位（简化管理）主要原辅材料及燃料信息填报要求见表 4-28。

表 4-28　主要原辅材料及燃料信息表

序号	产品类型	种类①	名称②	年最大使用量	年最大使用量计量单位③	硫元素占比/%	其他信息④
原料及辅料							
1	白酒	原料	新鲜水	2000	t/a	—	
2	白酒	原料	高粱	1000	t/a	—	
3	白酒	原料	小麦	120	t/a	—	
4	白酒	原料	大米	100	t/a	—	
5	白酒	辅料	酒曲	18	t/a	—	

续表

序号	产品类型	种类①	名称②	年最大使用量	年最大使用量计量单位③	硫元素占比/%	其他信息④
6		辅料	絮凝剂	2	t/a	—	污水处理站用
燃料							
序号	燃料名称	灰分/%	硫分/%	挥发分/%	热值/（MJ/kg或 MJ/m^3）	年最大使用量/（$10^4m^3/a$）	其他信息
							—

① 指材料种类，选填“原料”或“辅料”。

② 指原料、辅料名称。

③ 指 $10^4t/a$、$10^4m^3/a$ 等。

④ 指有毒有害物质或元素，及其在原料或辅料中的成分占比，如氟元素（0.1%）。

4.5.2.3　产排污节点、污染物及污染治理设施

白酒排污单位（简化管理）废气产排污节点、污染物及治理设施信息填报要求见表4-29，废水类别、污染物及污染治理设施信息填报要求见表4-30。

表4-29　废气产排污节点、污染物及污染治理设施信息表

序号	产污设施编号	产污设施名称①	对应产污环节名称②	污染物种类③	排放形式④	污染防治设施					有组织排放口编号⑥	有组织排放口名称	排放口设置是否符合要求⑦	排放口类型	其他信息
						污染防治设施编号	污染防治设施名称⑤	污染防治设施工艺	是否为可行技术	污染防治设施其他信息					
1	MF0001	粉碎机	破碎废气	颗粒物	有组织	TA001	除尘系统	袋式除尘	是	—	DA001	破碎废气排放口	是	一般排放口	
2	MF0006	粉碎机	破碎废气	颗粒物	有组织	TA002	除尘系统	袋式除尘	是	—	DA002	破碎废气排放口	是	一般排放口	
3	MF0012	酒糟堆场	酒糟废气	臭气浓度	无组织	—	—	—	—	—	—	—	—	—	
4	TW001	污水处理站	污水处理废气	臭气浓度	无组织	—	—	—	—	—	—	—	—	—	

① 指主要生产设施。

② 指生产设施对应的主要产污环节名称。

③ 以相应排放标准中确定的污染因子为准。

④ 指有组织排放或无组织排放。

⑤ 污染治理设施名称，对于有组织废气，以火电行业为例，污染治理设施名称包括三电场静电除尘器、四电场静电除尘器、普通袋式除尘器、覆膜滤料袋式除尘器等。

⑥ 排放口编号可按照地方生态环境主管部门现有编号进行填写或者由排污单位自行编制。

⑦ 指排放口设置是否符合排污口规范化整治技术要求等相关文件的规定。

表 4-30　废水类别、污染物及污染治理设施信息表

序号	废水类别①	污染物种类②	污染防治设施					排放去向⑤	排放方式	排放规律⑥	排放口编号⑥	排放口名称	排放口设置是否符合要求⑦	排放口类型	其他信息
			污染防治设施编号	污染防治设施名称③	污染防治设施工艺	是否为可行技术	污染防治设施其他信息								
1	生产废水和生活污水	pH值、色度、悬浮物、五日生化需氧量、化学需氧量、氨氮、总氮、总磷	TW001	厂内综合污水处理站	厌氧+好氧+RO膜处理	是	设计处理能力为5t/h	排入×××河	直接排放	间断排放，排放期间流量无规律，但不属于冲击型排放	DW001	污水处理站总排口	是	一般排放口	出水部分回用于厂区的绿化、地面冲洗、冲厕等
2	生产废水和生活污水	pH值、色度、悬浮物、五日生化需氧量、化学需氧量、氨氮、总氮、总磷	TW002	厂内综合污水处理站	厌氧+好氧	是	设计处理能力为5t/h	工业废水集中处理厂	间接排放	间断排放，排放期间流量无稳定，但不属于冲击型排放	DW002	污水处理站总排口	是	一般排放口	出水部分回用于厂区的绿化、地面冲洗、冲厕等

① 指产生废水的工艺、工序，或废水类型等确定的名称。

② 以相应排放标准中确定的污染物为准。

③ 包括不外排；排至厂内综合污水处理站；直接进入江河、湖、库等水环境（再入江河、湖、库）；进入城市下水道（再入江河、湖、库等水环境；直接进入海域；进入地渗或蒸发地；直接进入污水集中处理厂；其他（包括回喷、回填、回灌、回用等）。工业废水集中处理；直接进入海域；进入地渗或蒸发地；直接进入污水灌农田；排至其他单位；进入城市污水处理厂；其他。"不外排"指产生的废水全部在工序内部循环使用，"排至厂内综合污水处理站"指全部废水经厂综合污水处理后全综合污水处理站。对于工序废水经处理后全综合污水处理站，"不外排"指全厂废水经处理后全部回用不排放。

④ 包括连续排放，流量稳定；连续排放，流量不稳定，但有周期性规律；连续排放，流量不稳定，但无周期性规律；间断排放，流量稳定；间断排放，流量不稳定，但有周期性规律；间断排放，流量不稳定，但无周期性规律，但不属于冲击型排放；间断排放，排放期间流量不稳定且无规律，但属于冲击型排放。

⑤ 指主要污水处理设施名称，如"综合污水处理站""生活污水处理系统"等。

⑥ 排放口编号可按地方环境管理部门现有编号填写或由排污单位根据国家相关规范进行编制。

⑦ 指排放口设置是否符合排污口设置规范化整治技术要求等相关文件的规定。

⑧ 示例企业为直接排放，本行内容仅供间接排放企业参考。

4.5.3　大气污染物排放

4.5.3.1　排放口

白酒排污单位（简化管理）大气排放口基本情况填报要求见表 4-31，废气污染物排放执行标准填报要求见表 4-32。

表 4-31　大气排放口基本情况表

序号	排放口编号	排放口名称	污染物种类	排放口地理坐标[1]		排气筒高度/m	排气筒出口内径/m[2]	排气温度/℃	其他信息
				经度	纬度				
1	DA001	破碎废气排放口	颗粒物	×°×′×″	×°×′×″	15	0.4	常温	
2	DA002	破碎废气排放口	颗粒物	×°×′×″	×°×′×″	15	0.4	常温	

① 指排气筒所在地经纬度坐标，可通过排污许可管理信息平台中的 GIS 系统点选后自动生成经纬度。

② 对于不规则形状排气筒，填写等效内径。

表 4-32　废气污染物排放执行标准表

序号	排放口编号	排放口名称	污染物种类	国家或地方污染物排放标准[1]			环境影响评价批复要求[2]	承诺更加严格排放限值[3]	其他信息
				名称	浓度限值/（mg/m³）	速率限值/（kg/h）			
1	DA001	破碎废气排放口	颗粒物	《大气污染物综合排放标准》（GB 16297—1996）	120	3.5	120mg/m³	—	
2	DA002	破碎废气排放口	颗粒物	《大气污染物综合排放标准》（GB 16297—1996）	120	3.5	120mg/m³	—	

① 指对应排放口须执行的国家或地方污染物排放标准的名称、编号及浓度限值。

② 新增污染源必填。

③ 如火电厂超低排放浓度限值。

4.5.3.2　有组织排放信息

白酒排污单位（简化管理）大气污染物有组织排放填报要求见表 4-33。

表 4-33 大气污染物有组织排放表

序号	排放口编号	排放口名称	污染物种类	申请许可排放浓度限值	申请许可排放速率限值/(kg/h)	申请年许可排放量限值/(t/a)					申请特殊排放浓度限值①	申请特殊时段许可排放量限值①
						第一年	第二年	第三年	第四年	第五年		
					主要排放口							
			颗粒物			—	—	—	—	—	—	—
			SO₂									
			NOₓ									
			VOCs									
主要排放口合计						—	—	—	—	—		—
					一般排放口							
1	DA001	破碎废气排放口	颗粒物	120mg/m^3	3.5	—	—	—	—	—	—	—
2	DA002	破碎废气排放口	颗粒物	120mg/m^3	3.5	—	—	—	—	—	—	—
			颗粒物			—	—	—	—	—		—
			SO₂									
一般排放口合计			NOₓ									
			VOCs									
			颗粒物			—	—	—	—	—		—
			SO₂			—	—	—	—	—		—
全厂有组织排放总计②			NOₓ			—	—	—	—	—		—
			VOCs			—	—	—	—	—		—

① 指地方政府制定的环境质量限期达标规划、重污染天气应对措施中对排污单位有更加严格的排放控制要求。

② 指的是主要排放口与一般排放口之和数据。

4.5.3.3　无组织排放信息

白酒排污单位（简化管理）大气污染物无组织排放填报要求见表 4-34。

表 4-34　大气污染物无组织排放表

序号	生产设施编号/无组织排放编号	产污环节①	污染物种类	主要污染防治措施	国家或地方污染物无组织排放标准——名称	浓度限值（标准状况）/（mg/m³）	其他信息	年许可排放量限值（t/a）——第一年	第二年	第三年	第四年	第五年	申请特殊时段许可排放量限值
1	厂界	—	臭气浓度	—	《恶臭污染物排放标准》（GB 14554—93）	20	企业位于 GB 3095 中的二类区	—	—	—	—	—	—
2	MF0012	酒糟堆场废气	臭气浓度	尽量减少酒糟库内暂存时间，及时清理厂区内外道路上抛撒的酒糟；作为饲料利用	—	—	—	—	—	—	—	—	—
3	TW001	综合污水处理站废气	臭气浓度	加盖，投放除臭剂	—	—	—	—	—	—	—	—	—
全厂无组织排放总计					颗粒物			—	—	—	—	—	
					SO₂			—	—	—	—	—	
					NOₓ			—	—	—	—	—	
					VOCs			—	—	—	—	—	
全厂无组织排放总计													

① 主要可以分为设备组件管线泄漏、储罐泄漏、装卸泄漏、废水集输储存及处理、原辅材料堆存及转运、循环水系统泄漏等环节。

139

4.5.3.4 企业大气排放总许可量

白酒排污单位（简化管理）大气污染物排放总许可量填报要求见表 4-35。

表 4-35 企业大气排放总许可量

序号	污染物种类	第一年/(t/a)	第二年/(t/a)	第三年/(t/a)	第四年/(t/a)	第五年/(t/a)
1	颗粒物	—	—	—	—	—
2	SO$_2$	—	—	—	—	—
3	NO$_x$	—	—	—	—	—
4	VOCs	—	—	—	—	—

4.5.4 水污染物排放

4.5.4.1 排放口

白酒排污单位（简化管理）废水直接排放口基本情况填报要求见表 4-36，入河排污口信息填报要求见表 4-37，雨水排放口基本情况填报要求见表 4-38，废水间接排放口基本情况填报要求见表 4-39，废水污染物排放执行标准填报要求见表 4-40。

表 4-36 废水直接排放口基本情况表

序号	排放口编号	排放口名称	排放口地理坐标[①]		排放去向	排放规律	间歇排放时段	受纳自然水体信息		汇入受纳自然水体处地理坐标[④]		其他信息[⑤]
			经度	纬度				名称[②]	受纳水体功能目标[③]	经度	纬度	
1	DW001	污水处理站总排口	×°×′×″	×°×′×″	排入×××河	间断排放，排放期间流量不稳定且无规律，但不属于冲击型排放	不定时排放	×××河	××	×°×′×″	×°×′×″	—

① 对于直接排放至地表水体的排放口，指废水排出厂界处经纬度坐标；可手工填写经纬度，也可通过排污许可证管理信息平台中的 GIS 系统点选后自动生成经纬度。

② 指受纳水体的名称，如南沙河、太子河、温榆河等。

③ 指对于直接排放至地表水体的排放口，其所处受纳水体功能类别，如Ⅲ类、Ⅳ类、Ⅴ类等。

④ 对于直接排放至地表水体的排放口，指废水汇入地表水体处经纬度坐标；可通过排污许可证管理信息平台中的 GIS 系统点选后自动生成经纬度。

⑤ 废水向海洋排放的，应当填写岸边排放或深海排放。深海排放的，还应说明排污口的深度、与岸线直线距离。在其他信息一栏填写。

表 4-37　入河排污口信息表

序号	排放口编号	排放口名称	入河排污口			其他信息
			名称	编号	批复文号	
1	DW001	污水处理站总排口	×××公司排污口	×××××××××	×××	—

表 4-38　雨水排放口基本情况表

序号	排放口编号	排放口名称	排放口地理坐标①		排放去向	排放规律	间歇排放时段	受纳自然水体信息		汇入受纳自然水体处地理坐标④		其他信息
			经度	纬度				名称②	受纳水体功能目标③	经度	纬度	
1	YS001	×××雨水排放口	×°×′×″	×°×′×″	排入×××河	间断排放，排放期间流量不稳定且无规律，但不属于冲击型排放	下雨形成径流时	×××河	××	×°×′×″	×°×′×″	—

① 对于直接排放至地表水体的排放口，指废水排出厂界处经纬度坐标；可手工填写经纬度，也可通过排污许可证管理信息平台中的 GIS 系统点选后自动生成经纬度。

② 指受纳水体的名称，如南沙河、太子河、温榆河等。

③ 指对于直接排放至地表水体的排放口，其所处受纳水体功能类别，如Ⅲ类、Ⅳ类、Ⅴ类等。

④ 对于直接排放至地表水体的排放口，指废水汇入地表水体处经纬度坐标；可通过排污许可证管理信息平台中的 GIS 系统点选后自动生成经纬度。

表 4-39　废水间接排放口基本情况表

序号	排放口编号	排放口名称	排放口地理坐标①		排放去向	排放规律	间歇排放时段	受纳污水处理厂信息			
			经度	纬度				名称②	污染物种类	排水协议规定的浓度限值③	国家或地方污染物排放标准浓度限值④
1	DW002	污水处理站总排口	×°×′×″	×°×′×″	工业废水集中处理厂	间断排放，排放期间流量不稳定且无规律，但不属于冲击型排放	不定时排放	××污水处理厂	pH 值	—	6～9
									色度	—	40
									悬浮物	—	30
									五日生化需氧量	—	30

序号	排放口编号	排放口名称	排放口地理坐标①		排放去向	排放规律	间歇排放时段	受纳污水处理厂信息			
			经度	纬度				名称②	污染物种类	排水协议规定的浓度限值③	国家或地方污染物排放标准浓度限值④
1	DW002	污水处理站总排口	×°×′×″	×°×′×″	工业废水集中处理厂	间断排放，排放期间流量不稳定且无规律，但不属于冲击型排放	不定时排放	××污水处理厂	化学需氧量	—	100
									氨氮	—	25（30）
									总氮	—	—
									总磷	—	3.0

　　① 对于排至厂外城镇或工业污水集中处理设施的排放口，指废水排出厂界处经纬度坐标；对纳入管控的车间或者生产设施排放口，指废水排出车间或者生产设施边界处经纬度坐标；可通过排污许可证管理信息平台中的GIS系统点选后自动生成经纬度。

　　② 指厂外城镇或工业污水集中处理设施名称，如酒仙桥生活污水处理厂、宏兴化工园区污水处理厂等。

　　③ 属于选填项，指排污单位与受纳污水处理厂等协商的污染物排放浓度限值要求。

　　④ 指污水处理厂废水排入环境水体时应当执行的国家或地方污染物排放标准浓度限值（除pH值和色度外，单位为mg/L）。

　　注：示例企业为直接排放，本部分内容供间接排放企业参考。

表4-40　废水污染物排放执行标准表

序号	排放口编号	排放口名称	污染物种类	国家或地方污染物排放标准①		排水协议规定的浓度限值（如有）②	环境影响评价批复要求③	承诺更加严格排放限值	其他信息
				名称	浓度限值				
1	DW001	污水处理站总排口	pH值	《发酵酒精和白酒工业水污染物排放标准》（GB 27631—2011）	6～9	—	6～9	—	
2	DW001	污水处理站总排口	色度（稀释倍数）	《发酵酒精和白酒工业水污染物排放标准》（GB 27631—2011）	40	—	40	—	
3	DW001	污水处理站总排口	悬浮物	《发酵酒精和白酒工业水污染物排放标准》（GB 27631—2011）	50mg/L	—	50mg/L	—	
4	DW001	污水处理站总排口	五日生化需氧量（BOD$_5$）	《发酵酒精和白酒工业水污染物排放标准》（GB 27631—2011）	30mg/L	—	30mg/L	—	
5	DW001	污水处理站总排口	化学需氧量（COD$_{Cr}$）	《发酵酒精和白酒工业水污染物排放标准》（GB 27631—2011）	100mg/L	—	100mg/L	—	
6	DW001	污水处理站总排口	氨氮	《发酵酒精和白酒工业水污染物排放标准》（GB 27631—2011）	10mg/L	—	10mg/L	—	
7	DW001	污水处理站总排口	总氮	《发酵酒精和白酒工业水污染物排放标准》（GB 27631—2011）	20mg/L	—	20mg/L	—	
8	DW001	污水处理站总排口	总磷	《发酵酒精和白酒工业水污染物排放标准》（GB 27631—2011）	1.0mg/L	—	1.0mg/L	—	

　　① 指对应排放口须执行的国家或地方污染物排放标准的名称及浓度限值。

　　② 属于选填项，指排污单位与受纳污水处理厂等协商的污染物排放浓度限值要求。

　　③ 新增污染源必填。

4.5.4.2　申请排放信息

白酒排污单位（简化管理）废水污染物排放填报要求见表 4-41。

表 4-41　废水污染物排放

序号	排放口编号	排放口名称	污染物种类	申请排放浓度限值	申请年排放量限值/（t/a）[①]					申请特殊时段排放量限值/（t/a）
					第一年	第二年	第三年	第四年	第五年	
主要排放口										
主要排放口合计			COD_{Cr}		—	—	—	—	—	—
			氨氮							
			总氮							
			总磷		—	—	—	—	—	—
一般排放口										
1	DW001	污水处理站总排口	pH 值	6～9	—	—	—	—	—	—
2	DW001	污水处理站总排口	色度（稀释倍数）	40	—	—	—	—	—	—
3	DW001	污水处理站总排口	悬浮物	50mg/L	—	—	—	—	—	—
4	DW001	污水处理站总排口	五日生化需氧量（BOD_5）	30mg/L	—	—	—	—	—	—
5	DW001	污水处理站总排口	化学需氧量（COD_{Cr}）	100mg/L	—	—	—	—	—	—
6	DW001	污水处理站总排口	氨氮	10mg/L	—	—	—	—	—	—
7	DW001	污水处理站总排口	总氮	20mg/L	—	—	—	—	—	—
8	DW001	污水处理站总排口	总磷	1.0mg/L	—	—	—	—	—	—
一般排放口合计			COD_{Cr}		—	—	—	—	—	—
			氨氮		—	—	—	—	—	—
全厂排放口源										
全厂排放口总计			COD_{Cr}		—	—	—	—	—	—
			氨氮		—	—	—	—	—	—

①　排入城镇集中污水处理设施的生活污水无需申请许可排放量。

4.5.5 环境管理要求

4.5.5.1 自行监测

白酒排污单位（简化管理）自行监测及记录信息填报要求见表 4-42。

表 4-42　自行监测及记录信息表

序号	污染源类别/监测类别	排放口编号/监测点位	排放口名称/监测点位名称	监测内容①	污染物名称	监测设施	自动监测是否联网	自动监测仪器名称	自动监测设施安装位置	自动监测设施是否符合安装、运行、维护等管理要求	手工监测采样方法及个数②	手工监测频次③	手工测定方法④	其他信息
1	废气	DA001	破碎废气排放口	烟道截面积、烟气流速、烟气温度、烟气含湿量	颗粒物	手工	—	—	—	—	非连续采样，至少3个	1次/半年	《固定污染源排气中颗粒物测定与气态污染物采样方法》（GB/T 16157—1996）	
2	废气	DA002	破碎废气排放口	烟道截面积、烟气流速、烟气温度、烟气含湿量	颗粒物	手工	—	—	—	—	非连续采样，至少3个	1次/半年	《固定污染源排气中颗粒物测定与气态污染物采样方法》（GB/T 16157—1996）	
3	废气	厂界	—	温度、气压、风速、风向	臭气浓度	手工	—	—	—	—	非连续采样，至少3个	1次/半年	《空气质量 恶臭的测定 三点比较式臭袋法》（GB/T 14675—1993）	
4	废水	DW001	污水处理站总排口	流量	pH值	手工	—	—	—	—	混合采样（4个混合）	1次/季度	《水质 pH值的测定 玻璃电极法》（GB 6920—1986）	
5	废水	DW001	污水处理站总排口	流量	化学需氧量	手工	—	—	—	—	混合采样（4个混合）	1次/季度	《水质 化学需氧量的测定 重铬酸盐法》（HJ 828—2017）	
6	废水	DW001	污水处理站总排口	流量	氨氮	手工	—	—	—	—	混合采样（4个混合）	1次/季度	《水质 氨氮的测定 纳氏试剂分光光度法》（HJ 535—2009）	

续表

序号	污染源类别/监测类别	排放口编号/监测点位	排放口名称/监测点位名称	监测内容①	污染物名称	监测设施	自动监测是否联网	自动监测仪器名称	自动监测设施安装位置	自动监测设施是否符合安装、运行、维护管理要求	手工监测采样方法及个数②	手工监测频次③	手工测定方法④	其他信息
7	废水	DW001	污水处理站总排口	流量	总氮	手工	—	—	—	—	混合采样（4个）混合	1次/季度	《水质 总氮的测定 碱性过硫酸钾消解紫外分光光度法》（HJ 636—2012）	
8	废水	DW001	污水处理站总排口	流量	总磷	手工	—	—	—	—	混合采样（4个）混合	1次/季度	《水质 总磷的测定 钼酸铵分光光度法》（GB 11893—1989）	
9	废水	DW001	污水处理站总排口	流量	色度（稀释倍数）	手工	—	—	—	—	混合采样（4个）混合	1次/季度	《水质 色度的测定》（GB 11903—89）	
10	废水	DW001	污水处理站总排口	流量	悬浮物	手工	—	—	—	—	混合采样（4个）混合	1次/季度	《水质 悬浮物的测定 重量法》（GB 11901—1989）	
11	废水	DW001	污水处理站总排口	流量	五日生化需氧量（BOD₅）	手工	—	—	—	—	混合采样（4个）混合	1次/季度	《水质 五日生化需氧量（BOD₅）的测定 稀释与接种法》（HJ505—2009）	
12	雨水⑤	YS001	雨水排放口	—	化学需氧量	手工	—	—	—	—	混合采样（4个）混合	1次/d（有流动水）	《水质 化学需氧量的测定 重铬酸盐法》（HJ 828—2017）	

① 指气量、水量、温度、含氧量等项目。

② 指污染物采样方法，如对废水污染物，"瞬时采样（3个、4个或5个瞬时采样）" "混合采样（3个、4个或5个混合）"；对于废气污染物，"连续采样" "非连续采样（3个或多个）"。

③ 指一段时期内的监测次数要求，如1次/周、1次/月等，对于规范要求填报自动监测设施的，在手工监测内容中填报自动在线监测出现故障时的手工频次。

④ 指污染物浓度测定方法，如"测定化学需氧量的重铬酸钾法""测定氨氮的水杨酸分光光度法"等。

⑤ 根据行业特点，如果需要对雨水进行监测的应当手动填写。

4.5.5.2 环境管理台账记录

白酒排污单位（简化管理）环境管理台账信息填报要求见表 4-43。

表 4-43　环境管理台账信息表

序号	类别	记录内容	记录频次	记录形式	其他信息
1	基本信息	（1）生产设施基本信息：主要技术参数及设计值等 （2）污染防治设施基本信息：主要技术参数及设计值等	对于未发生变化的基本信息，按年记录，1 次/a；对于发生变化的基本信息，在发生变化时记录 1 次	电子台账+纸质台账	保存期限不少于 5 年
2	污染防治设施运行管理信息	（1）正常情况：运行情况、主要药剂添加情况等 1）运行情况：是否正常运行，治理效率、副产物产生量等 2）主要药剂添加情况：添加时间、添加量等 （2）异常情况：起止时间、污染物排放浓度、异常原因、应对措施、是否报告等	（1）正常情况 1）运行情况：按日记录，1 次/d 2）主要药剂添加情况：按日或批次记录，1 次/d 或批次 （2）异常情况：按照异常情况期记录，1 次/异常情况期	电子台账+纸质台账	保存期限不少于 5 年
3	监测记录信息	手工监测记录和自动监测运维记录按照 HJ 819 执行	按监测频次进行记录	电子台账+纸质台账	保存期限不少于 5 年

4.5.6　锅炉申请信息

白酒排污单位（简化管理）锅炉申请信息填报要求见表 4-44。

表 4-44　锅炉申请信息

锅炉编号	容量	容量单位	年运行时间/h	燃料种类	年燃料使用量/(10^4m³/a)	备注
MF0013	5	t/h	2904	液化石油气	51	

主要产品（介质）	蒸汽	主要污染物类别	废气、废水
大气污染物排放形式	有组织	废水污染物排放去向	不外排

废气排放口编号	废气排放口名称	污染物项目	污染物排放执行标准名称	浓度限值/（mg/m³）
DA003	锅炉烟囱	颗粒物	《锅炉大气污染物排放标准》（GB 13271—2014）	30
		氮氧化物		400
		二氧化硫		100
		林格曼黑度		1

废水排放口编号	废水排放口名称	污染物项目	污染物排放执行标准名称	浓度限值/（mg/L）

自行监测要求	废气

146

污染源类型	排放口编号	排放口名称	监测点位	监测指标	监测频次
废气	DA003	锅炉大气排放口 1	烟囱	氮氧化物	1 次/月
				颗粒物、二氧化硫	1 次/a
			烟囱排放口	林格曼黑度	1 次/a
备注信息					
—					

注：1．排污单位逐台填报锅炉编号、容量、年运行时间和燃料信息等。

2．不同气体燃料混烧的锅炉分别填写不同气体燃料种类及消耗量。

3．废气、废水不同污染物项目根据执行的污染物排放标准分类填写。

4.6　饮料企业简化管理排污许可证申请表案例

4.6.1　排污单位基本情况

饮料排污单位基本信息填报内容见表 4-45。

表 4-45　排污单位基本信息表

单位名称	×××饮料有限公司	注册地址	×××省×××市×××区×××路×××号
生产经营场所地址	×××省×××市×××区×××路×××号	邮政编码[①]	××××××
行业类别	饮料制造，锅炉	是否投产[②]	是
投产日期[③]	2014 年 11 月 1 日		
生产经营场所中心经度[④]	×°×′×″	生产经营场所中心纬度[⑤]	×°×′×″
组织机构代码	×××××××××××××××××	统一社会信用代码	×××××××××××××××××
技术负责人	×××	联系电话	×××××××××××
所在地是否属于大气重点控制区[⑥]	是/否	所在地是否属于总磷控制区[⑦]	是/否
所在地是否属于总氮控制区[⑦]	是/否	所在地是否属于重金属污染特别排放限值实施区域[⑧]	是/否
是否位于工业园区[⑨]	是/否	所属工业园区名称	×××××工业园区
是否有环评审批文件	×××××工业园区	环境影响评价审批文件文号或备案编号[⑩]	××× ×××
是否有地方政府对违规项目的认定或备案文件[⑪]	否	认定或备案文件文号	
是否需要改正[⑫]	是/否	排污许可证管理类别[⑬]	简化管理

续表

是否有主要污染物总量分配计划文件⑭	是/否	总量分配计划文件文号	有总量指标的填总量指标数，没有的填/
二氧化硫总量控制指标/（t/a）	有总量指标的填总量指标数，没有的填/	（备注）	
氨氮（NH_3-N）总量控制指标/（t/a）	有总量指标的填总量指标数，没有的填/	（备注）	
化学需氧量总量控制指标/（t/a）	有总量指标的填总量指标数，没有的填/	（备注）来源于××文件	
氮氧化物总量控制指标/（t/a）	有总量指标的填总量指标数，没有的填/	（备注）	
其他总量控制指标（如有）	有总量指标的填总量指标数，没有的填/	（备注）	

① 指生产经营场所地址所在地邮政编码。

② 2015 年 1 月 1 日起，正在建设过程中，或者已建成但尚未投产的，选"否"；已经建成投产并产生排污行为的，选"是"。

③ 指已投运的排污单位正式投产运行的时间，对于分期投运的排污单位，以先期投运时间为准。

④ 指生产经营场所中心经度坐标，可通过排污许可管理信息平台中的 GIS 系统点选后自动生成经度。

⑤ 指生产经营场所中心纬度坐标，可通过排污许可管理信息平台中的 GIS 系统点选后自动生成纬度。

⑥ "大气重点控制区"指生态环境部关于大气污染特别排放限值的执行范围。需要查询企业所在地是否属于大气重点控制区。

⑦ 总磷、总氮控制区是指《国务院关于印发"十三五"生态环境保护规划的通知》（国发〔2016〕65 号）以及生态环境部相关文件中确定的需要对总磷、总氮进行总量控制的区域。需要查询企业所在地是否属于总磷、总氮控制区。

⑧ 是指各省根据《土壤污染防治行动计划》确定重金属污染排放限值的矿产资源开发活动集中的区域。需要查询企业所在地是否属于重污染特别排放限值实施区域。

⑨ 是指各级人民政府设立的工业园区、工业集聚区等。

⑩ 是指环境影响评价报告书、报告表的审批文件号，或者是环境影响评价登记表的备案编号。

⑪ 对于按照《国务院关于化解产能严重过剩矛盾的指导意见》（国发〔2013〕41 号）和《国务院办公厅关于加强环境监管执法的通知》（国办发〔2014〕56 号）要求，经地方政府依法处理、整顿规范并符合要求的项目，须列出证明符合要求的相关文件名和文号。

⑫ 指首次申请排污许可证时，存在未批先建或不具备达标排放能力，且受到生态环境部门处罚的排污单位，应选择"是"，其他选"否"。

⑬ 排污单位属于《固定污染源排污许可分类管理名录》中排污许可重点管理的，应选择"重点"，简化管理的选择"简化"。

⑭ 对于有主要污染物总量控制指标计划的排污单位，必须列出相关文件文号（或者其他能够证明排污单位污染物排放总量控制指标的文件和法律文书），并列出上一年主要污染物总量指标；对于总量指标中包括自备电厂的排污单位，应当在备注栏对自备电厂进行单独说明。

4.6.2　排污单位登记信息

4.6.2.1　主要产品及产能

饮料排污单位主要产品及产能信息填报内容见表 4-46，补充信息填报内容见表 4-47。

表 4-46　主要产品及产能信息表

序号	生产线名称	生产线编号	产品名称	计量单位	生产能力	设计年生产时间/h	其他产品信息
1	原榨果蔬汁生产线	001	原榨果蔬汁	t/a	10000	1200	
2	发酵乳饮料生产线	002	发酵乳饮料	t/a	1000	2400	

表 4-47　主要产品及产能信息补充表

序号	生产线名称	生产线编号	主要生产单元名称	主要工艺名称①	生产设施名称②	生产设施编号	设施参数③				其他设施信息	其他工艺信息
							参数名称	计量单位	设计值	其他设施参数信息		
1	原榨果蔬汁生产线	001	原料预处理系统	挑选清洗	洗涤槽	MF0001	用水量	t/h	0.5			
			破碎打浆系统	破碎打浆	破碎机	MF0002	处理能力	t/h	2			
					打浆机	MF0003	处理能力	t/h	2			
					胶体磨	MF0004	处理能力	t/h	2			
			榨汁系统	榨汁	压榨机	MF0005	处理能力	t/h	2			
			粗滤系统	粗滤	筛滤机	MF0006	处理能力	t/h	2			
			调整与混合系统	调整与混合	调配罐	MF0007	容积	m³	5			
			果蔬渣综合利用系统	果蔬渣综合利用	贮存设备	MF0008	容积	m³	10			
					发酵设备	MF0009	处理能力	t/h	1			
					干燥机	MF0010	处理能力	t/h	2			
2	发酵乳饮料生产线	002	原料预处理系统	原料预处理	原料罐	MF0011	容积	m³	50			
			标准化系统	标准化	调配罐	MF0012	容积	m³	10			
			发酵系统	发酵	发酵罐	MF0013	容积	m³	10			
			调配系统	调配	调配罐	MF0014	容积	m³	5			
3	公用单元	003	原位清洗站	清洗	原位清洗机	MF0015	用水量	t/h	20			
			果蔬渣堆场	果蔬渣堆场	果蔬渣堆场	MF0016	场地面积	m²	10			
			污水处理	二级生化处理	污水处理站	TW001	处理能力	t/h	30	—		

① 指主要生产单元所采用的工艺名称。

② 指某生产单元中主要生产设施（设备）名称。

③ 指设施（设备）的设计规格参数，包括参数名称、设计值、计量单位。

4.6.2.2　主要原辅材料及燃料

饮料排污单位主要原辅料及燃料信息填报要求见表 4-48。

表 4-48　主要原辅材料及燃料信息表

序号	产品类型	种类①	名称②	年最大使用量	年最大使用量计量单位③	硫元素占比/%	其他信息④
原料及辅料							
1	果蔬汁及果蔬汁饮料	原料	水果	10000	t/a	—	
		辅料	白砂糖	1000	t/a	—	
2	含乳饮料及植物蛋白饮料	原料	鲜奶	700	t/a	—	
		辅料	白砂糖	60	t/a	—	
		辅料	菌种	20	t/a	—	
3		辅料	絮凝剂	20	t/a	—	
燃料							
序号	燃料名称	灰分/%	硫分或总硫/（%，mg/m³）	挥发分/%	热值/（MJ/kg，MJ/m³）	年最大使用量/（10⁴t/a，10⁴m³/a）	其他信息

① 指材料种类，选填"原料"或"辅料"。

② 指原料、辅料名称。

③ 指 10^4t/a、10^4m³/a 等。

④ 指有毒有害物质或元素，及其在原料或辅料中的成分占比，如氟元素（0.1%）。

4.6.2.3　产排污节点、污染物及污染治理设施

饮料排污单位废气产排污节点、污染物及治理设施信息填报要求见表 4-49，废水类别、污染物及污染治理设施信息填报要求见表 4-50。

表 4-49　废气产排污节点、污染物及污染治理设施信息表

序号	产污设施编号	产污设施名称①	对应产污环节名称②	污染物种类③	排放形式④	污染防治设施编号	污染防治设施名称⑤	污染防治设施工艺	是否为可行技术	污染防治设施其他信息	有组织排放口编号⑥	有组织排放口名称	排放口设置是否符合要求⑦	排放口类型	其他信息
						污染防治设施									
1	TW001	污水处理站	污水处理废气	臭气浓度	无组织	—	—	—	—	—	—	—	—	—	—
2	MF0016	果蔬渣堆场	果蔬渣废气	臭气浓度	无组织	—	—	—	—	—	—	—	—	—	—

① 指主要生产设施。

② 指生产设施对应的主要产污环节名称。

③ 以相应排放标准中确定的污染因子为准。

④ 指有组织排放或无组织排放。

⑤ 污染治理设施名称，对于有组织废气，以火电行业为例，污染治理设施名称包括三电场静电除尘器、四电场静电除尘器、普通袋式除尘器、覆膜滤料袋式除尘器等。

⑥ 排放口编号可按照地方生态环境主管部门现有编号进行填写或者由排污单位自行编制。

⑦ 指排放口设置是否符合排污口规范化整治技术要求等相关文件的规定。

表 4-50　废水类别、污染物及污染治理设施信息表

序号①	废水类别①	污染物种类②	污染防治设施					排放去向③	排放方式	排放规律④	排放口编号	排放口名称	排放口设置是否符合要求⑥	排放口类型	其他信息
			污染防治设施编号	污染防治设施名称	污染防治设施工艺	是否为可行技术	污染防治设施其他信息								
1	清下水	pH值、色度、五日生化需氧量、化学需氧量、氨氮、总磷	TW001	清下水	过滤	是	—	排入×××河	直接排放	间断排放、排放期间流量不稳定、无规律、但不属于冲击型排放	DW001	清下水排放口	是	一般排放口	
2	生产废水和生活污水	pH值、悬浮物、化学需氧量、五日生化需氧量、氨氮、总磷、色度	TW002	综合废水处理设施	厌氧+好氧	是	设计处理能力为5t/h	工业废水集中处理厂	间接排放	间断排放、排放期间流量不稳定、无规律、但不属于冲击型排放	DW002	总排口	是	一般排放口	

① 指产生废水的工艺、工序，或废水类型的名称。

② 以相应排放标准中确定的污染因子为准。

③ 包括不外排；排至厂内综合污水处理站；直接进入江河、湖、库等水环境；直接进入海域；进入城市下水道（再入江河、湖、库等）；进入城市污水处理厂；进入地渗或蒸发地；进入其他单位；工业废水集中处理厂；其他（包括回喷、回灌、回用等）。对于工序、工艺产生的废水，"不外排"指全部在工序内部循环使用，排至厂内综合污水处理站；"不外排"指全厂综合污水经处理后排至综合污水集中处理站。对于综合污水处理后，"不外排"指全厂废水经处理后全部回用不外排。

④ 包括连续排放，流量稳定；连续排放，流量不稳定，但有周期性规律；连续排放，流量不稳定且无规律；间断排放，流量稳定；间断排放，流量不稳定，但有周期性规律；间断排放，流量不稳定且无规律，且不属于冲击型排放；间断排放，流量不稳定，但属于冲击型排放。

⑤ 指主要污水处理设施名称，如"综合污水处理设施""生活污水处理系统"等。

⑥ 排放口编号可按地方环境管理部门进行填写现有污染单位由排污口规范化整治技术要求等相关文件进行编制。

⑦ 指排放口设置是否符合排放口规范化设置要求。

4.6.3 大气污染物排放

4.6.3.1 排放口

饮料排污单位大气排放口基本情况填报要求见表 4-51，废气污染物排放执行标准填报要求见表 4-52。

表 4-51 大气排放口基本情况表

序号	排放口编号	排放口名称	污染物种类	排放口地理坐标[1]		排气筒高度/m	排气筒出口内径/m[2]	排气温度/℃	其他信息
				经度	纬度				

① 指排气筒所在地经纬度坐标，可通过排污许可管理信息平台中的 GIS 系统点选后自动生成经纬度。
② 对于不规则形状排气筒，填写等效内径。

表 4-52 废气污染物排放执行标准表

序号	排放口编号	排放口名称	污染物种类	国家或地方污染物排放标准[1]			环境影响评价批复要求[2]	承诺更加严格排放限值[3]	其他信息
				名称	浓度限值	速率限值/（kg/h）			

① 指对应排放口须执行的国家或地方污染物排放标准的名称、编号及浓度限值。
② 新增污染源必填。
③ 如火电厂超低排放浓度限值，填写浓度限值。

4.6.3.2 有组织排放信息

饮料排污单位大气污染物有组织排放填报要求见表 4-53。

表 4-53 大气污染物有组织排放表

序号	排放口编号	排放口名称	污染物种类	申请许可排放浓度限值[1]	申请许可排放速率限值/（kg/h）	申请年许可排放量限值/（t/a） 第一年	第二年	第三年	第四年	第五年	申请特殊排放浓度限值[1]	申请特殊时段许可排放量限值[1]
	—	—	—	—	主要排放口						—	—
			颗粒物	—	—	—	—	—	—	—	—	—
			SO$_2$	—	—	—	—	—	—	—	—	—
			NO$_x$	—	—	—	—	—	—	—	—	—
主要排放口合计			VOCs	—	—	—	—	—	—	—	—	—
	—	—	—	—	一般排放口						—	—
			颗粒物	—	—	—	—	—	—	—	—	—
			SO$_2$	—	—	—	—	—	—	—	—	—
			NO$_x$	—	—	—	—	—	—	—	—	—
一般排放口合计			VOCs	—	—	—	—	—	—	—	—	—
					全厂有组织排放总计[2]						—	—
			颗粒物	—		—	—	—	—	—	—	—
			SO$_2$	—		—	—	—	—	—	—	—
全厂有组织排放总计			NO$_x$	—		—	—	—	—	—	—	—
			VOCs	—		—	—	—	—	—	—	—

① 指地方政府制定的环境质量限期达标规划、重污染天气应对措施中对排污单位有更加严格的排放控制要求。
② "全厂有组织排放总计"指的是，主要排放口与一般排放口之和数据。

153

4.6.3.3 无组织排放信息

饮料排污单位大气污染物无组织排放填报要求见表 4-54。

表 4-54 大气污染物无组织排放表

序号	生产设施编号／无组织排放编号	产污环节①	污染物种类	主要污染防治措施	国家或地方污染物无组织排放标准		其他信息	年许可排放量限值／（t/a）					申请特殊时段许可排放量限值
					名称	浓度限值（标准状况）/（mg/m³）		第一年	第二年	第三年	第四年	第五年	
1	厂界	—	臭气浓度	—	《恶臭污染物排放标准》（GB 14554—93）	20	企业位于 GB 3095 中的二类区	—	—	—	—	—	—
2	TW001	污水处理站	臭气浓度	加盖，投放除臭剂	—	—		—	—	—	—	—	—
3	MF0016	果蔬渣堆场	臭气浓度	加盖，作为饲料利用，及时清理厂区内外道路上抛撒的果蔬渣	—	—		—	—	—	—	—	—
	全厂无组织排放总计				颗粒物			—	—	—	—	—	—
					SO₂			—	—	—	—	—	—
					NOₓ			—	—	—	—	—	—
					VOCs			—	—	—	—	—	—

① 主要可以分为设备与管线组件泄漏、储罐泄漏、装卸泄漏、废水集输贮存处理、原辅材料堆存及转运、循环水系统泄漏等环节。

4.6.3.4　企业大气排放总许可量

饮料排污单位大气污染物排放总许可量填报要求见表 4-55。

表 4-55　企业大气排放总许可量

序号	污染物种类	第一年/（t/a）	第二年/（t/a）	第三年/（t/a）	第四年/（t/a）	第五年/（t/a）
1	颗粒物	—	—	—	—	—
2	SO_2	—	—	—	—	—
3	NO_x	—	—	—	—	—
4	VOCs	—	—	—	—	—

4.6.4　水污染物排放

4.6.4.1　排放口

饮料排污单位废水直接排放口基本情况填报要求见表 4-56，入河排污口信息填报要求见表 4-57，雨水排放口基本情况填报要求见表 4-58，废水间接排放口基本情况填报要求见表 4-59。此外，废水污染物排放执行标准填报要求见表 4-60。

表 4-56　废水直接排放口基本情况表

序号	排放口编号	排放口名称	排放口地理坐标[①]		排放去向	排放规律	间歇排放时段	受纳自然水体信息		汇入受纳自然水体处地理坐标[④]		其他信息[⑤]
			经度	纬度				名称[②]	受纳水体功能目标[③]	经度	纬度	
1	DW001	清下水排放口	×°×′×″	×°×′×″	排入×××河	间断排放，排放期间流量不稳定且无规律，但不属于冲击型排放	不定时排放	×××河	××	×°×′×″	×°×′×″	—

　　① 对于直接排放至地表水体的排放口，指废水排出厂界处经纬度坐标；可手工填写经纬度，也可通过排污许可证管理信息平台中的 GIS 系统点选后自动生成经纬度。

　　② 指受纳水体的名称，如南沙河、太子河、温榆河等。

　　③ 指对于直接排放至地表水体的排放口，其所处受纳水体功能类别，如Ⅲ类、Ⅳ类、Ⅴ类等。

　　④ 对于直接排放至地表水体的排放口，指废水汇入地表水体处经纬度坐标；可通过排污许可证管理信息平台中的 GIS 系统点选后自动生成经纬度。

　　⑤ 废水向海洋排放的，应当填写岸边排放或深海排放。深海排放的，还应说明排污口的深度、与岸线直线距离。在其他信息一栏填写。

表 4-57 入河排污口信息表

序号	排放口编号	排放口名称	入河排污口		批复文号	其他信息
			名称	编号		
1	DW001	清下水排放口	×××公司排污口	×××××××××	×××	

表 4-58 雨水排放口基本情况表

序号	排放口编号	排放口名称	排放口地理坐标①		排放去向	排放规律	间歇排放时段	受纳自然水体信息		汇入受纳自然水体地理坐标④		其他信息
			经度	纬度				名称②	受纳水体功能目标③	经度	纬度	
1	YS001	雨水排放口	x°x′x″	x°x′x″	排入×河	间断排放，排放期间流量不稳定，但有周期性规律	下雨形成径流时	×××河	××	x°x′x″	x°x′x″	

① 对于直接排放至地表水体的排放口，指废水排出厂界处经纬度坐标；可手工填写经纬度，也可通过排污许可证管理信息平台中的 GIS 系统点选后自动生成经纬度。
② 指受纳水体的名称，如南沙河、太子河、温榆河等。
③ 指对于直接排放至地表水体的排放口，其所在受纳水体功能类别，如Ⅲ类、Ⅳ类、Ⅴ类等。
④ 对于直接排放至地表水体的排放口，指废水汇入地表水体处经纬度坐标；可通过排污许可证管理信息平台中的 GIS 系统点选后自动生成经纬度。

表 4-59　废水间接排放口基本情况表

序号	排放口编号①	排放口名称②	排放口地理坐标① 经度	纬度	排放去向	排放规律	间歇排放时段	受纳污水处理厂信息 名称②	污染物种类	排水协议规定的浓度限值③	国家或地方污染物排放标准浓度限值④	其他信息
1	DW002	污水处理站总排口	×°×′×″	×°×′×″	工业废水集中处理厂	间断排放，排放期间流量不稳定且无规律，但不属于冲击型排放	不定时排放	×污水处理厂	化学需氧量	—	100mg/L	
									氨氮	—	25mg/L	
									总磷（以P计）	—	3mg/L	
									pH值	—	6~9	
									悬浮物	—	30mg/L	
									五日生化需氧量	—	30mg/L	
									色度（稀释倍数）		40	

① 对于排至厂外城镇或工业污水集中处理设施的排放口，指废水排出厂界处经纬度坐标；对纳入管控的车间或者生产设施排放口，指废水排出车间或者生产设施边界处经纬度坐标；可通过排污许可证管理信息平台中的 GIS 系统选后自动生成经纬度。

② 指厂外城镇或工业污水集中处理设施名称，如酒仙桥生活污水处理厂、宏兴化工园区污水处理厂等。

③ 属于选填项，指接纳污水处理厂等协商的污水处理厂污染物排放浓度限值要求。

④ 指污水处理厂废水排入环境水体时应当执行的国家或地方污染物排放标准浓度限值（mg/L）。

表 4-60　废水污染物排放执行标准表

序号	排放口编号	排放口名称	污染物种类	国家或地方污染物排放标准① 名称	浓度限值	排水协议规定的浓度限值（如有）②	环境影响评价批复要求③	承诺更加严格排放限值	其他信息
1	DW001	清下水放口	化学需氧量	《污水综合排放标准》（GB 8978—1996）	100mg/L	—	100mg/L		
			氨氮	《污水综合排放标准》（GB 8978—1996）	15mg/L	—	15mg/L		
			总磷（以P计）	《污水综合排放标准》（GB 8978—1996）	0.5mg/L		0.5mg/L		

续表

序号	排放口编号	排放口名称	污染物种类	国家或地方污染物排放标准①		排水协议规定的浓度限值（如有）②	环境影响评价批复要求③	承诺更加严格排放限值	其他信息
				名称	浓度限值				
1	DW001	清下水放口	pH值	《污水综合排放标准》（GB 8978—1996）	6~9	—	6~9		
			悬浮物	《污水综合排放标准》（GB 8978—1996）	70mg/L	—	70mg/L		
			五日生化需氧量	《污水综合排放标准》（GB 8978—1996）	20mg/L	—	20mg/L		
			色度（稀释倍数）	《污水综合排放标准》（GB 8978—1996）	50	—	50		
			化学需氧量	《污水综合排放标准》（GB 8978—1996）	500mg/L	—	500mg/L		—
			氨氮	《污水综合排放标准》（GB 8978—1996）	—	—	—		—
			总磷（以P计）	《污水综合排放标准》（GB 8978—1996）	—	—	—		—
2	DW002	污水处理站总排口	pH值	《污水综合排放标准》（GB 8978—1996）	6~9	—	6~9		—
			悬浮物	《污水综合排放标准》（GB 8978—1996）	400mg/L	—	400mg/L		—
			五日生化需氧量	《污水综合排放标准》（GB 8978—1996）	300mg/L	—	300mg/L		—
			色度（稀释倍数）	《污水综合排放标准》（GB 8978—1996）	—	—	—		—

① 指对应排放口须执行的国家或地方污染物排放标准的名称及浓度限值。

② 属于选填项，指排污单位与受纳污水处理厂等协商确定的污染物排放浓度限值要求。

③ 新增污染源必填。

4.6.4.2 申请排放信息

饮料排污单位废水污染物排放填报要求见表 4-61。

表 4-61　废水污染物排放

序号	排放口编号	排放口名称	污染物种类	申请排放浓度限值	申请年排放量限值/（t/a）①					申请特殊时段排放量限值/（t/a）
					第一年	第二年	第三年	第四年	第五年	
	主要排放口合计		COD_{Cr}		主要排放口					
			氨氮			—	—	—	—	—
					一般排放口					
1	DW001	清下水放口	化学需氧量	100mg/L	—	—	—	—	—	—
2	DW001	清下水放口	氨氮	15mg/L	—	—	—	—	—	—
3	DW001	清下水放口	总磷（以P计）	0.5mg/L	—	—	—	—	—	—
4	DW001	清下水放口	悬浮物	70mg/L	—	—	—	—	—	—
5	DW001	清下水放口	五日生化需氧量	20mg/L	—	—	—	—	—	—
6	DW001	清下水放口	色度（稀释倍数）	50	—	—	—	—	—	—
7	DW002	污水处理站总排口	化学需氧量	500mg/L	—	—	—	—	—	—

续表

序号	排放口编号	排放口名称	污染物种类	申请排放浓度限值	申请年排放量限值/（t/a）①					申请特殊时段排放量限值/（t/a）
					第一年	第二年	第三年	第四年	第五年	
8	DW002	污水处理站总排口	氨氮	—	—	—	—	—	—	—
9	DW002	污水处理站总排口	总磷	—	—	—	—	—	—	—
10	DW002	污水处理站总排口	悬浮物	400mg/L	—	—	—	—	—	—
11	DW002	污水处理站总排口	五日生化需氧量	300mg/L	—	—	—	—	—	—
12	DW002	污水处理站总排口	色度（稀释倍数）	—	—	—	—	—	—	—
一般排放口合计			COD_{Cr}		全厂排放口源					—
			氨氮							—
全厂排放口总计			COD_{Cr}							
			氨氮							

① 排入城镇集中污水处理设施的生活污水无需申请许可排放量。

4.6.5 环境管理要求

4.6.5.1 自行监测

饮料排污单位自行监测及记录信息填报要求见表4-62。

表 4-62 自行监测及记录信息表

序号	污染源类别/监测类别	排放口编号/监测点位	排放口名称/监测点位名称	监测内容①	污染物名称	监测设施	自动监测是否联网	自动监测仪器名称	自动监测设施安装位置	自动监测设施是否符合安装、运行、维护等管理要求	手工监测采样方法及个数②	手工监测频次③	手工测定方法④	其他信息
1	废水	DW001	清下水排放口	流量	pH值	手工	—	—	—	—	混合采样（4个混合）	1次/季度	《水质 pH值的测定 玻璃电极法》(GB 6920—1986)	
					化学需氧量	手工	—	—	—	—	混合采样（4个混合）	1次/季度	《水质 化学需氧量的测定 重铬酸盐法》(HJ 828—2017)	
					氨氮	手工	—	—	—	—	混合采样（4个混合）	1次/季度	《水质 氨氮的测定 纳氏试剂分光光度法》(HJ 535—2009)	
					总磷	手工	—	—	—	—	混合采样（4个混合）	1次/季度	《水质 总磷的测定 钼酸铵分光光度法》(HJ 671—2013)	
					五日生化需氧量	手工	—	—	—	—	混合采样（4个混合）	1次/季度	《水质 五日生化需氧量(BOD₅)的测定 稀释与接种法》(HJ 505—2009)	
					悬浮物	手工	—	—	—	—	混合采样（4个混合）	1次/季度	《水质 悬浮物的测定 重量法》(GB 11901—1989)	
					色度（稀释倍数）	手工	—	—	—	—	混合采样（4个混合）	1次/季度	《水质 色度的测定》(GB 11903—89)	
2	废水	DW002	污水处理站总排口	流量	pH值	手工	—	—	—	—	混合采样（4个混合）	1次/半年	《水质 pH值的测定 玻璃电极法》(GB 6920—1986)	
					化学需氧量	手工	—	—	—	—	混合采样（4个混合）	1次/半年	《水质 化学需氧量的测定 重铬酸盐法》(HJ 828—2017)	

续表

序号	污染源类别/监测类别	排放口编号/监测点位	排放口名称/监测点位名称	监测内容①	污染物名称	监测设施	自动监测是否联网	自动监测器仪名称	自动监测设施安装位置	自动监测设施是否符合安装、运行、维护等管理要求	手工监测采样方法及个数②	手工监测频次③	手工测定方法⑤	其他信息
2	废水	DW002	污水处理站总排口	流量	五日生化需氧量	手工	—	—	—	—	混合采样（4个混合）	1次/半年	《水质 五日生化需氧量（BOD₅）的测定 稀释与接种法》（HJ 505—2009）	
					悬浮物	手工	—	—	—	—	混合采样（4个混合）	1次/半年	《水质 悬浮物的测定 重量法》（GB 11901—1989）	
3	雨水⑥	YS001	雨水排放口	—	化学需氧量	手工	—	—	—	—	混合采样（4个混合）	1次/d（有流动水）	《水质 化学需氧量的测定 重铬酸盐法》（HJ 828—2017）	
4	废气	厂界	厂界	—	臭气浓度	手工	—	—	—	—	非连续采样至少3个	1次/半年	《空气质量 恶臭的测定 三点比较式臭袋法》（GB/T 14675—1993）	

① 指气量、水量、温度、含氧量等项目。

② 指污染物采样方法，如对于水污染物，"混合采样（3个、4个或5个混合）""瞬时采样（3个、4个或5个瞬时样）"；对于废气污染物，"连续采样""非连续采样（3个或多个）"。

③ 指一段时期内的监测次数要求，如1次/周、1次/月等，对于规范要求填报自动监测设施的，在手工监测内容中填报自动在线监测出现故障时的手工频次。

④ 指污染物浓度测定方法，如"测定氨氮的水杨酸分光光度法""测定化学需氧量的重铬酸钾法"等。

⑤ 根据行业特点，如果需要对雨水进行监测的应当手动填写。

4.6.5.2　环境管理台账记录

饮料排污单位环境管理台账信息填报要求见表 4-63。

表 4-63　环境管理台账信息表

序号	类别	记录内容	记录频次	记录形式	其他信息
1	基本信息	（1）生产设施基本信息：主要技术参数及设计值等 （2）污染防治设施基本信息：主要技术参数及设计值等	对于未发生变化的基本信息，按年记录，1 次/a；对于发生变化的基本信息，在发生变化时记录 1 次	电子台账+纸质台账	保存期限不少于 5 年
2	污染防治设施运行管理信息	（1）正常情况：运行情况、主要药剂添加情况等 1）运行情况：是否正常运行，治理效率、副产物产生量等； 2）主要药剂添加情况：添加时间、添加量等 （2）异常情况：起止时间、污染物排放浓度、异常原因、应对措施、是否报告等	（1）正常情况 1）运行情况：按日记录，1 次/d； 2）主要药剂添加情况：按日或批次记录，1 次/d 或批次 （2）异常情况：按照异常情况期记录，1 次/异常情况期	电子台账+纸质台账	保存期限不少于 5 年
3	其他环境管理信息	无组织废气污染防治措施管理维护信息：管理维护时间及主要内容等 特殊时段环境管理信息：具体管理要求及执行情况 其他信息：法律法规、标准规范确定的其他信息，企业自主记录的环境管理信息	无组织废气污染防治措施管理信息：按日记录，1 次/d 特殊时段环境管理信息：按照规定频次记录；对于停产或错峰生产的，原则上仅对停产或错峰生产的起止日期各记录 1 次 其他信息：根据法律法规、标准规范或实际生产运行规律确定记录频次	电子台账+纸质台账	保存期限不少于 5 年
4	监测记录信息	手工监测记录和自动监测运维记录按照 HJ 819 执行	按监测频次进行记录	电子台账+纸质台账	保存期限不少于 5 年

4.6.6　锅炉申请信息

饮料排污单位锅炉申请信息填报要求见表 4-64。

表 4-64　锅炉申请信息

锅炉编号	容量	容量单位	年运行时间/h	燃料种类	年燃料使用量/（$10^4 m^3$/a）	备注
MF0016	5	t/h	2400	天然气	20	

主要产品（介质）	蒸汽		主要污染物类别		废气、废水	
大气污染物排放形式	有组织		废水污染物排放去向		不外排	

废气排放口编号	废气排放口名称	污染物项目	污染物排放执行标准名称	浓度限值/（mg/m³）
DA001	锅炉烟囱	颗粒物	《锅炉大气污染物排放标准》（GB 13271—2014）	20
		氮氧化物		150
		二氧化硫		50
		林格曼黑度		1

续表

废水排放口编号	废水排放口名称	污染物项目	污染物排放执行标准名称	浓度限值/（mg/L）

自行监测要求	废气				
污染源类型	排放口编号	排放口名称	监测点位	监测指标	监测频次
废气	DA001	锅炉烟囱	烟囱	氮氧化物	1次/月
				颗粒物、二氧化硫、林格曼黑度	1次/a
			烟囱排放口		1次/a

备注信息
—

注：1. 排污单位逐台填报锅炉编号、容量、年运行时间和燃料信息等。

2. 不同气体燃料混烧的锅炉分别填写不同气体燃料种类及消耗量。

3. 废气、废水不同污染物项目根据执行的污染物排放标准分类填写。

第 5 章
排污许可证后监管要求

5.1 证后监管总体要求及依据

截至 2022 年，为推进排污许可证后管理，提高排污许可证质量，生态环境部先后印发《关于印发〈环评与排污许可监管行动计划（2021—2023 年）〉〈生态环境部 2021 年度环评与排污许可监管工作方案〉的通知》（环办环评函〔2020〕463 号）、《关于构建以排污许可制为核心的固定污染源监管制度体系实施方案》（环办环评函〔2020〕725 号）、《固定污染源排污许可证质量、执行报告审核指导工作方案》（环办环评函〔2021〕293 号）、《关于加强排污许可执法监管的指导意见》《排污许可提质增效工作方案（2022—2024 年）》（环办环评函〔2022〕237 号）等文件，提出生态环境管理部门要采取非现场和现场相结合的方式开展排污许可证质量核查工作。

2021 年 7 月，生态环境部发布《固定污染源排污许可证质量、执行报告审核指导工作方案》（环办环评函〔2021〕293 号），明确了排污许可证质量和执行报告审核工作的内容、方式及核查内容。2023 年 6 月，《排污许可证质量核查技术规范》（HJ 1299—2023）正式发布。该标准规定了开展排污许可证质量核查的方式与要求、核查准备工作及主要核查内容。标准适用于指导生态环境主管部门或其委托组织的技术机构，对已核发排污许可证的质量开展核查。拟核发排污许可证的质量核查及排污单位排污许可证质量自查可参考该标准。

排污单位开展证后管理和生态环境主管部门开展证后执法工作的依据是相同的，主要包括《排污许可管理条例》《排污许可管理办法（试行）》《国民经济行业分类》《固定污染源排污许可分类管理名录（2019 年版）》以及排污单位所适用的排污许可证申请与核发技术规范等，还包括相关行业对应的排污单位自行监测技术指南、污染防治可行技术指南、污染源源强核算技术指南等。

5.2 排污单位证后排污许可管理主要工作内容

酒饮料排污单位领到排污许可证后，必须做好"按证排污"的各项工作，具体包括：

① 在生产经营场所内方便公众监督的位置悬挂排污许可证正本。

② 成立环境管理部门，组织环境管理人员学习排污许可知识，解读本单位的排污许可证正本与副本内容。结合相关排污许可证法律法规和技术规范，对排污许可证进行自查。

③ 根据本单位的排污许可证要求，制定并落实相关的环境管理制度，安排人员开展排污许可工作的前期准备，包括制度上墙、人员与职责分配、物资采购、工作场所安排等。

④ 安排环境管理档案人员，设置环境档案管理制度，采购环境档案存档设施，将环评报告、环评批复、竣工验收、排污许可等相关环境管理资料进行收集存档。

⑤ 按排污许可证中填报内容与要求，对全厂排放口进行规范化设置，并按排污许可证副本中的排污许可编码对照表，对全厂生产设施、污染防治措施、排放口等进行名称标识和设施编码。

⑥ 按排污许可证中填报内容与要求，设立环境管理台账，落实环境管理台账记录的责任单位和责任人，明确工作职责，并对环境管理台账的真实性、完整性和规范性负责。环境管理台账应真实记录基本信息、生产设施运行管理信息、污染防治措施运行管理信息、监测记录信息及其他环境管理信息等。一般按日或按批次进行记录，异常情况应按次记录。生成纸质版和电子版管理台账，并存档。

⑦ 落实自行监测方案，根据需要安装自动监测设备并联网，或委托第三方检测机构对生产过程中的污染物排放情况进行监测，酒饮料行业重点管理排污单位主要排放口的流量、pH值、化学需氧量、氨氮、总氮、总磷应当安装自动监测设备。安排专（兼）职人员对监测数据进行记录、整理、统计和分析，对监测结果的真实性、准确性、完整性负责。完整的原始记录，有助于还原监测活动开展情况，从而对监测数据真实性、可靠性进行评估。这既是排污单位自证数据质量的需要，也是管理部门检查的需要。

⑧ 按照《排污许可证申请与核发技术规范 酒、饮料制造工业》（HJ 1028—2019）的规定提交年度执行报告与季度执行报告，生成执行报告电子版，并在信息平台上填报、上传和公示，再将信息平台上传成功后的执行报告下载下来，打印后加盖公章，装订成册存档。

酒、饮料制造工业排污单位日常运营过程中，还需要注意：

① 污染防治设施正常运行：排污单位应当遵守排污许可证规定，按要求运行和维护污染防治设施，建立环境管理制度，严格控制污染物排放。

② 排放口规范化：设置规范化的污染物排放口，并设置标志牌，确保排放口的位

置和数量、污染物排放方式和去向与许可证规定相符,排放口设置满足自行监测采样要求,按要求安装自动监测设施,并联网。

③ 台账记录:按要求,开展环境管理台账记录,如实记录相关内容,并按要求进行存档,特别是停产和非正常工况一定要如实记录。

④ 执行报告:按要求,开展执行报告生成,按时按次及时填报执行报告,并提交公示;并按要求进行存档。

⑤ 自行监测:按要求,开展自行监测或自动监测,并保存检测记录,且将检测记录结果上传公示;并按要求进行存档。

⑥ 信息公开:按要求,开展信息公开。

5.3　生态环境主管部门排污许可执法工作主要内容

生态环境主管部门在酒饮料企业排污许可证检查中应重点对排污许可证上载明的基本信息、登记事项、许可事项及相关附件等内容进行检查,重点检查排污单位的基本信息、生产设施、主要产品及产能、原辅材料及燃料、产排污环节、污染防治设施、排放口的信息与实际情况是否相符,自行监测方案是否符合《排污许可证申请与核发技术规范　酒、饮料制造工业》(HJ 1028—2019)和《排污单位自行监测技术指南　酒、饮料制造》(HJ 1085—2020)要求,环境管理台账记录以及执行报告提交频次及内容是否符合《排污许可证申请与核发技术规范　酒、饮料制造工业》(HJ 1028—2019)要求,是否存在需要整改的问题及需要整改问题的整改情况等内容。检查中发现存在需要整改的问题,应及时通知排污单位。对发现在检查过程中存在瞒报或提供虚假信息的排污单位,生态环境主管部门应依法予以处置。

生态环境主管部门采用现场执法检查方式开展执法,首先对酒饮料生产企业现场进行踏勘,了解酒饮料生产和污染防治设施运行情况;然后查阅资料,根据许可证中载明要求开展执法检查。排污许可执法工作内容具体包括:

① 生态环境主管部门须将排污执法纳入年度执法计划,并实施靶向执法,且需在管理信息平台上记录执法检查过程和结果。

② 无证排污行为检查:未取得排污许可证排放污染物的;排污许可证有效期届满未申请延续或者延续申请未经批准排放污染物的;被依法撤销、注销、吊销排污许可证后排放污染物的;依法应重新申请取得排污许可证,未重新申请取得许可证排放污染物的四种行为。

③ 不按证排污行为检查:是否超过许可排放浓度、许可排放量排放污染物;是否篡改或者伪造监测数据;是否以逃避现场检查为目的的临时停产;是否在非紧急情况下开启应急排放通道;是否以不正常运行废水和废气污染防治设施等逃避监管排放废水污染物或废气污染物;是否利用渗井、渗坑、裂隙、溶洞、私设暗管等偷排水污染物。

④ 违反自行监测要求行为检查：是否按照排污许可证规定对大气、水污染物进行监测，并保存原始监测记录；是否按照规定安装水污染物自动监测设备，并进行联网，并保证监测设备正常运行。

⑤ 违反其他管理要求行为检查：是否按规定运行污染防治设施；是否进行排放口规范化设置；是否落实无组织排放控制管理要求；是否开展信息公开；是否建立台账记录；是否提交执行报告。

⑥ 许可排放量检查：对污染物实际年排放量进行核算，并与年许可排放量进行对标，以判定其是否超标。

⑦ 自行监测落实情况检查：自行监测技术、监测频次、监测因子、数据个数是否符合规定；自行监测数据值是否真实、有效、可信。

⑧ 管理台账检查：台账记录是否完整；台账记录频次是否符合许可证规定的要求；台账记录内容与企业实际生产运行情况是否相符。

⑨ 执行报告检查：上传时限、内容、频次是否满足要求；内容是否真实；根据执行报告进行达标结果判定；执行报告所载的自行监测落实情况是否满足许可证规定；信息公开内容是否满足许可证规定；企业运营过程中的超标排放、污染防治设施异常是否上报；排污许可证内容变化、公众举报投诉及环境行政处罚等情况是否上报。

5.4　证后监管主要问题

我国根据《火电、造纸行业排污许可证执法检查工作方案》，开展了两个行业排污许可证执法检查。随后，又相继出台了《关于在京津冀及周边地区、汾渭平原强化监督工作中加强排污许可证执法监管的通知》等多个排污许可监管执法规范性文件，对证后监管作出部署，推动排污许可与行政执法相衔接，但能够实质开展的检查内容主要局限在打击无证排污、查处超标排污、督促企业落实自行监测要求等现行法律法规已明确且有相应罚则的环境管理要求上。持证企业不按证排污、不落实排污许可管理要求的情况普遍存在，企业主体责任未能得到全面有效落实。《排污许可管理条例》出台后，加强了依证监管法律依据，但要推动证后监管落实落地还面临诸多问题。

（1）"全覆盖"有待拓展深化，证后监管基础薄弱

固定污染源排污许可管理"全覆盖"是证后监管的基础和依托。我国于 2020 年底基本完成"全覆盖"工作，但其数量和质量有待进一步提升。

① 排污许可内容暂不满足"一证式"管理目标要求。现阶段排污许可管理"全覆盖"主要针对《固定污染源排污许可分类管理名录》（以下简称《名录》），但现行《名录》的制定有其历史局限性，固体废物、噪声等环境管理要素暂未全面纳入排污许可管理范围。

② 排污许可证内容及其执行情况未达到全面规范要求。核发排污许可证不要求审

批部门必须开展现场检查，仅需对申请材料进行审查，申报内容的真实性由企业负责，在大幅提高核发效率的同时，也给证后监管埋下了隐患。容易出现填报内容与企业实际情况不符的问题，甚至存在许可事项与规定不符的情况，导致企业按证执行脱离实际，生态环境主管部门依证监管基础不牢。

③ 台账记录、执行报告等环境管理要求有待全面落实。核查台账记录、执行报告是依证监管的重要途径，但由于技术指导和制度约束，相关环境管理要求未得到有效落实。

（2）企业缺乏主体责任意识

排污许可证制度改革的核心是提升排污单位的主体责任意识，从而促使排污单位将被动接受排污监管的情况，转变为主动遵守法律规定，有效提升环境监管质量与效率。在申领排污许可证时，部分企业对排污许可认识不足，将排污许可证视为排污的"合格证"，没有认识到排污许可证中对环境管理与执行的具体规范标准，重申领轻落实，按证管理落实不到位。企业自身在环境管理方面缺失主体责任意识，部分企业存在改正或整改问题未按期完成，未按时提交执行报告等现象。甚至有些企业将排污许可工作全权委托三方机构代理，自身完全不了解排污许可证的内容，不知道需要"按证管理"，更不知道如何"按证管理"。

（3）基层环境执法部门依证监管意识和能力不足

环境执法部门前期少有参与排污许可审批，加之基层技术力量不足、未接受系统培训和缺乏相关经验，依证监管意识和能力普遍欠缺。

① 地方环境执法部门对排污许可制在固定污染源监管制度体系中的核心地位普遍认识不足，认为排污许可证较为复杂，依证监管缺乏经验和操作性指导，环境执法思路和形式未发生根本转变。

② 环境执法人员和技术能力不足，部分地方环境执法队伍专业化程度和技术能力难以支撑排污许可精细化管理需求。

③ 依证监管不到位，影响了排污许可证的权威性，导致部分企业持证按证排污意识欠缺，环境执法部门对证后监管重视程度不够，反过来又给依证监管增加了压力，形成了不良循环。

（4）证后监管缺乏系统的操作性指导和规制

排污许可证包括了企业的生产工艺、产排污环节、污染治理设施、污染物种类及许可限值等一系列专业性较强的内容，排污许可依证监管工作技术要求高、管理界面宽、信息量庞杂，但目前缺乏系统配套的管理和技术支撑，依证监管工作难以落实。

① 缺乏相关管理规制，依证监管执法的方式、流程、内容等亟待统一规范。

② 缺乏重点行业依证监管技术指导。不同行业排污许可内容和监管技术要点差异较大，在依证监管基础薄弱、经验不足、行业众多、专业性强等现实条件下，如无操作性技术指导，依证监管难以深入开展。

③ 现有达标判定规定不一致，影响了监管效能。排污许可技术规范与排放标准之

间，以及排放标准本身，都存在对于监测数据合规性判定不一致的情况，如两者均有直接或间接明确废水排放口污染物的排放浓度达标是指任一有效日均值均满足排放浓度限值要求，但在有些排放标准中又有"可以将现场即时采样或监测的结果，作为判断排污行为是否符合排放标准以及实施相关环境保护管理措施的依据"的相关规定，部分行业技术规范还明确了豁免时段，但执行排放标准中并未规定，导致在实际监管中地方环境执法人员在将监测数据用于监督执法时存在困惑和质疑。

（5）依证监管亟需清理诸多历史遗留问题和欠账

在排污许可证核发过程中，暴露出诸多环境管理的历史遗留问题和欠账，迟滞了依托排污许可制改革将排污单位全面纳入法制化、规范化管理的进程。如企业位于禁止建设区域、"未批先建""批建不符"、超总量控制指标排污等问题。为此，《排污许可管理办法（试行）》（以下简称《办法》）第六十一条专门进行了规定，明确可以核发带"改正方案"的排污许可证，将此类存在环境问题的企业纳入监管范围，但其法律效力较弱，地方落实情况不佳。生态环境部后又发布了《关于固定污染源排污限期整改有关事项的通知》，明确排污单位存在"不能达标排放""手续不全"、未按规定安装使用自动监测设备和设置排污口三类情形的不予核发排污许可证，下达排污限期整改通知书。《排污许可管理条例》实施后，将环评手续作为核发排污许可证的前置和必要条件，并明确对《排污许可管理条例》实施前已实际排污，但暂不符合许可条件的单位，下达排污期限整改通知书。虽然清理历史遗留问题的管理要求逐步优化调整，效力层级也得到提升，但因牵扯法律红线、体制机制、民生保障、经济基础等，如何避免"一刀切"，分类妥善清算历史欠账，依然是将排污单位全面纳入管理范围，全面实施依证监管，亟待解决的关键和难点问题。

（6）各项生态环境管理制度未形成有效监管合力

排污许可制改革是固定污染源监管体系的整体变革，但目前各相关环境管理制度的衔接整合滞后，尚未形成监管合力。

① 现阶段排污许可排放限值的确定主要依据污染物排放标准，但部分行业执行的污染物排放标准已难以满足现状条件下排污许可精细化监督管理要求。

② 污染源监督性监测难以支撑依证监管执法，虽然监测部门获取了大量监测数据，但由于缺乏问题和目标导向，监管执法部门需要的数据却又不足，两者协同管理机制尚不健全。

③ 公众参与不深入，排污许可证所载信息量大、专业性强，一般公众难以具备识别企业是否持证按证排污的能力，环保组织虽有一定的技术力量且有参与和提起环境公益诉讼的权利，但缺乏具体机制、详细规制和宣传引导，公众参与排污许可监督的作用未能发挥。

（7）许可证核发与证后监管未实现有效联动

排污许可是贯穿企业生产运行阶段的唯一环境行政许可，要使这项制度真正发挥效力，离不开各部门特别是排污许可证核发与执法部门的密切配合、齐抓共管。遗憾的是，从这项制度改革之初,执法部门就没有过多地参与到顶层思路设计和技术体系构建中。后续的管理文件和技术规范培训也主要是针对许可证核发部门,执法部门的参与度并不高。具体到许可证审核环节,执法部门基本不参与会审工作,更谈不上对许可证中的许可事项和环境管理要求等进行审核。核发部门与执法部门之间衔接不畅、管理脱节,执法部门对企业是否按证排污、是否落实排污许可管理要求未及时采取跟踪检查,"重发证、轻监管"的问题一直没有得到有效解决。

(8)排污许可证信息化监管模式尚未建立

排污许可证是对企业污染排放控制和各项环境管理要求的集成,产排污环节、污染因子、污染治理设施、排放口、排放限值等信息几乎无所不包。由于其内容复杂、要求全面,若执法部门完全对照厚厚的排污许可证文本开展执法,则无形中增加了执法部门监管的压力,这就需要借助现代化的信息化手段优化监管方式。纵观国际和国内先进经验,通过排污许可"一证式"信息化管理,建立固定污染源信息化监管模式,构建数据互通、信息共享的污染源环保大数据平台,是提升环境执法监管水平不可或缺的重要途径。由于平台数据不共享造成"信息孤岛"问题,导致执法人员在利用移动执法系统对企业进行现场检查时,往往对按证排污的执法检查感到无从下手。

(9)排污许可证执法形式不明确,监管和执法难度较大

排污许可证基本涵盖了前端原辅料使用、燃料及有害物质含量,生产工艺、生产设施及治理设施相关参数,排污口数量、排放浓度和排放量,无组织排放控制,自行监测,台账记录等要求,规定事项非常多,涉及面广。执法人员通常只会对行为做出判断,例如是否有治理设施,治理设施是否运行,是否有台账记录,监测频次是否正确,排污口数量是否匹配等;对于生产工艺,污染治理设施,排放水平、污染治理设施运行参数,药剂投加/耗材更换,排放水平,台账记录,自行监测等行为之间的关联性、逻辑性等较难作出量化监管和执法。

5.5　自行监测监管技术要求

5.5.1　检查内容

我国相关法律法规中明确要求排污单位对自身排污状况开展监测,排污单位开展排污状况自行监测是法定的责任和义务。《中华人民共和国环境保护法》第四十二条明确提出"重点排污单位应当按照国家有关规定和监测规范安装使用监测设备,保证监测设备正常运行,保存原始监测记录";第五十五条要求"重点排污单位应当如实向社会公开其主要污染物的名称、排放方式、排放浓度和总量、超标排放情况,以及防治污染设施的建设和运行情况,接受社会监督",规定了地区重点排污单位自行监测的法定义务。

排污单位开展自行监测具有充分的法律依据,《中华人民共和国水污染防治法》第二十三条和《中华人民共和国大气污染防治法》第二十四条都要求取得排污许可证的排污单位开展自行监测，并保存原始记录。

《排污许可管理条例》第十九条规定，排污单位应当依法开展自行监测，并保存原始监测记录。并对未按要求开展自行监测的排污单位设定了 2 万元以上 20 万元以下的罚款处罚。

生态环境部 2020 年 1 月正式发布了《排污单位自行监测技术指南　酒、饮料制造》（HJ 1085—2020），该标准规定了酒、饮料制造排污单位自行监测的一般要求、监测方案制定、信息记录和报告的基本内容和要求。酒、饮料制造排污单位应当根据《排污单位自行监测技术指南　酒、饮料制造》（HJ 1085—2020）相关要求，对其排放的水、气污染物，噪声及其周边环境质量开展监测。

自行监测证后监管检查内容主要包括对自行监测方案、自行监测开展情况和信息公开情况的检查。

（1）自行监测方案检查重点

自行监测方案应从方案制定的全面性、准确性方面开展检查，包括是否制定自测方案，方案是否涵盖企业基本情况、监测点位示意图等必要信息，是否根据《排污单位自行监测技术指南　酒、饮料制造》（HJ 1085—2020）设置监测点位、监测项目、监测频次，执行标准是否正确，相关的监测方法是否满足国家要求，质量控制手段是否设置全面、合理等。排污单位可委托环境咨询机构或自行开展方案编制，若自行监测委托监测机构开展，应同时征求监测机构意见，补充监测计划、监测质控方案等内容。

（2）自行监测开展情况检查重点

自行监测方案编制完成后，排污单位应严格按照方案计划和要求，及时全面地开展监测。对于排污单位自行监测情况开展检查时应从以下 3 个方面入手。

1）基本情况　包括是否按照方案内容，全点位、全频次、全项目的开展监测，监测点位或断面设置是否合理，有无规范化标识等。

2）手工监测情况　手工监测分为排污单位自行开展和委托监测公司开展两种情况。部分排污单位具备监测分析能力，依托排污单位内实验中心开展自测，应重点检查监测分析人员及实验资质、相关记录填写和保存、质控手段设置等方面，如参与监测分析人员是否经过培训并取得相关资质，是否熟知分析要点，实验室是否经过资质认证，实验设备、仪器能否满足分析要求、是否定期校准，药剂、溶液等是否合格或定期更换，采样记录是否填写准确、完整，是否有完备的样品交接和分析记录，是否有完整的质控手段等。对于委托监测，应重点检查监测机构出具的监测报告，监测报告是否有资质认证标识，检验检疫专用章，是否经过三审，报告中能否体现分析方法、分析仪器的名称及型号、采样时间、样品状态等必要信息，必要时应赴检测公司开展检查，溯源数据。

3）自动监测情况　利用自动监测设备开展监测是排污单位实现自行监测的重要手段，排污单位应按照《中华人民共和国环境保护法》、指南及当地环保部门的要求安装自动监测设备并保证仪器的正常、有效运行。检查重点包括自动监测设备的安装位置是否合理，监测采样地点设置是否合适、是否满足监测要求，仪器是否按要求进行维护和校准、相关记录是否完备，标准试剂（标准气体、标准溶液）是否有效、标有时限和配置时间，仪器内置参数是否与验收报告一致，量程设置是否合理，是否存在数据造假或其他人为干预数据代表性的行为等。

（3）信息公开情况检查重点

排污单位自行监测信息公开内容及方式应按照《企业环境信息依法披露管理办法》（生态环境部令第 24 号）及《国家重点监控企业自行监测及信息公开办法（试行）》（环发〔2013〕81 号）执行。在实际工作中，应从信息公开的全面性、准确性、及时性、完整性等方面开展检查。

1）全面性　公开内容应包括排污单位基本情况，即排污单位名称、法人代表、所属行业、地理位置、生产周期、生产经营和管理服务的主要内容、产品及规模、联系方式、委托监测机构名称等；自行监测方案，包括监测点位、项目、频次等所有内容；自行监测结果，全部监测点位、监测时间、污染物种类及浓度、标准限值、达标情况、超标倍数、污染物排放方式及排放去向等；未开展自行监测的原因；污染源监测年度报告或应急报告。

2）准确性　在检查中应将已公开的信息与监测报告核对，包括污染物的排放浓度、废水流量、废气参数等与报告或原始记录是否一致，监测点位是否与实际情况一致。

3）及时性　应注重监测及相关信息公开的及时性，监测报告应于监测完成后 5d 内出具，手工监测结果应于每次监测完成后次日公开，检查中应核对监测时间、报告出具时间和相关信息公开时间之间是否存在较大差距，注重公开的时效性。

4）完整性　监测结果公开的完整性包括全部监测点位、监测时间、污染物种类及浓度、标准限值、达标情况、超标倍数；污染物排放方式及排放去向、未开展自行监测的原因、污染源监测年度报告等。

根据《关于印发〈2020 年排污单位自行监测帮扶指导方案〉的通知》（环办监测函〔2020〕388 号）相关要求，排污单位自行监测现场评估部分内容如表 5-1 所列。

表 5-1　排污单位自行监测现场评估部分内容

序号	分项内容	单项内容
1	监测方案制定情况	1. 监测方案的内容是否完整：包括单位基本情况、监测点位及示意图、监测指标、执行标准及其限值、监测频次、采样和样品保存方法、监测分析方法和仪器、质量保证与质量控制
		2. 监测点位及示意图是否完整
		3. 监测点位数量是否满足自行监测要求
		4. 监测指标是否满足自行监测的要求
		5. 监测频次是否满足自行监测的要求
		6. 执行的排放标准是否正确
		7. 样品采样和保存方法选择是否合理
		8. 监测分析方法选择是否合理

序号	分项内容	单项内容	
1	监测方案制定情况	9. 监测仪器设备（含辅助设备）选择是否合理	
		10. 是否有相应的质控措施（包括空白样、平行样、加标回收或质控样、仪器校准等）	
2	自行监测开展情况	基础考核	1. 排污口是否进行规范化整治、是否设置规范化标识，监测断面及点位设置是否符合相应监测规范要求
			2. 是否对所有监测点位开展监测
			3. 是否对所有监测指标开展监测
			4. 监测频次是否满足要求
		委托手工监测	1. 检测机构的能力项能否满足自行监测指标的要求
			2. 排污单位是否能提供具有 CMA 资质印章的监测报告
			3. 报告质量是否符合要求
			4. 采用的监测分析方法是否符合要求
		排污单位手工自测	1. 采用的监测分析方法是否符合要求
			2. 监测人员是否具有相应能力（如技术培训考核等自认定支撑材料），是否具备开展自行监测相匹配的采样、分析及质控人员
			3. 实验室设施是否能满足分析基本要求，实验室环境是否满足方法标准要求；是否存在测试区域监测项目相互干扰的情况
			4. 仪器设备档案是否齐全，记录内容是否准确、完整；是否张贴唯一性编号和明确的状态标识；是否存在使用检定期已过期设备的情况
			5. 是否能提供仪器校验/校准记录；校验/校准是否规范，记录内容是否准确、完整
			6. 是否能提供原始采样记录；采样记录内容是否准确、完整，是否至少 2 人共同采样和签字；采样时间和频次是否符合规范要求
			7. 是否能提供样品分析原始记录；对原始记录的规范性、完整性、逻辑性进行审核
			8. 是否能提供质控措施记录；记录是否齐全，记录内容是否准确、完整
		废水自动监测	1. 自动监测设备的安装是否规范：是否符合《水污染源在线监测系统（COD_{Cr}、$NH_3\text{-}N$ 等）安装技术规范》（HJ 353—2019）等的规定，采样管线长度应不超过 50m，流量计是否校准
			2. 水质自动采样单元是否符合《水污染源在线监测系统（COD_{Cr}、$NH_3\text{-}N$ 等）安装技术规范》（HJ 353—2019）等规范要求，应具有采集瞬时水样、混合水样、混匀及暂存水样、自动润洗、排空混匀桶及留样功能等
			3. 监测站房应不小于 $15m^2$，监测站房应做到专室专用，监测站房内应有合格的给、排水设施，监测站房应有空调和冬季采暖设备、温度计、湿度计、灭火设备等
			4. 设备使用和维护保养记录是否齐全，记录内容是否完整
			5. 是否定期进行巡检并做好相关记录，记录内容是否完整
			6. 是否定期进行校准、校验并做好相关记录，记录内容是否完整，核对校验记录结果和现场端数据库中记录是否一致
			7. 标准物质和易耗品是否满足日常运维要求，是否定期更换、在有效期内，并做好相关记录，记录内容是否清晰、完整
			8. 设备故障状况及处理是否做好相关记录，记录内容是否清晰、完整

序号	分项内容		单项内容
2	自行监测开展情况	废水自动监测	9．对缺失、异常数据是否及时记录，记录内容是否完整
			10．核对标准曲线系数、消解温度和时间等仪器设置参数是否与验收调试报告一致
		废气自动监测	1．自动监测设备的安装是否规范：是否符合《固定污染源烟气（SO_2、NO_x、颗粒物）排放连续监测技术规范》（HJ 75—2017）的规定，采样管线长度原则上不超过 70m，不得有"U"形管路存在
			2．自动监测点位设置是否符合《固定污染源烟气（SO_2、NO_x、颗粒物）排放连续监测技术规范》（HJ 75—2017）等规范要求，手工监测采样点是否与自动监测设备采样探头的安装位置吻合
			3．监测站房是否满足要求，是否有空调、温湿度计、灭火设备、稳压电源、UPS 电源等，监测站房应配备不同浓度的有证标准气体，且在有效期内，标准气体一般包含零气和自动监测设备测量的各种气体（SO_2、NO_x、O_2）的量程标气
			4．设备使用和维护保养记录是否齐全，记录内容是否完整
			5．是否定期进行巡检并做好相关记录，记录内容是否完整
			6．是否定期进行校准、校验并做好相关记录，记录内容是否完整，核对校验记录结果和现场端数据库中记录是否一致
			7．标准物质和易耗品是否满足日常运维要求，是否定期更换、在有效期内，并做好相关记录，记录内容是否清晰、完整
			8．设备故障状况及处理是否做好相关记录，记录内容是否清晰、完整
			9．对缺失、异常数据是否及时记录，记录内容是否完整
			10．自动监测设备伴热管线设置温度、冷凝器设置温度、皮托管系数、速度场系数、颗粒物回归方程等仪器设置参数是否与验收调试报告一致，量程设置是否合理
3	信息公开情况		1．自行监测信息是否按要求公开（自行监测方案、自行监测结果等）
			2．公开的排污单位基本信息是否与实际情况一致
			3．公开的监测结果是否与监测报告（原始记录）一致
			4．监测结果公开是否及时
			5．监测结果公开是否完整（包括全部监测点位、监测时间、污染物种类及浓度、标准限值、达标情况、超标倍数，污染物排放方式及排放去向、未开展自行监测的原因、污染源监测年度报告等）

5.5.2　检查方法

自行监测证后监管检查的方法可以分为基于数据分析的监督检查和基于现场检查的监督检查。

（1）基于数据分析的监督检查

基于数据分析的监督检查是针对监测结果的监督检查，是检查排污单位报送的监测数据是否合理的主要手段。这类监督检查通过分析监测数据，及时识别异常数据并报警，从而可以初步判定监测数据的有效性，为排污单位现场检查提供线索。这类检查可以连续开展，从而对排污单位形成持续的压力，且成本较低，可操作性强，但往往不够确定，只能发现疑似问题，最终还需要排污单位补充信息或者现场核查才能够确定。

基于数据分析的监督检查包括数据标识判别、单源数据分析、多源数据分析等。

1）数据标识判别

数据标识判别的目的是检查数据报送过程中是否存在低级错误或者仪器故障，同时检查监测技术规范、监测方法、结果评价等对监测数据属性的要求是否得到正确标识，这是数据统计分析的基础。

首先，检查数据的逻辑合理性，对明显不符合逻辑判断的数据进行标识。例如，治理设施出口浓度明显高于治理设施进口浓度等。

其次，检查数据是否符合经验判断，对明显偏离经验范围的进行重点检查核实。例如，单位产品排水量、常规治理工艺处理水平与监测结果的匹配性等。

2）单源数据分析

单源数据分析是指针对具体排放源排放数据的统计分析，可判断具体排放源数据与外部数据的相关性和趋势偏离状况，单源数据分析是多源数据分析的基础。

分析自行监测数据排放水平与执法监测情况是否匹配，与治理设施运行监督检查发现的问题是否相符。

同一排放源不同指标间往往存在一定关联关系，可通过不同指标间的关联关系分析对数据进行检查。

在污染治理设施未发生明显改变的前提下，一般来说，监测数据的统计学指标不应当发生显著变化，若发生变化，则有必要对数据和实际情况进行核实。

3）多源数据分析

多源数据分析是以单源数据分析为基础，用所有同类源作为该类源排放的平均水平，分析某个源在同类源中所处位置，对处于较高或较低排放水平的源进行重点关注。以第 5 和第 95 百分位数排污单位的监测数据的第 5 和第 95 百分位数作为界限，对处于该范围之外的排污单位视为数据存疑，重点进行检查核实。

（2）基于现场检查的监督检查

基于现场检查的监督检查是针对监测活动开展的监督检查，是检查排污单位监测活动开展真实性、规范性的手段。这类监督检查与基于数据分析的监督检查相比，检查可以更加全面，检查结果更加确定，但是检查成本较高，频次不宜过高。

自行监测现场监督检查涵盖内容多而杂，应重点检查活动实施、监测仪器设备、质控方案、现场操作等几个方面的内容。

1）监测方案

对照排污单位实际排污状况和自行监测方案，检查排污单位是否依照相应的自行监测技术指南和管理规定合理设计监测方案，是否存在点位、指标的遗漏状况，监测频次设置是否合理。

2）监测活动实施

与针对省、市监测机构的监测不同，通过检查是否有开展相应监测项目的监测场地

（实验室）、监测人员、仪器设备，监测人员是否具备开展相应监测项目的能力，具体监测仪器是否有使用痕迹，分析测试所需的试剂和耗材购买单据与监测活动的开展是否匹配，对排污单位是否真实开展了所报送监测数据的监测活动进行判断。

3）监测仪器设备

监测仪器设备是监测数据质量保证的基础，根据实际调研情况，排污单位对监测仪器设备的认识相对不足，购买非专业或不符合要求的仪器设备开展监测的可能性较大，应对监测仪器设备进行专门监督检查。检查仪器设备是否通过适用性检测、是否定期到计量部门检定、是否按照仪器设备维护说明书进行维护。对于自动监测设备，除检查仪器设备外，还应重点对相关干扰因素是否消除进行检查。

4）质量控制方案

检查排污单位是否按照该单位监测项目要求建立质量控制体系，是否按照监测技术规范和具体的方法要求开展质量保证与质量控制措施。

5）现场操作规范性

现场操作是否规范可参照国控重点污染源监测质量核查办法中的方法，对排污单位相应监测人员进行现场操作检查和质控样考核，以判断排污单位监测人员现场监测规范性和监测能力。

6）监测结果可比性

监测结果可比性可参照国控重点污染源监测质量核查办法中同步比对监测的方法开展，用于检查是否存在系统性的差异。

5.5.3　存在问题

随着排污许可工作的深入开展和配套技术标准的逐步完善，排污单位越来越认识到自行监测工作的重要性，排污单位的自行监测工作也在逐步规范，但是在自行监测方面仍存在以下几方面问题：

（1）自行监测方案不完整、不规范

排污单位开展自行监测的首要步骤是制定自行监测方案，全面、准确的监测方案是自行监测的根本保证。目前部分排污单位自行监测方案存在内容不完整、不规范的问题。排污单位的基本信息填写错误，方案中缺少环评批复、排污许可证等重要信息。排污单位存在监测方案内容简单、监测项目及频次与排污许可要求不一致、质控措施流于形式等问题。方案中各监测项目的监测方法、监测仪器设备等信息与检测报告不一致，监测分析方法选择不合理，未采用国家或行业标准分析方法。个别排污单位自有监测能力不足，但未委托监测机构开展监测，监测内容严重缺失，不能满足管理要求，削弱了自行监测的作用。

（2）自行监测开展过程不规范

目前，排污单位开展监测主要通过手工监测与自动监测的方式。自动监测是指通过企业安装自动监测设备对各污染物进行实时监测，排污单位必须确保自动监测设备能够正常运行，定期进行比对，确保数据的有效性。自动监测主要存在以下问题：

① 异常数据未及时记录、记录内容不完整；

② 缺乏设备故障状况及处理相关记录。

手工监测又分为排污单位自行开展监测和委托社会化检测机构检测。排污单位自行开展手工监测存在的问题包括：

① 所使用的分析仪器性能不符合要求、未经检定（校准），更没有开展仪器期间核查；

② 仪器设备档案不齐全，未张贴唯一性编号和明确的状态标识，存在使用鉴定期已过期设备的情况；

③ 监测人员未经培训直接上岗，未制定作业指导书，使用过程中未遵守仪器操作技术规范；

④ 采样监测全过程仅一人参与，未对原始记录的规范性、完整性、逻辑性进行审核，监测结果溯源性差；

⑤ 采样记录、交接记录、分析记录等不规范、不完整；

⑥ 质控措施记录内容不准确、不完整等。

委托社会化检测机构开展自行监测存在的问题主要有：

① 与社会化检测机构签订协议时未开展检测机构检测能力评估工作，导致自行监测工作因检测机构的原因无法按时保质保量完成。一些社会化检测机构个别项目无检测资质，企业未尽审核义务就签订合同，导致个别项目出具报告时偷换概念。

② 检测报告内容与自行监测方案不一致，监测点位、监测指标及监测频次等不符合自行监测方案的要求。

③ 检测机构出具的检测报告中缺少质控检测数据，检测公司原始检测记录不完整、不规范。

（3）监测信息公开不到位

信息公开是保障社会对排污单位开展自行监测的重要监督方式。《国家重点监控企业自行监测及信息公开办法（试行）》要求，企业应通过网站、电视等公众知晓的方式公开自行监测信息，同时应按照环境保护主管部门的要求，在省级信息平台公开自行监测信息。部分废水排污单位主体意识不强，对信息公开工作认识不到位，未在监测方案中明确信息公开方式及时限要求，信息公开工作随意性较大。存在自行监测方案、监测年报不公开，监测数据公开不及时，公开项目不完整，公开数据与监测报告不符等问题。

排污单位在自行监测方面存在这些问题，主要由以下原因造成：

（1）排污单位思想认识不到位，主动性不强

排污单位主体意识不强，对自行监测认识不足，认为监测应该是环境管理部门的职责，混淆监督性监测与自行监测概念，思想意识转变不够，存在办理排污许可证就可一劳永逸的想法。另外，由于对排污单位监测技术规范了解有限，各监测点的监测过程缺乏科学合理性，各企业的资金投入不足，人员业务能力水平有限，对自行监测信息公开系统操作也不够熟练，不能及时将监测数据公开至自行监测信息平台。

（2）排污单位不愿意为自行监测投入资金

开展自行监测需委托社会化检测机构或自行配备专业人员、监测设备、实验场地，还有消耗品、仪器设备等。这部分支出并不产生经济效益，对一些生存尚且困难的小微企业来说是一笔不小的花费。企业为追求利润最大化，相应地减少了资金投入。

（3）检测机构缺乏管理，存在一些问题

检测机构专业的检测技术人员队伍及专业的仪器设备，决定了自行监测数据的准确性、可靠性。目前检测机构水平不一，参差不齐，由于监督力度不足与市场不规范，部分检测机构依法检测意识欠缺，为了盈利，未按照相关监测技术规范进行现场检测，违规违法操作。有些检测机构在不具备资质，未取得资质认定证书的情况下开展检测工作；有些存在超出资质和认证范围开展检测活动，对未持证项目出具检测报告；有些检测机构技术人员水平不足，未经过严格的培训和上岗考核，即从事监测任务，由于缺乏系统训练，导致出具的检测数据准确性降低。

（4）排污单位属地监管部门的监管力度不够

目前，生态环境主管部门对排污单位监管的重点为现场监督检查，对自行监测的监管不够重视。虽然重点排污单位需要将自行监测方案及监测结果在指定网站上公布，但生态环境主管部门对自行监测监管仅局限于信息公开的完整性与及时性，不能对监测数据准确性进行有效监督。

5.5.4　《关于进一步加强固定污染源监测监督管理的通知》相关要求

为进一步落实排污许可管理要求，完善固定污染源监测监督管理体系，加快推动解决当前固定污染源监测监督管理工作中掣肘问题，生态环境部印发了《关于进一步加强固定污染源监测监督管理的通知》（环办监测〔2023〕5 号）。通知共包括四部分、八条款。

（1）总体要求

明确提出到 2023 年年底，排污许可日常管理、环境监测、环境执法有效联动，以排污许可制为核心的固定污染源监测监督管理机制基本形成。到 2025 年年底，固定污染源监测监督管理机制顺畅高效，排污单位自行监测规范性显著增强，执法监测能力明显提升。

（2）加强排污单位自行监测监管

从落实自行监测监管责任、推动自动监测设备规范运行、健全部门联动机制三方面提出明确要求。

落实自行监测监管责任方面，总体上要求督促持证排污单位按照排污许可证要求，规范开展自行监测，于监测工作完成后 5 个工作日内如实公开自行监测信息。

推动自动监测设备规范运行方面，要求生态环境部门督促重点排污单位、实行排污许可重点管理的排污单位，依法依规安装运维自动监测设备，并与生态环境部门联网。排污单位发现传输数据异常时，第一时间以数据标记方式向生态环境部门报告，并及时检查修复。健全部门联动机制方面，要求强化排污许可管理、环境监测、环境执法联动，形成管理闭环。

（3）优化执法监测管理机制

从压实生态环境部门执法监测责任、强化环境监测和执法联动两方面提出明确要求。

压实生态环境部门执法监测责任方面，环境执法部门委托开展执法监测，对监测同步证据收集和监测数据使用合规性负责，监测机构对监测数据的真实性和准确性负责。执法监测任务应选择有资质、能力强、信用好的监测机构承担，不得委托承担同一排污单位自行监测的监测机构开展执法监测。生态环境部完善执法监测相关制度和标准。省级生态环境部门统筹本行政区域内执法监测工作的组织实施，加强对执法监测的质量监督检查。市级生态环境部门合理规划本行政区域内监测能力发展布局，因地制宜建立区域站、特色站，强化便携、智能化现场监测设备配置，提升执法监测能力；监测能力不足的，可委托驻市生态环境监测机构或者社会环境监测机构承担执法监测任务。

强化环境监测和执法联动方面，明确提出执法监测是支撑生态环境执法工作的重要手段，应严格按照法定程序开展。各地要健全环境监测与执法联动机制，厘清职责，明确工作程序和要求，建立生态环境执法、监测机构联合行动、联合培训等机制。加强省驻市监测机构对所在市执法工作的支持，探索适合省以下生态环境机构监测执法垂直管理模式的县区级"局队站合一"运行方式。鼓励地方制定环境监测与执法联动相关管理制度。

（4）强化支撑保障

从加强平台建设、强化队伍建设、鼓励公众参与三方面提出明确要求。

1）加强平台建设方面

督促持证排污单位在全国排污许可证管理信息平台公开自行监测的手工监测数据，相关信息各级生态环境部门共享；逐步推动在全国排污许可证管理信息平台公开重点单位自动监测数据。各级生态环境部门不得要求排污单位重复填报信息。推动大数据、人工智能等新技术，应用于自行监测数据校核、综合分析，提升自行监测数据质量和管理效能。

2）强化队伍建设方面

生态环境部建立专家委员会，指导全国固定污染源监测工作，加大培训教材的编制力度，2023 年年底前完成 45 个自行监测技术指南配套教材编制。各级生态环境部门加强地方特征行业现场监测、自行监测检查专业技术人才培养，强化管理部门、监测机构、排污单位管理与技术人员的培训，综合运用案例解析、现场教学等方式提升培训实效，每年至少组织一期固定污染源监测培训。

3）鼓励公众参与方面

充分发挥行业协会、非政府组织等社会团体和公众，在排污单位自行监测开展、信息公开等方面的监督作用。各级生态环境部门要搭建公众参与和沟通平台，拓宽意见交流和投诉渠道，对公众反映的自行监测等生态环境问题，积极调查处理并反馈信息。

5.6 执行报告监管技术要求

5.6.1 检查内容

排污许可证持证企业，需要按时提交执行报告。酒、饮料排污单位年度执行报告内容应包括排污单位基本情况、污染防治设施运行情况、自行监测执行情况、环境管理台账执行情况、实际排放情况及合规判定分析、信息公开情况、排污单位内部环境管理体系建设与运行情况、其他排污许可证规定的内容执行情况、其他需要说明的问题、结论等。对于排污单位信息有变化和违证排污等情形应分析与排污许可证内容的差异，并说明原因。

酒、饮料排污单位应对提交的排污许可证执行报告中各项内容和数据的真实性、有效性负责，并自愿承担相应法律责任；应自觉接受环境保护主管部门监管和社会公众监督，如提交的内容和数据与实际情况不符，应积极配合调查，并依法接受处罚。

（1）排污单位基本情况

① 说明排污许可证执行情况，包括排污单位基本信息、产排污节点、污染物及污染防治设施、环境管理要求等。

② 按照生产单元或主要工艺，分析排污单位的生产状况，说明平均生产负荷、原辅料及燃料使用等情况；说明取水及排水情况；对于报告期内有污染防治投资的，还应说明防治设施建成运行时间、计划总投资、报告周期内累计完成投资等。

③ 说明排放口规范性整改情况（如有）。

④ 新（改、扩）建项目环境影响评价及其批复、竣工环境保护验收等情况。

⑤ 其他需要说明的情况，包括排污许可证变更情况，以及执行过程中遇到的困难、问题等。

（2）污染防治设施运行情况

① 正常情况说明。分别说明废水、废气等污染防治设施的运行时间、处理效率、药剂添加、运行费用等情况，以及防治设施运行维护情况。

② 异常情况说明。排污单位拆除、停运污染防治设施，应说明实施拆除、停运的原因、起止日期等情况，并提供环境保护主管部门同意文件；因故障等紧急情况停运污染防治设施，或污染防治设施运行异常的，排污单位应说明故障原因、废水废气等污染物排放情况、报告提交情况及采取的应急措施。

③ 如发生污染事故，排污单位应说明发生事故次数、事故等级、事故发生时采取的措施、污染物排放、处理情况等信息。

（3）自行监测执行情况

① 说明自行监测要求执行情况，并附监测布点图。

② 对于自动监测，说明是否满足 HJ 353、HJ 354、HJ 355、HJ 356、HJ/T 373、HJ 477 等相关规范要求。说明自动监测系统发生故障时，向生态环境主管部门提交补充监测和事故分析报告的情况。

③ 对于手工监测，说明是否满足 GB/T 16157、HJ/T 55、HJ/T 91、HJ/T 373、HJ/T 397 等相关标准与规范要求。

④ 对于非正常工况，说明废气有效监测数据数量、监测结果等。

⑤ 对于特殊时段，说明废气有效监测数据数量、监测结果等。

⑥ 对于有周边环境质量监测要求的，说明监测点位、指标、时间、频次、有效监测数据数量、监测结果等内容，并附监测布点图。

⑦ 对于未开展自行监测、自行监测方案与排污许可证要求不符、监测数据无效等情形，说明原因及措施。

（4）环境管理台账执行情况

说明是否按排污许可证要求记录环境管理台账的情况。

（5）实际排放情况及合规判定分析

① 以自行监测数据为基础，说明各排放口的实际排放浓度范围、有效数据数量等内容。

② 按照《排污许可证申请与核发技术规范　酒、饮料制造工业》（HJ 1028—2019），核算排污单位实际排放量，给出计算方法、所用的参数依据来源和计算过程，并与许可排放量进行对比分析。

③ 对于非正常工况，说明发生的原因、次数、起止时间、防治措施等。

④ 对于特殊时段，说明各污染物的排放浓度及达标情况等。

⑤ 对于废气污染物超标排放，应逐时说明；对于废水污染物超标排放，应逐日说明；说明内容包括排放口、污染物、超标时段、实际排放浓度、超标原因等，以及向生态环境主管部门报告及接受处罚的情况。

（6）信息公开情况

说明信息公开方式、时间节点、公开内容。

（7）排污单位内部环境管理体系建设与运行情况

① 说明环境管理机构及人员设置情况、环境管理制度建立情况、排污单位环境保护规划、环保措施整改计划等。

② 说明环境管理体系的实施、相关责任的落实情况。

（8）其他排污许可证规定的内容执行情况

说明排污许可证中规定的其他内容执行情况。

（9）其他需要说明的问题

对于违证排污的情况，提出相应整改计划。

（10）结论

总结排污单位在报告周期内排污许可证执行情况，说明执行过程中存在的问题，以及下一步需进行整改的内容。

生态环境主管部门核查执行报告，应重点核查执行报告的上报内容、报送频次、时限是否满足排污许可证要求。酒、饮料排污单位执行报告的编制应符合《排污许可证申请与核发技术规范 酒、饮料制造工业》（HJ 1028—2019）和《排污单位环境管理台账及排污许可证执行报告技术规范 总则（试行）》（HJ 944—2018）的要求。结合环境管理台账记录、监测数据以及其他监控手段等，核查执行报告的真实性，判定是否符合许可排放浓度和许可排放量，是否落实自行监测、信息公开等环境管理要求，同时重点关注排污单位是否报告了超标排放或污染防治设施异常情况、竣工环境保护验收情况、排污许可证内容变化、公众举报投诉及环境行政处罚的处理情况等内容。对于在执行报告检查中发现排污单位存在实际执行情况与环境管理台账、执行报告内容等不一致的，生态环境主管部门应责令排污单位作出说明。对于未能提供相关说明且无法提供自行监测原始记录的应依法予以处置。对于有违规记录的排污单位，应提高检查频次，并纳入排污单位环保信用信息中。

5.6.2 检查方法

执行报告证后监管检查的方法可以分为在线查阅排污单位执行报告文件和现场检查排污单位执行报告文件。

（1）在线查阅排污单位执行报告文件

通过全国排污许可证管理信息平台在线查阅排污单位执行报告文件，检查排污单位执行报告上报时间、频次是否符合要求，执行报告内容填报是否完整、是否有遗漏，排污单位基本情况、污染防治设施运行情况、自行监测执行情况、环境管理台账执行情况、实际排放情况及合规判定分析、信息公开情况、排污单位内部环境管理体系建设与运行情况、其他排污许可证规定的内容执行情况、其他需要说明的问题、结论等内容的真实性和准确性。

（2）现场检查排污单位执行报告文件

现场检查排污单位执行报告文件是检查排污单位执行报告开展真实性、规范性的手段。可以现场核实执行报告中所填报信息与排污单位实际情况的一致性，但是检查成本较高，频次不宜过高。

5.6.3 问题及建议

在排污许可证执行报告方面目前还存在以下问题：

（1）企业重视程度不够

部分企业对排污许可执行报告的填报工作重视不够，企业申领完排污许可证后，就认为许可证相关工作已经完成，缺乏依证排污意识，没有按排污许可证要求开展自行监测、记录、执行报告等方面工作。然而，申领到排污许可证只是第一步，后期证后监管的环节也至关重要。企业轻视了执行报告填报的重要性，填报过程中缺乏主动性和积极性，执行报告填报频次低于要求，不能及时提交执行报告。

（2）填报质量参差不齐

排污单位提交的执行报告填报不符合环境管理要求，各个模块的内容都有不同程度的缺失，执行报告填报的基本信息、设施运行、执行限值等内容填报不完整。部分排污单位出现主要污染物超标排放情况，但执行报告中均未填写超标排放信息及异常情况，企业未能满足依证排污的要求。

（3）监管力度不足

证后监管重视不够，处罚依据尚不健全。对于已核发排污许可证企业证后监管力度不足，缺乏持续有效的监管。对于企业未能及时提交执行报告及报告内容填写不规范等情况，基层监督部门督促其整改后，未能及时再次复核。同时，执行报告上载明的超标排放情况缺乏有效的处罚依据，降低了排污许可对企业的约束。

有些地方没有将排污许可证执法纳入执法计划，有些基层部门技术力量薄弱，有些工作人员对政策、规范掌握不够，理解不透，一定程度上影响了依证执法、按证监管工作的顺利开展。

（4）宣传力度不够

排污许可证核发工作难度大、任务重，生态环境主管部门往往重视前期的核发工作，而忽视证后监管，缺少证后监管填报的相关培训，以及向企业宣传执行报告等证后监管重要性方面尚有不足，间接导致部分企业误认为拿到许可证即可，缺乏依证排污的法律意识，出现执行报告未按要求填报等情况。

针对排污许可证执行报告以上问题，建议：

1）优化执行报告填报模式

减少月报、季报及年报中重复填报的部分，充分利用智能化的技术手段，在填报平台中将需重复填写的内容自动导入，可极大地提高企业填报效率，减轻企业负担。同时，精简企业执行报告的填报内容，提高执行报告填报的可操作性。

2）强化证后监管

定期开展执行报告"回头看""双随机"等检查工作，生态环境主管部门对企业填写情况进行复核，及时发现执行报告等证后监管环节中存在的问题，及时通知企业进行整改，对于超总量排放的企业应依法予以处罚。对于多次违法违规的企业，纳入重点管理企业清单，加大检查频次，确保企业按证排污，有效解决"重发证、轻监管"的问题，将排污许可证后监管工作落到实处。

3）加强专业队伍建设

构建排污许可证后监管人才体系，培养综合型、专业型技术执法队伍，定期开展执行报告证后监管专项培训，提升执法人员专业技能和核查能力，更精准地发现存在的问题，提高执法效率，为证后监管奠定基础。同时，定期为企业开展培训，普及环保知识，让企业及时了解相关环保规范和政策，以利于排污许可工作的推进。

4）建立信息化管理方式

创新监管模式，充分利用人工智能等技术手段提高监管效能。建立联动的环保数据管理体系，将多平台数据联通，不断整合完善，实现排污许可、环境统计、在线监测等数据共享，充分利用大数据，全方位地获取企业的污染物排放情况。

5.7 环境管理台账监管技术要求

5.7.1 检查内容

根据排污许可台账管理要求，企业需建立完善的台账内容，以记录生产的详细情况，而企业本身已建立多类台账，不可避免出现重复情况，这就需要合理规范台账记录，该合并的合并，该简化的简化，使得日常台账记录既满足生产需要，又达到排污许可管理要求。其中，要强调的是异常情况的记录台账，包括生产异常、污染物排放异常，必须建立合理的台账记录，说明异常原因、采取措施等内容。

环境管理台账档案分为静态管理档案和动态管理档案。静态管理档案包括企业基本信息、各类审批许可证件、环评和"三同时"设计验收报告、环保设备设施验收报告、固体废物收销合同和处置材料、清洁生产审核报告及专家评估验收意见；各类废水管道走向平面图；突发环境事件应急预案等其他相关批复文件等。动态管理档案包括：污染防治设施运维管理台账；原辅材料管理台账；在线监测（监控）系统运维记录；环境监测报告；排污许可证执行报告；危险废物管理现存和处理台账及转移联单；环境执法记录和行政命令、行政处罚、限期整改等相关文书及相关整改凭证等。

企业环境管理台账档案部分清单如表 5-2 所列。

表 5-2 企业环境管理台账档案部分清单

档案类型	文件资料
静态管理档案	1. 企业营业执照复印件 2. 法人机构代码证、法人代表、环保负责人、污染防治设施运营主管等的身份证及工作证复印件 3. 环保审批文件 4. 排污许可证 5. 污染防治设施设计及验收文件 6. 环保验收监测报告

档案类型	文件资料
静态管理档案	7．在线监测（监控）设备验收意见 8．工业固废及危险废物收运合同 9．危险废物转移审批表 10．清洁生产审核报告及专家评估验收意见 11．排污口规范化登记表 12．生产废水、生活污水、回用水、清下水管道和生产废水、生活污水、清下水排放口平面图 13．固定污染源排污登记表 14．环境污染事故应急处理预案 15．生态环境部门的其他相关批复文件等
动态管理档案	1．污染防治设施运行台账 2．原辅材料管理台账 3．在线监测（监控）系统运行台账 4．环境监测报告 5．排污许可证管理制度要求建立的排污单位基本信息记录、生产设施运行管理信息记录、监测信息记录等各种台账记录及执行报告 6．固体废物管理信息台账 7．危险废物管理台账及转移联单 8．环境执法现场检查记录、检查笔录及调查询问笔录 9．行政命令、行政处罚、限期整改等相关文书及相关整改凭证等

生态环境主管部门在证后监管过程中，需要检查排污单位是否按照排污许可证中关于环境管理台账记录的要求开展台账记录工作，是否有环境管理台账，环境管理台账是否符合相关规范要求。需要重点检查的记录内容包括：与污染物排放相关的主要生产设施运行情况；污染防治设施运行情况及管理情况；污染物实际排放浓度和排放量，发生超标排放情况的，应当说明超标原因和采取的措施；其他按照相关规定应当记录的信息，包括记录内容、记录频次和记录形式等。

5.7.2　检查方法

环境管理台账后监管检查的方法主要为现场检查，现场查阅环境管理台账，对比排污许可证要求，核查台账记录的及时性、完整性、真实性。

5.7.3　问题及建议

管理部门对企业的环境执法监管越来越日常化、精细化，监管手段也逐渐从末端监管走向过程监管。环境管理台账作为环境监管的主要手段之一，主要表现为对企业内部基础数据的有效管理、了解污染防治设施运行维护情况等。目前部分企业仍存在重结果达标而轻过程管理的现象。因此，如何更好地监管企业环境管理台账，是今后需要不断解决和完善的问题。

① 建章立制。在日常监管充分运用法律法规的基础上，不断完善地方性法规条例，完善环境管理台账技术规范，明确管理要求。在法律法规的保障下，企业高度重视并迅

速建设完善了环境管理台账，为污染源系统监管、排污许可证发放和证后监管等工作打下坚实基础。

②　明确主体。强化企业主体意识，通过前期宣传和执法监管，强调环境治理的过程化管控。企业应建立环境管理文件和档案管理制度，明确责任部门、人员、流程、形式、权限及各类环境管理档案保存要求等，确保企业环境管理规章制度和操作规程编制、使用、评审、修订符合有关要求，应保持环境管理资料齐全。

③　政府参与。长期以来，政府一直在管理模式上不断创新，探索建设优质的服务型政府是根本初衷。针对企业自身专业能力不足、建立规范化环境管理台账难度大等问题，当地生态环境部门应给予指导。如通过政府竞标等手段购买社会第三方服务，向大、中型企业发放标准统一、内容规范的环境管理台账，上门开展服务。针对小型企业，由当地政府部门牵头，生态环境部门介入指导，积极开展业务培训，确保工作做实、做细。

5.8　信息公开情况检查

5.8.1　检查内容

排污单位应当及时公开有关排污信息，自觉接受公众监督。

①　排污单位在提交排污许可申请材料前，应当将承诺书、基本信息以及拟申请的许可事项向社会公开。公开途径应当选择包括全国排污许可证管理信息平台等便于公众知晓的方式，公开时间不得少于 5 个工作日。

②　排污单位应当每年在全国排污许可证管理信息平台上填报、提交排污许可证年度执行报告并公开。

③　排污单位应按期在全国污染源监测信息管理与共享平台公开监测信息。

信息公开证后监管检查内容主要包括是否开展了信息公开，信息公开是否符合相关规范要求。主要核查信息公开的公开方式、时间节点、公开内容与排污许可证要求相符性。公开内容包括：化学需氧量、氨氮等污染物实时排放浓度，废水排放去向，自行监测结果等。

5.8.2　检查方法

信息公开证后监管检查的方法可以分为在线检查和现场检查。在线检查通过企业公开网址进行信息公开内容检查。现场检查为现场查看信息亭、电子屏幕、公示栏等场所。

5.9 排污许可证现场执法检查案例

5.9.1 现场检查要点清单

以白酒为例，排污许可证废水现场执法检查要点清单如表 5-3 所列。

表 5-3 白酒企业排污许可证废水现场执法检查要点清单

检查环节	检查要点	
废水排放合规性检查	排放口合规性	（1）废水主要排放口、一般排放口基本情况，废水直接排放口包括排放口编号、地理坐标、排放去向、排放规律、受纳自然水体信息、汇入受纳自然水体处地理坐标等与许可要求的一致性。废水间接排放口包括排放口编号、地理坐标、排放去向、排放规律、受纳污水处理厂等与许可要求的一致性 （2）排放口设置的规范性等
	排放浓度与许可浓度一致性检查	（1）采用的废水治理设施与排污许可登记事项的一致性 （2）废水治理设施运行及维护情况 （3）主要排放口和一般排放口 pH 值、化学需氧量、氨氮、总氮、总磷、色度、五日生化需氧量、悬浮物等污染物排放浓度是否低于许可排放限值 （4）若有与受纳污水处理厂的排水协议，检查排水协议规定的浓度限值是否准确
	实际排放量与许可排放量一致性检查	化学需氧量、氨氮、总氮、总磷的实际排放量是否符合年许可排放量的要求
环境管理合规性检查	自行监测情况检查	废水自行监测的执行情况，以及废水自行监测点位、因子、频次是否符合排污许可证要求
	环境管理台账执行情况检查	环境管理台账（内容、形式、频次等）是否符合排污许可证要求
	执行报告上报执行情况检查	执行报告内容和上报频次等是否符合排污许可证要求
	信息公开情况检查	排污许可证中涉及的信息公开事项等是否公开

5.9.2 废水排放合规性检查

5.9.2.1 排放口合规性

现场核实废水排放口（主要排放口和一般排放口）与许可要求的一致性，废水直接排放口包括排放口编号、地理坐标、排放去向、排放规律、受纳自然水体信息、汇入受纳自然水体处地理坐标等与许可要求的一致性。废水间接排放口包括排放口编号、地理坐标、排放去向、排放规律、受纳污水处理厂等与许可要求的一致性。根据《排污口规范化整治技术要求（试行）》（环监〔1996〕470 号）等国家和地方相关文件要求，检查废水排放口、采样口、环境保护图形标志牌、排污口标志登记证是否符合规范要求。

5.9.2.2　排放浓度与许可浓度一致性检查

（1）采用污染治理设施情况

以核发的排污许可证为基础，现场核实排污单位废水处理设施是否与登记事项一致，名称、工艺、设施参数等必须符合排污许可证的登记内容。对废水处理设施是否属于污染防治可行技术进行检查，利用可行技术判断企业是否具备符合规定的污染防治设施或污染物处理能力。在检查过程中发现废水治理设施不属于可行技术的，需在后续的执法中关注排污情况，重点对达标情况进行检查。

（2）污染治理设施运行情况

废水治理设施是否正常运行，以及运行和维护情况。主要从以下几个方面进行检查：

① 检查各车间排放口排水总量与污水处理站进水量是否一致；

② 是否存在偷排漏排或采取其他规避监管的方式排放废水现象，是否存在偷排口或偷排暗管；

③ 是否存在非正常排水现象，是否在非应急状态下开启应急闸门排放废水等；

④ 检查废水处理工艺类型是否得当，是否建有与生产能力配套的废水处理设施；

⑤ 检查每日的废水进出水量、水质，环保设备运行、加药及维修记录等是否记录齐全；

⑥ 检查耗电量，判断废水污染防治设施运行情况；

⑦ 检查污泥产生量，判断废水污染防治设施运行情况；

⑧ 检查 pH 计、流量计等仪器仪表数据显示是否在合理的工艺参数范围内，是否存在损坏情况；

⑨ 检查自动监控装置安装、运行、联网情况，自动监控装置定期比对监测及监控数据的有效性审核情况；

⑩ 自动监测仪器显示的数据是否齐全，能否显示历史数据；

⑪ 监测房的设置是否符合《水污染源在线监测系统（COD_{Cr}、NH_3-N 等）安装技术规范》（HJ 353—2019）要求。

（3）污染物排放浓度满足许可浓度要求情况

主要排放口和一般排放口 pH 值、化学需氧量、氨氮、总氮、总磷、色度、五日生化需氧量、悬浮物等污染物浓度是否满足许可限值要求。

排放浓度以资料核查为主，通过登录在线检测系统查看废水排放口自动检测数据，结合执法监测数据、自行监测数据进一步判断排放口的达标情况。

5.9.2.3　实际排放量与许可排放量一致性检查

酒、饮料制造工业排污单位的废水污染物在核算时段内的实际排放量等于正常情况与非正常情况实际排放量之和。酒、饮料制造工业排污单位的废水污染物在核算时段内的实际排放量等于主要排放口的实际排放量。

酒、饮料制造工业排污单位的废水污染物在核算时段内正常情况下的实际排放量首先采用实测法核算，分为自动监测实测法和手工监测实测法。对于排污许可证中载明的要求采用自动监测的污染物项目，应采用符合监测规范的有效自动监测数据核算污染物实际排放量。对于未要求采用自动监测的污染物项目，可采用自动监测数据或手工监测数据核算污染物实际排放量。未按照要求开展自动监测或手工监测的排放口或污染物，采用产污系数法核算污染物排放量，且均按直接排放进行核算。

根据检查获取废水主要排放口有效监测数据，计算废水化学需氧量、氨氮、总氮、总磷实际排放量，进一步判断是否满足年许可排放量要求。

5.9.3 环境管理合规性检查

5.9.3.1 自行监测情况检查

主要核查排污单位是否按《排污单位自行监测技术指南　酒、饮料制造》（HJ 1085—2020）等相关要求严格执行水污染物监测制度，以及是否自行监测水污染物的产生情况，是否按照排污许可证的要求确定污染物的监测点位、监测因子与监测频次。尤其是废水自动监控设施的检查：是否符合《水污染源在线监测系统（COD_{Cr}、NH_3-N 等）安装技术规范》（HJ 353—2019）、《水污染源在线监测系统（COD_{Cr}、NH_3-N 等）验收技术规范》（HJ 354—2019）、《水污染源在线监测系统（COD_{Cr}、NH_3-N 等）运行技术规范》（HJ 355—2019）等标准和相关文件的要求，结合在线监测设施的运维记录，核查废水污染源在线自动监控设施的安装、联网以及定期校核等运维情况、水污染物在线监测数据的达标情况等。

5.9.3.2 环境管理台账执行情况检查

主要检查企业环境管理台账的执行情况，包括是否有专人记录环境管理台账，环境管理台账记录内容的及时性、完整性、真实性以及记录频次、形式的合规性。重点检查产生废水的生产设施的基本信息、废水治理设施的基本信息、废水监测记录信息、运行管理信息和其他环境管理信息等。

5.9.3.3 执行报告上报执行情况检查

查阅排污单位执行报告文件及上报记录。检查执行报告上报频次和主要内容是否满足排污许可证要求。企业应根据《排污许可证申请与核发技术规范　酒、饮料制造工业》（HJ 1028—2019）相关规定，编制执行报告。报告分年度执行报告、半年执行报告、月度/季度执行报告。

5.9.3.4 信息公开情况检查

主要包括是否开展了信息公开，信息公开是否符合相关规范要求。主要核查信息公开的公开方式、时间节点、公开内容与排污许可证要求相符性。公开内容应包括但不限于 pH 值、化学需氧量、氨氮、总氮、总磷、色度、五日生化需氧量、悬浮物排放浓度、排放量、自行监测结果等。

第 **6** 章
污染防治可行技术

6.1 酒类制造行业污染防治可行技术

6.1.1 《饮料酒制造业污染防治技术政策》

2018 年环境保护部发布了《饮料酒制造业污染防治技术政策》（以下简称《技术政策》）。饮料酒包括白酒、啤酒、葡萄酒与果酒、黄酒（含酿造料酒）。

《技术政策》中明确提出"饮料酒制造业污染防治应遵循减量化、资源化、无害化的原则，采用源头控制、生产过程减排、废物资源化利用和末端治理的全过程综合污染防治技术路线，强化工艺清洁、资源循环利用……积极在全行业推行清洁生产技术和工艺，满足行业清洁生产的基本要求。"

6.1.2 清洁生产技术

6.1.2.1 清洁生产相关标准

相对传统的末端治理技术，清洁生产技术更多从源头抓起，实行生产全过程控制，尽可能减少乃至消除污染物的产生，其实质是预防污染。清洁生产标准对清洁生产技术具有一定的引领作用，酿酒行业发布的清洁生产标准汇总见表 6-1。

表 6-1　酿酒行业清洁生产标准

序号	标准类别	标准名称
1	行业标准	《清洁生产标准　啤酒制造业》（HJ/T 183—2006）
2		《清洁生产标准　白酒制造业》（HJ/T 402—2007）
3		《清洁生产标准　葡萄酒制造业》（HJ 452—2008）
4	地方标准	《清洁生产评价指标体系　啤酒制造业》（DB11/T 1519—2018）

以《清洁生产评价指标体系 啤酒制造业》（DB11/T 1519—2018）为例，在生产工艺及装备指标中，Ⅰ级基准值（即清洁生产领先水平）如下：

（1）糖化工段

采用增湿粉碎或湿法粉碎；加压煮沸锅有外层保温，且配备二次蒸汽回收装备；麦汁冷却采用一段冷却技术；清洗采用原位清洗技术；配置冷凝水回收系统，使用杠杆式或浮球式疏水器；配置热凝固物回收系统。

（2）发酵工段

发酵过程采用计算机自动化控制；发酵罐安装二氧化碳回收装置且正常运行；啤酒过滤采用硅藻土、纸板或膜过滤；清洗采用原位清洗技术；配置冷凝固物/废酵母回收系统。

（3）高低温表面保温

供热、供冷管道采取保温措施；阀门、法兰部位采用易拆解、易恢复式保温材料。

6.1.2.2 源头控制技术

《技术政策》提出的源头控制技术有：

白酒、啤酒、黄酒制造业应加强原料储存与输送过程的污染控制，原料宜采用标准化仓储、密闭输送。

葡萄酒与果酒制造业应注重原料生产基地建设，推行适宜的栽培方式，减少和控制农药和化肥使用量。鼓励采用滴灌等节水灌溉技术，鼓励利用本企业处理达标的废水进行灌溉。

6.1.2.3 发酵酒精制造行业

根据工信部《关于印发聚氯乙烯等17个重点行业清洁生产技术推行方案的通知》（工信部节〔2010〕104号），酒精行业清洁生产技术推行方案包括：浓醪发酵技术、酒糟离心清液回配技术、糟液废水全糟处理技术等。

① 浓醪发酵技术。该技术将料水比提高到 1∶2，同时采取同步糖化发酵技术，可减少一次用水量和醪液量，减少蒸馏压力，减少糟液，降低废水产生量，提高生产效率。

② 酒糟离心清液回配技术。离心后的酒糟清液 35%以上回配用于拌料，可大幅减少糟液处理量和废水排放量。

③ 糟液废水全糟处理技术。玉米酒精糟液离心后的废水厌氧内循环（IC）工艺和薯类酒精糟液全糟厌氧处理技术，可大幅提高糟液处理效率，提高有机物的降解和转化作用，提高沼气产量，BOD 去除率≥90%，COD_{Cr}排放量可在现在基础上减少30%以上，减少废水排放量，实现减排和节约能源。

6.1.2.4 白酒制造行业

《技术政策》提出的生产过程污染防控技术有：

① 鼓励蒸馏冷却系统以风冷代替水冷，降低耗水量。

② 提高生产用水的重复利用率。蒸馏用冷却水应封闭循环利用，洗瓶水经单独净化后回用。

③ 鼓励蒸粮车间安装集气排气系统，实现蒸粮、馏酒及摊晾过程中废气的集中收集、处理和排放。

④ 应推进粉碎车间采用大功率、低能耗的新型制粉成套设备，并安装高效的除尘设备及降噪系统。

白酒生产耗水量大，清洁生产技术主要体现在水的循环利用。白酒生产排放的冷却水温度高可以直接用于洗瓶，也可待降温后再用。洗瓶废水可经沉淀、杀菌后重复使用，也可以用于冷却。白酒发酵产物除了酒和酒糟之外，还有一些可利用的成分，如未被蒸出或虽被蒸出但随蒸馏水进入下水道的香味物质，以及蒸馏的尾水可利用其勾兑配制白酒。

冷却水回收利用技术。研究表明，每生产 1t 白酒一般要消耗 30～40t 水，而其中冷却水消耗占比最大，约占总耗水的 50%，其在酿酒生产主要用于酒蒸汽的冷凝，属于低浓度有机废水，具有较高的循环利用价值。目前，冷却水一般以简单循环利用为主，如江苏省某酒厂将冷却水统一回收利用，并分配给浴室和包装车间作为生活用水使用；湖北省某酒厂将冷却水在冷却塔中降温后，返回到蒸馏釜中循环使用。而溴化锂吸收式制冷机作为一种高效冷却水处理技术，可将冷却水的温度降低达到回收利用要求，并吸收冷却水的余热资源，将低品位的余热能量转化成高品位余热能量重新用于酿酒生产，是一种较为高效的资源回收利用方式。

6.1.2.5　啤酒制造行业

根据工信部《关于印发聚氯乙烯等 17 个重点行业清洁生产技术推行方案的通知》（工信部节〔2010〕104 号），啤酒行业清洁生产技术推行方案给出了 3 项应用示范技术、2 项推广技术，包括：低压煮沸、低压动态煮沸，煮沸锅二次蒸汽回收，麦汁冷却过程真空蒸发回收二次蒸汽，啤酒废水厌氧处理产生沼气的利用，提高再生水的回用率。

《技术政策》提出的生产过程污染防控技术有：

① 鼓励麦汁过滤采用干排糟技术，提高麦糟的综合利用率，减少用水量及水污染负荷。

② 应配备热凝固物、废酵母、废硅藻土回收系统，回收和再利用固体废物中的有用物质，降低综合废水污染负荷。

③ 发酵过程应对二氧化碳进行回收，回收率应达到 85%以上。

④ 鼓励采用错流膜过滤等新型无土过滤技术，代替硅藻土过滤技术。

⑤ 加强对冷却水和冲洗水等低浓度工艺废水的循环利用，提高水重复利用率。

⑥ 应采用高效在线清洗 CIP（原位清洗）技术，通过采取调整清洗液配方、分段冲洗、优化 CIP 流程和改良清洗装备等措施，降低取水量。

⑦ 麦汁冷却应采用一段或多段冷却热麦汁热能回收技术，降低能耗和水耗。

⑧ 煮沸锅应配备二次蒸汽回收系统。鼓励采用低压动态煮沸等新型节能煮沸技术。

6.1.2.6　黄酒制造行业

《技术政策》提出的黄酒制造行业生产过程污染防控技术有：

① 优化传统浸米蒸饭工艺，减少高浓米浆水产生量。鼓励企业缩短浸米时间、采用米浆水、淋饭水回用技术。

② 过滤宜采用密闭式自动化压滤机，防止滴漏产生的污染。推广采用洗布机替代滤布人工水洗，提高洗涤效率，减少用水量。

③ 鼓励采用自动化灌坛装酒、热酒灌装工艺，减少喷淋杀菌用水，实现节能节水。

④ 鼓励采用机械化高压水力洗坛，减少洗涤水用量。

⑤ 推广生曲及熟曲的自动化连续生产替代间歇生产工艺。

⑥ 鼓励推广大型连续化、自动化生产设备替代陶缸、陶坛发酵；推广安装发酵单罐冷却、自动清洗回收等装置。

⑦ 鼓励余热回用，蒸饭机应配备二次蒸汽再压缩和热交换回收装置。

⑧ 鼓励采用大罐储酒方式，实现节能。

⑨ 鼓励规模化发展，小型企业集约布局、集中治理，开发特色化和高附加值产品。

2016年浙江省发布《浙江省黄酒产业环境准入指导意见（修订）》中提出：

① 黄酒酿造应采用低能耗、低污染的清洁化生产工艺。蒸饭机应采用密闭性好、微增压系统及余热回收，或采用液态法蒸饭工艺；煎酒必须采用高效、新型热交换杀菌设备，淘汰低效的水浴、盘管式煎酒设备。

② 黄酒灌装应采用高效热交换设备进行热灌装工艺生产。淘汰水浴杀菌与棉饼过滤设备，采用硅藻土过滤或膜过滤设备。采用CIP系统进行清洗工作。

③ 酒坛、发酵罐等设备清洗必须采用节水清洗方法和设备，提高清洗效率，减少废水量。洗坛、洗缸场地不得露天设置，在雨污分流基础上，提倡清洗废水分质收集利用和低浓度洗坛废水处理回用，米浆废水进行综合利用。

④ 必须采取洗瓶水梯级利用、综合利用措施，鼓励洗瓶废水净化后循环使用、延长杀菌水循环使用周期，减少洗瓶和杀菌工序废水。坛酒吸酒和压盖工序必须采取酒液回收措施。

6.1.2.7 葡萄酒制造行业

针对葡萄酒与果酒制造业，《技术政策》提出的生产过程污染防控技术有：

① 鼓励利用酶技术处理原料，提高酿酒原料的出汁率。

② 鼓励含白兰地生产的企业对蒸馏残液进行回收利用，降低废水的污染负荷。

③ 应配备皮渣、废硅藻土收集系统，降低废水的污染负荷。

④ 鼓励采用离心过滤等技术对酒泥和酒脚进行处理，提高出酒率。

⑤ 鼓励采用错流膜过滤等新型无土过滤技术，代替硅藻土过滤技术。

⑥ 鼓励采用高效在线清洗（CIP）技术，并通过采取调整清洗液配方、优化清洗工艺等措施，降低取水量。

⑦ 鼓励采用臭氧消毒等先进高效的消毒技术，对灌装线进行杀菌消毒，降低综合能耗和水耗。

⑧ 原酒发酵罐宜配备自动化控制制冷系统，取消罐外喷淋降温技术。

⑨ 鼓励在冷处理过程中采用快速冷冻技术代替常规的冷处理，并鼓励北方地区的企业，在冬季利用自然冷资源进行批量化冷处理，降低能耗。葡萄酒工业主要清洁生产技术包括：CIP 原位清洗，葡萄皮渣、葡萄酒糟深加工，葡萄酒泥综合利用，中水回用，等等。

6.1.2.8 其他酒制造行业

其他酒生产过程中，原辅料润洗环节，采用高压高温润洗设备，降低用水量和废水排放量。采用硅藻土过滤或膜过滤设备，采用 CIP 系统进行清洗工作。罐体等大型贮酒容器清洗须采用节水清洗方法和设备，提高清洗效率，减少废水量。洗瓶水循环利用，且采用节能节水设备清洗。

6.1.3 废气治理技术

《技术政策》提出的废气治理技术有：

原料输送、粉碎工序产生的粉尘应采用封闭粉碎、袋式除尘或喷水降尘等方法与技术进行收集与处理。

酒糟、滤渣堆场应采取封闭措施对产生废气进行收集，采用化学吸收法或活性炭吸附法等技术对收集废气进行处理。

鼓励将废水厌氧生化处理过程中产生的沼气，经净化处理后作为燃料使用。

废水处理过程中产生的恶臭气体应收集和处理，采用生物、化学或物理等技术进行处理。

6.1.4 废水治理技术

6.1.4.1 基本要求及常见处理技术
（1）废水治理的基本要求

高浓度废水（锅底水、黄水、废糟液、麦糟滤液、酵母滤洗水、洗糟水、米浆水、酒糟堆存场地渗滤液等）宜单独收集进行预处理，再与中低浓度工艺废水（冲洗水、洗涤水、冷却水等）混合处理。

鼓励白酒企业提取锅底水中的乳酸和乳酸钙，黄水中的酸、酯、醇类物质；鼓励啤酒企业残余废碱液单独收集、处理、封闭循环利用；鼓励葡萄酒与果酒企业对洗瓶废水单独收集处理循环利用；鼓励黄酒企业回收米浆水中的固形物。

综合废水宜采取"预处理+（厌氧）好氧"的废水处理工艺技术路线。对于排放标准要求高的区域或需废水回用的企业，废水应进行深度处理，宜在生物处理后再增加混凝沉淀、过滤或膜分离等处理单元。

为减少二次污染，酒糟、滤渣等堆场应防雨、防渗。

（2）常见处理技术

锅底水、尾水等酿造废水含有大量的残余淀粉、还原糖、蛋白质等有机物，直接排放很难符合《发酵酒精和白酒工业水污染物排放标准》（GB 27631—2011）中的相关规定。目前酿酒废水处理方法有物理法、化学法、生物法和联用技术（见表6-2），处理过程通常分为预处理、二级处理和深度处理，其中深度处理常见的技术包括膜分离法、高级氧化法等，通过将不同的处理技术联用，可有效地降低废水中COD和悬浮物的含量，达到副产物回收和排放要求。

表 6-2　酿酒废水处理方法

项目	酿酒废水处理方法
物理化学法	膜分离法
	高级氧化法（如 Fenton 氧化法、光催化氧化法）
	絮凝法
	电化学法（如电絮凝法、微电解法）
生物法	厌氧处理［如 UASB、IC、厌氧污泥膨胀颗粒床（EGSB）］
	好氧处理［如序批式活性污泥法（SBR）、膜生物反应器（MBR）、生物接触氧化法］
	厌氧-好氧处理
联用技术	生物+物理化学
	生物+生物

下面介绍深度处理常见的膜分离技术和高级氧化技术。

1）膜分离技术

膜分离技术基于各种物质之间在形态、分子量、极性、带电量的差异，采用选择性透过的方式，实现不同物质之间的分离。与传统的废水处理技术相比，膜分离过程大多没有物质相的改变，可以在常温状态下进行，具有能耗低、设备操作简单、投资小的优点，故在食品工业、废水处理、医药和能源等领域广泛应用。按照膜孔径和过滤原理的不同，膜过滤技术可分为微滤、超滤、纳滤、反渗透以及生物膜等，其中纳滤膜分离效率介于反渗透和超滤之间，综合处理成本和效率来讲使用价值最高。研究表明，通过纳滤膜处理之后，废水COD去除率可达90%以上，具有较高的分离效率和较低的处理成本。但同时也存在膜容易被污染，需进行严格的预处理，膜的再生费用高等缺点。

2）高级氧化技术

高级氧化法又称深度氧化法，一般采用物理和化学手段使酿造废水中的有机物彻底氧化分解为CO_2和水，从而达到降低COD和BOD的目的。高级氧化法是基于羟基自由基（·OH）中间体的氧化还原过程，·OH作为一种强氧化剂，具有较高的氧化还原电位，几乎可氧化所有的有机物，使COD含量降低。在高级氧化法中，Fenton法的应用最为广泛，它通过Fe^{2+}和过氧化氢之间的反应生成·OH作为氧化剂，用于处理酿酒废水可去除大部分有机物质，但不能充分降解废水中有机物且出水中含有大量Fe^{2+}。

光催化降解有机污染物是一种绿色经济的高级氧化法，可以把绝大部分有机污染物完全无机化去除，是一种极具发展前景的环境治理技术。常用的光催化剂大多是金属氧化物或硫化物等半导体材料，如 TiO_2、ZnO、CdS 等，其中 TiO_2 光催化氧化法在处理废水有机物中具有广泛的适用性。李相彪等以经厌氧处理后的酿酒废水为对象，采用硅胶为载体、$Ag-TiO_2/SiO_2$ 为催化薄膜，经光催化降解后其 COD_{Cr} 去除率达 87.5%，且该薄膜催化剂可回收重复使用且催化活性基本保持不变。

6.1.4.2　发酵酒精制造行业

发酵酒精的废水中有机物和悬浮物含量高，废水中 COD_{Cr} 一般为 15000～30000mg/L，氨氮为 20～40mg/L。酒精废水处理的主要技术包括固液分离、厌氧生物处理、好氧生物处理及厌氧-好氧组合处理方法。

（1）固液分离

玉米酒糟液处理方法主要有两种：一种是固液分离再厌氧处理；第二种是干酒糟及其可溶物（distiller's dried grains with solubles，简称 DDGS）工艺。DDGS 工艺是将酒精糟离心分离，分离的清液进行浓缩，浓缩后的固形物与离心分离后的固形物一起再进行干燥，加工成商品蛋白饲料出售；少量的蒸发冷凝液再进行厌氧-好氧处理，该工艺基本全部回收了酒精糟液固形物，并较好地解决了环境二次污染问题。

（2）厌氧生物处理

目前我国的酒精生产企业废水处理均采用了厌氧生物处理，以降低污染负荷。常见的厌氧反应器有隧道式沼气池、普通沼气池、厌氧罐、上流式厌氧污泥床反应器（UASB）、厌氧滤池（AF）、污泥床滤器（UBF）以及上流式固体反应器（USR）等。但厌氧消化液的 COD_{Cr} 仍达 8000～15000mg/L，尚需进一步处理。

（3）厌氧-好氧组合处理

酒精废水经过一般的厌氧处理后，其厌氧消化液的 COD_{Cr} 浓度仍达 8000～15000mg/L，因此仍需进一步处理，常采用厌氧-好氧组合工艺。目前常用的好氧处理方法有接触氧化法、间歇式活性污泥法（SBR）和循环式活性污泥法（CASS）等。

6.1.4.3　白酒制造行业

目前，典型的白酒生产废水处理工艺以生物法为主，包括好氧、厌氧、兼氧等处理系统，比较适合白酒工业企业的水污染物处理及回收利用，主要有以下几种工艺：兼氧-好氧-高效气浮工艺，上流式厌氧污泥床（UASB）-序批式活性污泥法-陶粒过滤工艺，转化沼气法，蒸馏冷却水的回收利用，等等。

6.1.4.4　啤酒制造行业

目前我国采用的啤酒废水处理工艺是以生化法为主，并辅以一定的补充处理手段，如混凝气浮、过滤、吸附等。处理啤酒废水的生化法包括厌氧生物处理、好氧生物处理、厌氧与好氧联合生物处理方法。从我国目前实施并运行的装置来看，应用最为广泛的是厌氧与好氧联合生物处理。好氧生物处理常采用的方法有活性污泥法及其改进形式和生物接触氧化法。厌氧生物处理除有传统消化池外，UASB、IC 等工艺已在啤酒生产废水处理中得到广泛应用。

6.1.4.5 黄酒制造行业

黄酒废水主要有米浆水、淋饭水、洗缸（坛）水、冲洗水等。其中，米浆水有机物浓度较高，COD_{Cr} 数万 mg/L，米浆水处理通常采用厌氧或延时好氧处理工艺，COD_{Cr} 的去除率可达 99.6%，产生的沼气可回收利用。综合废水主要采用好氧生物处理和深度处理。

6.1.4.6 葡萄酒制造行业

常用的葡萄酒废水处理技术包括高浓度工艺废水预处理、综合废水集中处理以及废水回用处理。高浓度易降解有机废水一般采用厌氧处理。综合废水为中低浓度有机废水，集中处理的基本技术是厌氧-好氧处理系统或好氧生物处理技术。废水回用时需进行深度处理，常用的方法有混凝沉淀、过滤、膜分离技术等。

6.1.4.7 其他酒制造行业

果酒（发酵型）、奶酒（发酵型）、其他发酵酒制造过程产生的废水治理技术与葡萄酒制造行业类似。白兰地、威士忌、伏特加、朗姆酒、奶酒（蒸馏型）、其他蒸馏酒（同时有发酵和蒸馏工艺），以及配制酒、露酒制造过程产生的废水治理技术与白酒制造行业类似。

6.1.5 固体废物综合利用技术

酒糟、麦糟宜作为优质饲料或锅炉燃料。葡萄酒与果酒皮渣应 100%收集，并进行综合利用或无害化处理。黄酒糟宜制备糟烧酒、调味料、栽培食用菌，开发饲料蛋白等。

鼓励白酒企业废窖泥经处理后作为肥料利用；鼓励啤酒企业产生的废酵母100%回收利用，废酵母深度开发生产医药、食品添加剂等产品；鼓励葡萄酒与果酒企业对酒石进行回收综合利用；鼓励采用坛式储酒方式的黄酒企业回收和减少封坛泥用量，节约资源。

应对废硅藻土全部收集并妥善处置（填埋等），禁止排入下水道和环境中。

鼓励对废酒瓶、废包装材料等进行收集、利用。

鼓励将废水生物处理产生的剩余污泥、沼渣等进行资源化综合利用。

酒糟是酿酒生产中主要的固体废物，主要是原料发酵不完全的残留部分，属于典型高有机质含量废物，呈酸性，有酒精残留，堆积后易酸败腐烂发臭，含水率高不利于热降解或者填埋，不妥善处置会造成显著的环境污染，但产量大，现有处置能力和处置手段低，是企业每年亟须解决的主要副产物，特别是白酒酒糟，含有大量稻壳，导致酒糟更难降解或资源化处置。

以酒糟为例，不同类型的发酵酒酒糟成分不同，但都属于高有机质生物质固体废弃物，含有大量未完全发酵物质，包括淀粉、蛋白等高价值物质，同时亦含有多酚、多肽、多糖等高生物活性的功能物质，现有学者对白酒酒糟资源化利用展开研究，在酒糟中提取具有高抗氧化、抗炎的高价值功能成分，亦有企业研究了酒糟面膜、酒糟饼干、酒糟发酵液等绿色产品，拓宽了酒糟的资源化利用途径。

我国白酒行业每年产生的食品酿造工业副产物十分丰富，是一类具有广阔发展潜力的生物质资源。固态法白酒的产量和市场地位都占据绝对优势，但是其生产后会产生大量固体副产物和液体副产物，酿造工艺及副产物来源如图 6-1 所示（书后另见彩图）。

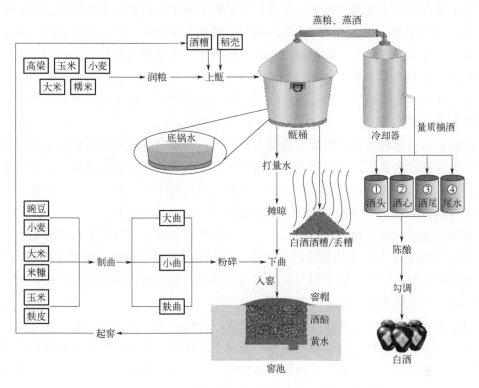

图 6-1　固态法白酒酿造工艺及副产物来源示意图

（1）固体副产物的特点

白酒的固体副产物主要为酒糟，也称丢糟。白酒酒糟中的粮谷主要为高粱，此外还有大米、糯米、玉米、小麦、豌豆等。据报道，白酒行业所产生的固体副产物是中国酿酒行业中最多的，生产 1t 白酒可产生 3～4t 酒糟，而固态法白酒在蒸馏和发酵时还要掺入大量稻壳作为辅料，酒糟的实际产量可能会更高。白酒酒糟经过数月发酵，剩余的主要成分包括木质纤维素、蛋白质、淀粉、灰分和可溶物。

（2）液体副产物的特点

白酒的液体副产物主要为酿酒废水，包括冷却水、清洗废水、黄水、底锅水、酒尾和尾水。

其中冷却水和清洗废水中的化学需氧量和生化需氧量非常低，回收处理相对容易，可利用的有机质也很少，无法作为可资源化或能源化的副产物，因此不列入本文探讨内容。

根据酒厂生产工艺的不同，生产 1t 白酒可产生 12～20t 废水，其中 5%～10%为含有大量有机质的酿酒废水，即本书所探讨的黄水、底锅水、酒尾和尾水。关于酿酒液体副产物作为废水的处理方法已经有很多总结，但如果将这些液体副产物简单地视作废水处理，将会造成大量有机质的浪费，故而本书着重于将其视作一类可回收利用且具有增值潜力的生物质衍生资源。

黄水是白酒固态发酵过程中，从酒醅中渗滤到窖池底部的棕黄色黏稠浆水。据报道生产 1t 大曲型白酒，可对应产生 300～400kg 黄水。黄水中含有大量有机酸、单宁、色素、可溶性淀粉、蛋白质、还原糖，以及香气物质。谢旭等发现黄水对酒醅中的乳酸乙酯和酸类物质有明显的溶出现象。由此可知，黄水中既有高沸点的不挥发性成分，也有低沸点的挥发性香气成分，其 COD 浓度很高，pH 值较低。可见黄水中可利用的有机营养物质非常丰富。

底锅水是在甑桶中蒸煮粮食并蒸馏出白酒时，水蒸气冷凝并溶解糟醅中的可溶物后回流到甑桶底部的液体。因此相当于对糟醅进行了以水为溶剂的粗提取，底锅水即为糟醅的粗提取液，其成分可能与酒糟中的可溶物相似。其中含有脂肪酸、还原糖、淀粉、粗蛋白等高沸点物质，COD 浓度在 10000mg/L 以上，pH 值较低。

酒尾是在蒸酒时通过"量质摘酒"工艺获得的尾段酒。酒尾的酒精度较低（体积分数一般低于35%），但风味物质仍然很丰富，其中沸点较高的物质（例如有机酸）相对更多。酒尾通常被直接用于白酒勾调，以使白酒降度，并丰满白酒的香气轮廓。同时，剩余的酒尾一般会被当作锅底水再次蒸馏。

根据不同酒厂的工艺要求，会将酒尾和尾水分段摘出。尾水是在摘完酒尾后，在蒸粮和排酸过程中继续接得的酒精度很低的最尾段水溶液。其中仍然含有较多香气物质，包括有机酸和酯类等分子量和沸点较高的物质。由于尾水的酒精度很低，一些沸点较高的脂肪酸和酯类无法溶解，从而在表面形成"油花"。尾水的邪杂味很重，无法直接用于勾调白酒，但由于其呈现分层状态，其中的有机质可以很容易地被提取出来再用于其他用途。

（3）酒糟制备饲料

酒糟浪费是大中型酿酒企业不可避免的重大问题，实现酒糟资源的综合利用将有助于酒产业的可持续发展。酒糟资源丰富，粗蛋白、氨基酸和矿物质等营养成分含量高，可部分替代常规粗饲料饲喂家畜、禽。酒糟的饲料化利用为其"变废为宝"提供了一个可靠途径，可促进我国酿酒产业和畜禽养殖业形成良性农业生态循环。通过干燥、青储、微生物发酵等多种技术手段可调制优质的酒糟饲料，酒糟作为非粮饲料资源的开发，既可缓解人畜争粮的矛盾，又能节约饲料成本，避免酒糟乱丢乱弃造成的环境压力，符合国家生态文明建设目标，促进我国畜牧业结构向"节粮型"转变。

白酒酒糟是以玉米、大麦和高粱为原料进行酿酒产生的余渣又进行粗过滤得到的物质。白酒酒糟有 pH 值低、水分含量高和谷物纤维含量高的特点，所以不能直接用来饲喂家畜，直接饲喂家畜会导致家畜消化不良、便秘等不良反应。所以对白酒糟进行发酵、晒干以及去除谷物的处理，可降低其对家畜产生的不良影响。

啤酒糟是以大麦或者小麦为原料，产生糖化作用后过滤余渣产生的物质。大麦和小麦在乳酸菌等微生物的发酵下，大量淀粉被分解，剩下丰富的蛋白质、脂肪、纤维素以及一些芳香物质等，同时也伴随着各种膳食纤维的产生，从而使其营养物质丰富，饲用价值高。

米酒糟是利用酒曲，使得根霉和酵母菌开始繁殖，对大米、糯米等稻谷进行发酵产生的副产品。稻谷发酵后可产生脂肪、蛋白质、麦角醇及其他各种酶类等物质，可对细胞代谢和生化过程产生影响。

葡萄酒糟是由葡萄皮渣发酵产生的副产物。葡萄酒糟中含有其他酒糟有的蛋白质、维生素、膳食纤维等营养物质，还含有一些特殊物质，如多酚物质（花青素、单宁等）、石酸等，这些物质对家畜的生长发育有良好的促进作用，使得葡萄酒糟有较高的饲用价值。

酒糟的利用方式主要有以下几种。

① 鲜酒糟直接饲喂。新鲜的酒糟直接饲喂给动物是酒糟最常用方式之一。新鲜的酒糟有着浓郁的香味，含有丰富的蛋白质、淀粉、活性因子纤维素和微量元素，而且氨基酸的含量高且均匀，种类也很齐全。但是新鲜酒糟的水分含量很高，很容易腐败变质，不利于储存，而且酒糟中还可能含有霉菌，会对动物的健康产生不利影响。新鲜酒糟的粗纤维含量很高，适口性差，从而导致酒糟的利用率下降，甚至导致动物营养不良和免疫力低下。这种利用方式适合对纤维比例要求高，饲喂营养需求低的动物，例如牛、羊等反刍动物；也可以在其他动物的饲料中部分添加，以降低饲料成本。

② 制备干酒糟用于饲喂。因为新鲜的酒糟水分含量高，不利于远距离运输，也不利于储存。为解决这些劣势，使酒糟能够工业化利用，就需要对其进行干燥，形成干酒糟。干酒糟价格低廉，蛋白质、磷、纤维素和脂肪含量高。干酒糟由两部分组成，干酒糟（DDG）和可溶性干酒糟（DDS）。DDG 是酒糟进行固液分离后产生的过滤渣，进行脱水再干燥形成的；DDS 是酒糟进行固液分离后产生的过滤液，进行脱水再干燥形成的。DDG 中浓缩了蛋白质、脂肪、矿物质等营养物质；DDS 包含了一些可溶性营养物质以及发酵过程中产生的糖化物、酵母等。干燥的酒糟是采用直接饲喂或添加进饲草进行饲喂。干酒糟含有丰富的营养物质，但是容易受潮，受潮后会使霉菌素含量增高。目前已经检测出干酒糟中含有烟曲霉毒素、玉米赤霉烯酮（F-2 毒素）、赭曲霉毒素、T-2 毒素和黄曲霉毒素等霉菌毒素，这些霉菌素会影响动物的免疫力，降低生产性能。干酒糟在干燥过程中经过高温处理，导致蛋白质等营养损失较大，而且增加了成本。

③ 制备酒糟发酵饲料。由于白酒酒糟的酸度和淀粉含量较高，湿料中甚至还含有少量乙醇，不适合于过量饲喂牲畜，因此当前研究主要集中于制备酒糟发酵饲料。通过发酵技术可以将酒糟中不易消化的成分尽量去除，增加功能性物质，降低有毒有害物质，并富集蛋白质和氨基酸。多菌种协同发酵效果往往要优于单菌种发酵，杨丽华等发现纤维素降解菌可与酵母菌协同作用，提高白酒酒糟的降解效果。其实验选用了可降解纤维

素的枯草芽孢杆菌 K-2（*Bacillus subtilis* K-2）和异常汉逊酵母菌 J-1（*Hansenula anomala* J-1）来共同发酵白酒酒糟，发酵后酒糟中的活菌数达到 6.98×10^9 个，粗蛋白质含量达到 25.91%，比发酵前提高了 60.43%。于星宇等对比了白酒酒糟和发酵白酒酒糟饲料对西门塔尔杂交牛的生长影响，发现饲喂发酵白酒酒糟组的牛血清中甘油三酯、胆固醇含量都极显著低于饲喂白酒糟组的牛。这可能有助于减少直接饲喂白酒酒糟带来的牛脂肪肝问题。

（4）堆肥

堆肥是一个去除白酒酒糟中有机质的过程，因在好氧条件下其中的有机质被降解，留下腐殖质和无机质，经过堆肥的酒糟可用于有机肥或土壤添加剂。白酒酒糟中高含量的蛋白质可以在堆肥过程中被转化为无机氮，以供植物所需。Wang 等在进行白酒酒糟堆肥试验时发现，将酒糟堆体的 pH 值控制在 5～6 会更快获得腐熟的堆肥产品，然而堆肥过程中 NH_4^+ 的生成和 NH_3 的挥发，以及反硝化过程都导致氮元素的大量损失。这是因为白酒酒糟的碳氮比（C/N 值）较低，导致堆肥过程中氮元素会以氨气形式流失。同时，NH_4^+ 的生成使 pH 值升高，这也会直接影响堆肥效果。刘林培等将 C/N 较高的食用菌菌渣与白酒酒糟混合堆肥，以提高堆体 C/N 值，堆体在 1d 后可快速升温至 53.43℃，堆肥 26d 后有机质降解率达到 8.06%，达到腐熟标准，硝态氮含量提升了121.08%，氨态氮降低了23.21%，总氮含量提高了34.38%。酒糟堆肥的反硝化过程的产生主要源自堆体曝气量不足，使得 NO_2^- 和 NO_3^- 被反硝化细菌作为无氧呼吸的电子受体，从而生成 N_2 被释放掉，造成了氮损失。解决这一问题可能需要采取自动化翻堆工艺，或添加一些疏松剂，以提高堆体曝气量，这也是今后可以进一步研究攻克的方向。

（5）热化学转化

热化学转化主要是将白酒酒糟生物质以燃烧或热解的方式转化成热能和可燃气。将白酒酒糟采用热压工艺制成燃料棒可大幅提高其燃烧效率，但作为一种氮含量较高的生物质，必须解决其燃烧过程中的氮氧化合物（NO_x）排放量过高问题。目前，双流化床解耦燃烧（dual fluidized bed decoupling combustion，DFBDC）技术已经得到推广，泸州老窖酒厂与中国科学院过程工程研究所合作建立了年处理量6万吨白酒酒糟的示范工程。DFBDC 由一个流化床热解器和一个提升管燃烧室组成。酒糟可以先进入流化床热解器进行干燥，脱水后的酒糟固体颗粒和酒糟热解气则被吹入提升管燃烧室进行燃烧，由燃烧产生的热量可用于继续加热热解器和供应电力。姚常斌等利用 DFBDC 技术处理白酒酒糟，发现其可以实现含水量55%酒糟的直接燃烧，而且产生的酒糟灰不会烧结堵塞流化床，但含水量较高会产生较多的 NO（>800mg/m³）。韩振南等发现 DFBDC 设备能够直接燃烧含水量 30%的白酒酒糟，而且在此含水量下即可将 NO_x 排放量限制在 100mg/m³ 以下，能够实现达标排放。

当前的热化学转化技术仅能够将白酒酒糟通过热解燃烧处理，实现废气达标排放，并不能获得足够的可燃热解气，大部分 H_2、CO 等热解气都被用于还原 NO_x，以减少有害气体排放。H_2 是具有"碳中性"的清洁能源，围绕热解燃烧过程的 CO_2 吸附，以减少水煤气反应，并提高 H_2 产量的研究开始逐渐得到重视。因此，在现有的热解燃烧装置中引入 CO_2 吸附装置来提高 H_2 热解气的产率可作为今后探讨的重点。Sikarwar 等从热力学和动力学角度分析了钙基、镁基、碱陶瓷基和层状双氢氧化物吸附 CO_2 的性能，认为钙基类吸附剂能在高温下使用，并具有相当高的成本效益。而层状双氢氧化物因为具有较大的表面积和丰富的碱性点位，是更优秀的 CO_2 吸附剂，通过引入阴离子还可进一步增加其对 CO_2 的捕集性能，具有广阔的研究和应用前景。此外，水热碳化技术已经在许多生物质中得到研究和应用，它同样基于热解燃烧原理，但可以将生物质转化为气、液、固三种不同形式的能源燃料，在可再生能源方面应用前景广泛。但此技术在白酒酒糟中的研究应用还未见报道，这应是今后酒糟关于热化学转化的研究方向之一。

（6）沼气

采用厌氧消化技术处理白酒酒糟可用于生产沼气，沼气被视为一种非常具有潜力的可再生能源。谢彤彤等研究了白酒酒糟厌氧发酵过程的物质与微生物演变，发现发酵菌和产酸菌会先分解酒糟产生乙酸、丙酸和丁酸等有机酸，这些有机酸可被产甲烷和产氢细菌利用并产生沼气（甲烷、氢气），但是丙酸会在整个过程中明显积累，从而造成 pH 值降低，影响发酵效率。将白酒酒糟与稻秆混合发酵可减缓 pH 值波动现象，胡伟等发现相比于酒糟单独厌氧消化，混合稻秆后可以增加日产气量和产气总量，其原因正是添加稻秆后可以使发酵过程中的 pH 值波动明显降低，减轻了发酵抑制现象。由于酒糟中含有大量木质纤维素等难降解的成分，将生物质预处理技术结合厌氧消化工艺处理白酒酒糟也得到了试验。Wang 等分别采用了加热和稀硫酸预处理，结果发现加热预处理可以促进半纤维素的分解，提升还原糖浓度，从而使最终产生的甲烷量更高，达到 212.7mL/g（挥发性固体），相比于未处理组高出 36.7%。

利用废弃生物质厌氧消化产沼气技术已经相对成熟，今后白酒酒糟用于厌氧消化处理应首要关注的是沼气提纯技术，因为沼气中通常还含有较多的 CO_2，使得其燃烧热与天然气相比还有显著差别，从而难以被推广利用。将沼气提纯后并入天然气管道，将会使制成的酒糟沼气能源的利用范围被极大拓展，同时节省运输成本。

（7）生物乙醇燃料

生物乙醇燃料是一种清洁能源，可以作为汽车燃料部分取代汽油。根据生产生物乙醇燃料所使用的生物质原料和发展顺序，可以将其主要划分为三代：第一代（1G）是以产糖作物、水果和粮食作物作为生产原料；第二代（2G）是以木质纤维素生物质为生产原料；第三代（3G）是以藻类为生产原料。但 3G 生物乙醇燃料技术尚不成熟，还处在实验室研究阶段。根据 Lee 等的分析，美国 1G 生物乙醇产业——玉米乙醇燃料，相比于汽油燃料可使碳减排达到 50% 以上，而我国可通过发展非谷物生物乙醇，于 2030 年获得约 4.9027×10^8 t/a 的 CO_2 减排总量，可见生物乙醇燃料产业的碳减排效果尤为突出。

白酒酒糟中既含有可溶糖和淀粉，也含有稻壳等木质纤维素，属于包含 1G 和 2G 生物乙醇生产原料的食品工业副产物。2G 生物乙醇通常要结合预处理技术，以克服木质纤维素的顽抗结构，便于下一步酶解处理，而预处理的成本通常可占到生物乙醇生产的

20%。然而，王丹丹等发现浓香型白酒酒糟中的稻壳经过固态发酵工艺，稻壳中的木质素和半纤维素被有效剥除，纤维素结晶度也显著降低，从而使得酒糟中的稻壳在利用纤维素酶酶解时的效率比新鲜稻壳高出 2 倍以上。这一研究证明了白酒酒糟中的稻壳相比于新鲜稻壳可以有效降低预处理成本和产糖效率。Liu 等还采用了氢氧化钠处理了白酒酒糟，随后通过分步酶解去除了淀粉和木聚糖，并获得了淀粉酶解糖液和富含纤维素的白酒酒糟。经过同步糖化发酵工艺，将白酒酒糟中80.6%的可发酵糖转化为了乙醇。由于白酒酒糟中既含有易于水解的 1G 生物乙醇原料，也含有难以水解并获得可发酵糖的 2G 生物乙醇原料。因此利用白酒酒糟获得可发酵糖，同时减少发酵抑制剂的产生就成为了一个必须攻克的难题。这将涉及精密整合 1G 和 2G 生物乙醇生产技术，进而充分利用白酒酒糟中的碳水化合物，以获得最佳的生物乙醇产率。

（8）二次酿造

白酒酿造的液体副产物中含有丰富的香气物质和营养物质，利用这些物质参与二次酿造并调配白酒，是酒厂研究人员常采取的利用方法。这些方法不仅可以将液体副产物再次利用，还能提高白酒的品质。

① 制成酯化液。黄水、酒尾和尾水中的香气物质特别是有机酸含量丰富，但有利于白酒香气构成的酯含量相对较少，这使得其邪杂味重，香气不协调。因此很多研究集中于通过酯化反应提高这些酿酒副产物中的酯含量，并制成酯含量丰富的调酒液。红曲霉相较于产酯酵母对有机酸的转化能力更高，酯化能力更强，因此 Xia 等选择了一株红曲霉（*Monascus purpureus* SICC 3.19）制成酯化剂，用于酯化黄水，经过反应条件优化，总酯含量由 4.86g/L 提升至 7.31g/L，其所有酯类气味活性值（odor activity value，OAV）都得到提升。蒋学剑等还将酯化后的黄水进行了串蒸，使白酒的优级和一级品率提高了35%。除此以外，还有研究者以化学方法或酶法进行酯化。唐心强等通过共沸精馏塔将黄水和食用酒精进行共沸蒸馏和催化酯化，产生的酯化液中丙酸乙酯、丁酸乙酯、戊酸乙酯、乳酸乙酯、己酸乙酯的含量分别达到 19.0g/L、46.5g/L、1.5g/L、39.8g/L 和 137.1g/L，而且 1 份酯化液可以直接把 9.14 份白酒勾调成优级浓香型白酒。另外，酒尾中含有较多乙醇，是酯化过程中替代食用酒精的理想原料，李河等以黄水、酒尾、尾水为原料，添加酶制剂进行酯化。经方案优化，使制得的酯化液中己酸乙酯含量达到 16.32g/L，总酸 0.1523g/L，总酯 17.66g/L。

② 提取香味物质。当前，从液体副产物黄水中提取香气物质的研究工作主要集中于超临界 CO_2 流体萃取技术（supercritical CO_2 fluid extraction，SFE）。李安军等采用 SFE 在最优提取条件下从黄水中获得了7.4%的风味物质得率。尹礼国等还发现 SFE 能够有效促进乙醇与丁酸、己酸等有机酸发生酯化反应，所得萃取液中乳酸乙酯、己酸乙酯和丁酸乙酯的比例与酱香型白酒相似，而且含量达到了酱香型白酒的 10 倍以上，适用于作为白酒调酒液。先酯化再萃取可提高酯类化合物的提取效率，杨泉等先将黄水、酒尾、丢糟、酒头和大曲混合并密封酯化 30d，再采用 SFE 提取其中的风味物质。获得的萃取液在二级酒中添加3‰，即使其达到优级酒水平。此外，李亚男等则是采用了双水相萃取技

术提取了黄水酯化液中的酯类物质。以磷酸氢钾为萃取盐，在最优萃取条件下，可获得己酸乙酯、戊酸乙酯、丁酸乙酯和辛酸乙酯 90%～99%的提取率。提取液脱水后，总酯含量达到 67.85 g/L，具有较强的菠萝和水蜜桃香气，适用于勾调基酒。由此可见，酯化、提取两步走是获得优质调酒液的最佳方案。

③ 回用酒醅和窖泥。为了能够完整利用白酒液体副产物的有机质成分，可将其回用于酿造过程中的原料与辅料。黄水对于酒醅香气成分具有积极贡献，有研究发现黄水能促进酒醅中酯类、醇类、双乙酰的生成，同时酒醅中的淀粉含量明显下降。王莉等将黄水泼入窖池中的酒醅，发现蒸馏出的白酒其有机酸及四大酯的含量得到明显提高，品质优于对照组。Fan 等还利用黄水对辅料稻壳进行了预处理，发现其中微生物分泌的纤维素酶和较低的 pH 值可以破坏稻壳中的纤维结构，使其弹性和透气性得到提高。这种经过预处理的稻壳可以显著提高白酒产率，并且降低白酒中有机酸的含量，减少邪杂味和辛辣口感，同时提高白酒品质。经试验，谢国排等发现底锅水可提高人工窖泥中己酸、己酸乙酯、乙酸和丁酸的含量，于是采用底锅水、酒精和曲粉来配制人工窖泥，使得人工窖泥的质量得到提高。但是以上这些利用方法，在后续生产中同样还会产生大量液体副产物，并不能实现真正的回收利用。

④ 酿制醋和酱油。黄水中的真菌毒素含量已被检测确定在安全阈值内，不超过国家发酵食品限量标准，因此可以被直接用来酿造其他发酵食品。王永伟等将黄水进行预处理，以去除固形物杂质，并补充无机盐，随后接种酒醅菌液，制成黄水生物转化液。将其与米酒醪液混合并接种酿酒酵母和醋酸菌，经发酵 10～15d 可获得醇厚、酸味柔和的黄水醋饮。经检测，其黄曲霉素、重金属和致病菌指标均在安全范围内。另外，黄水中含有一定量的氨基酸和色素，可用于配制酱油。郭璟通过 SFE 提取了黄水中的风味物质后，将残余黄水母液经过浓缩、除酸和调味品配兑工艺，制得了风味酱油调味液。同时设计并核算了年产 840t 黄水酱油加工厂的经济效益，拓展了黄水二次酿造的发展潜力。

⑤ 提取活性成分。从黄水提取活性多糖是当前的研究重点。Huo 等分别从黄水多糖中分离纯化出 HP-2、HP-3 和 HP-W 3 种多糖，并通过傅里叶红外、甲基化分析、核磁共振、原子力显微镜等表征分析手段确定了其组成结构和提取效果。同时利用实时荧光定量 PCR、蛋白质印迹、细胞吞噬功能测定、NO 和细胞因子定量等分析技术对免疫调节机理进行了解释和验证，发现这 3 种多糖均可通过诱导细胞产生 NO 和活性氧，同时上调 TNF-α 和 IL-6 基因的转录水平与蛋白质表达水平，从而提高 THP-1 肿瘤细胞的胞饮和吞噬能力。这说明黄水多糖具有显著的免疫调节活性。在此之后，实验者通过构建多元线性回归分析预测了黄水多糖的单糖组成、分子量、纯度和蛋白含量与其抗氧化活性之间的关系，发现多糖中含有较高比例的葡萄糖醛酸、半乳糖醛酸、阿拉伯糖、葡萄糖、半乳糖单元会带来更好的抗氧化活性，同时黄水多糖较低的分子量、较低的纯度，以及较高的蛋白质含量（形成了蛋白-多糖复合物）都会提高其抗氧化性能。这一方向的研究为提高黄水附加值提供了新的思路。

⑥ 作物栽培。黄水和底锅水中的碳水化合物和氨氮含量相对丰富，适用于培养食用菌。提取过风味物质的黄水还含有大量营养物质，王涛等采用经过蒸馏提取风味物质后剩余的黄水母液配制成培养基，用于栽培鸡腿菇（*Coprinus comatus*）菌丝体。培养 8d 后，鸡腿菇菌丝体的产量达到 1.454 g/100 mL（培养基），黄水中的还原糖减少 47.9%，蛋白质减少 56%。蒲岚等则是采用底锅水和经蒸馏的黄水混合液配制培养基，以栽培大秃马勃（*Calvatia gigantea*）菌丝体。培养 10d 后，菌丝产量达到 1.25g/100mL（培养基），混合液中的还原糖和蛋白质含量分别减少 45.03% 和 42.17%。袁冠华分别采用稀释黄水和复配黄水来施种植物，发现两种方法都可显著提高菠菜、青菜、茼蒿、大豆、高粱、玉米植株的株高，而且复配黄水效果更优，土壤中的有机质、氮、磷、钾含量也大幅提高。然而，黄水中的微生物和有机酸含量较高，用来施种植物应考察其对土壤质量的长期影响，并针对栽培植物的食用安全性进行评价。

6.2 饮料制造行业污染防治可行技术

6.2.1 清洁生产技术

6.2.1.1 饮料制造行业水耗限额要求

饮料制造行业属于用水大户，因此国家及部分省市先后发布了取水定额，国家发展改革委发布了《饮料制造取水定额》（QB/T 2931—2008），北京市发布了《用水定额　第12 部分：饮料》（DB11/T 1764.12—2022），河北省印发了《工业取水定额　第 11 部分：食品行业》（DB13/T 5448.11—2021），对饮料制造行业的单位产品水耗提出了要求，详见表 6-3～表 6-5。

表 6-3　饮料行业水耗定额标准

名称	发布单位
《饮料制造取水定额》（QB/T 2931—2008）	国家发展改革委
《用水定额　第 12 部分：饮料》（DB11/T 1764.12—2022）	北京市市场监督管理局
《工业取水定额　第 11 部分：食品行业》（DB13/T 5448.11—2021）	河北省市场监督管理局 河北省水利厅

表 6-4　北京市饮料用水定额

饮料种类		吨饮料取水量/m³	
		先进值[①]	通用值[②]
碳酸饮料	一次性包装容器	1.7	2.9
	回收包装容器	3.4	5.8
包装饮用水（不含矿泉水）		1.6	2.5

饮料种类		吨饮料取水量/m³	
		先进值①	通用值②
果蔬汁类饮料、特殊用途饮料、风味饮料		2.9	4.0
果蔬原浆		6.0	7.0
配制型含乳饮料		5.0	5.3
无菌冷灌装咖啡（类）饮料		5.0	7.0
植物饮料、茶饮料	调配法	3.0	3.5
	萃取法	3.3	4.4

① 先进值用于饮料生产企业的节水评价。

② 通用值用于饮料生产企业的日常用水管理和节水考核。

表 6-5　河北省饮料制造取水定额指标

产品名称	单位	先进值	通用值
碳酸饮料	m³/t	2.00	2.50
瓶（罐）装饮用水	m³/t	1.50	2.00
果蔬汁饮料	m³/t	3.70	4.50
植物蛋白饮料	m³/t	2.18	2.33
含乳饮料	m³/t	4.00	5.00
固体饮料	m³/t	5.20	6.00
茶饮料	m³/t	2.43	3.00

6.2.1.2　节水技术

（1）饮料吹罐一体化技术

该技术采用轻量化、高速瓶坯加热、高速吹瓶、灌装与氮气填充、高速旋盖、高速视觉检测技术、同步控制等技术，采用伺服系统和星轮传送，实现轻量化 PET 瓶的吹制、灌装、旋盖一体化集成技术。该技术可节水 70%，适用于包装饮用水、茶饮料、果蔬汁饮料和含气饮料行业。

（2）反渗透浓水回收技术

该技术集浓水收集、投加阻垢剂、泵入浓水反渗透系统工艺于一体。反渗透系统的浓水排水量一般是反渗透进水的 25%～30%，浓水盐分是原水的 4 倍左右，对这种浓水进行深度再处理后，可去除浓水中的盐分，出水可达到原水进水要求。

（3）CIP 清洗技术

CIP 清洗系统俗称原地清洗系统被广泛地用于饮料乳品、果汁等机械化程度较高的食品饮料生产企业中改造后不用拆开或移动装置，即采用高温、高浓度的洗净液，对设备装置加以强力作用把与食品的接触面洗净，对卫生级别要求较严格的生产设备的清洗、净化、系统包括容器罐体、管道、泵、过滤器等及整个生产线在无需人工拆卸或打开的前提下，在一个预定时间内，将一定温度的清洁液通过密闭的管道对设备内表面进行喷淋循环而达到清洗的目的。根据清洗对象污染性质和程度、构成材质、水质、所选清洗方法、成本和安全性等方面来选用洗涤剂，常用的洗涤剂有酸、碱洗涤剂和灭菌洗涤剂。

保证一定的清洗效果，提高产品的安全性；节约操作时间，提高效率；节约劳动力，保障操作安全，节约水、蒸汽等能源，减少洗涤剂用量。

（4）罐体高效清洗技术

在饮料的生产过程中，生产线和原料储存罐都要定时清洗，在传统的清洗过程中，往往采用大水猛冲的方式。不仅浪费了大量的水资源，还不容易清洗罐体的死角部位，容易发生卫生质量问题。

可以通过工艺创新，加大水压，改进喷淋头或采用三维洗罐器，该洗罐器通过清洗液驱动涡轮，带动内部减速机构、齿轮机构。按设定的轨迹运行实现公转和自转，从而实现 360°无死角清洗。在达到同样清洗效果的前提下，冲洗用水水量大幅度降低，同时也减少了废水的产生量，节水效率达到了 50%，三维清洗技术效果见图 6-2（书后另见彩图）。

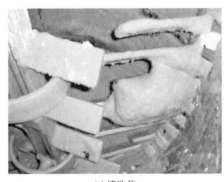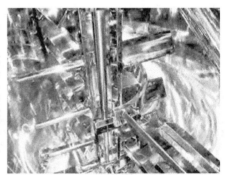

(a) 清洗前   (b) 清洗后

图 6-2　配料罐三维清洗技术

（5）清洗水回收利用技术

饮料在灌装之前，需要对饮料的容器（包括塑料瓶、玻璃瓶、金属罐等）进行清洗（吹灌一体除外），该过程会产生洗瓶废水。根据洗瓶废水水质及回用要求，处理工艺主要针对溶解性有机物和细菌。选用臭氧-活性炭-超滤-紫外臭氧联合消毒工艺处理洗瓶废水，工艺流程如图 6-3 所示。

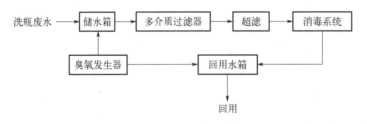

图 6-3　清洗水回收利用工艺

其核心是超滤系统，可以有效去除水中的水溶性生物大分子、蛋白质、有机胶体、颗粒杂质、多糖及微生物等物质。洗瓶废水经过臭氧-活性炭-超滤-紫外臭氧联合消毒处理后，出水水质满足《生活饮用水卫生标准》（GB 5749—2022）的要求，完全可以回用于洗瓶工序，节水效率达到 90% 以上。

6.2.1.3 资源回收利用技术

（1）低压煮沸技术

将传统的常压煮沸锅改为低压煮沸锅，配套压力自控装置，间歇煮沸仍可常压，更新内加热器，加热效率有保证。

低态动态包含动态升压和动态降压两个过程阶段。通过重复升压降压数次，使压力曲线成为锯齿型，两个过程转换条件为过程时间而不是压力设定值，这是为了保证一个连续的蒸发和煮沸时间。

① 动态升压：蒸汽按照工艺给定值控制，在设定时间内，煮沸锅梯度升压至较高的压力点，升压时间到进入降压，使回收热水泵的变频器的开度达到要求。

② 动态降压：蒸汽按照工艺给定值控制，在设定时间内，煮沸锅梯度降压至较低的压力点，降压时间到进入升压，使回收热水泵的变频器的开度达到要求。

升压和降压都需按规定的时间和压力曲线，形成标准的梯度才能达最佳效果。

该技术对蒸汽热能进行有效的梯级利用，提高热能利用率，降低能耗。可将煮沸时间缩短 40~60min，蒸发率下降 4%~6%，可使煮沸过程节约蒸汽 30%~35%，对全过程来说蒸汽（煤）消耗量可降低 12% 以上。

（2）热能回收技术

在溶糖、提取等生产过程中需要对水进行加热后再冷却，半成品液体冷却过程由100℃降至10℃，以便下一工序加工，该部分水的余热通常未进行利用。

可以采用冷水通过热交换升温为热水，将热水处于绝热罐中，热水罐应设计得足够大，以储存热水，热水不仅用于糖化，还可用于 CIP 系统、杀菌机以及洗瓶工序。

该技术提升余热利用率，减少了加热热水的能源消耗及废水的产生。

（3）热泵供热技术

加热使用后的冷凝水一般通过疏水收集回用于锅炉使用，虽然水资源利用率有所提高，但冷凝水的余热未能充分利用，往往在收集和输送过程中白白损耗，甚至部分企业直接排掉。

热泵供热系统由热泵、高效闪蒸罐、压差疏水器、调压排水罐、高效换热器等单元组成。采用热泵供热技术后，糖化锅、糊化锅、煮沸锅均不再直接耗用新鲜蒸汽，由糖化锅等排出的冷凝水进入高效闪蒸罐进行汽水分离和闪蒸，利用蒸汽减压的能量差作为热泵动力，将闪蒸罐出来的二次蒸汽增压后再分别供给糖化、糊化和煮沸锅使用，经过闪蒸后的冷凝水通过压差疏水器再进入换热器加热热水箱用水，降温后的冷凝水最后由凝结水泵送回锅炉房。

该技术对蒸汽热能进行有效的梯级利用，减少了冷凝水贮存和输送过程的热损失，提高热能利用率，降低能耗。

（4）二氧化碳冷量利用技术

饮料企业灌装产品需用到的 CO_2 由液态转为气态，气化过程吸收大量热量，气化设备暴露于空气中，气化过程的热量从周围空气吸收，或者使用蒸汽进行加热气化。

CO_2 气化过程吸收大量热量，利用其冷量用于制冷机冷却水降温。利用气化吸热的原理，将 CO_2 气化过程所需的吸收的热量由空气提供改为制冷机冷却水提供，有效地降低了冷却水的温度，达到同等温度要求的前提下，节约了制冷机的电耗。同时也节约了加热蒸汽的用量。

（5）闭式冷凝水回收技术

传统的开放式蒸汽热回收方法是将高温汽水收集到集水箱，但热焓极高的闪蒸气无法回收，被排放到大气中，只能将部分冷凝水回收到软水箱，导致了高品质的软水及蒸汽的浪费。

安装封闭式高温冷凝水回收系统，回收经过生产设备后的闪蒸汽和高温冷凝水，并通过省煤器回收锅炉排气废热后直接重回锅炉，以节省能源10%以上。

（6）发酵罐消毒蒸汽回收技术

通常企业将发酵罐消毒所排的废蒸汽直接排放到大气中或地沟中，造成了高品质的水资源和热能浪费。

企业可以将发酵罐消毒所排的废蒸汽收集回收到贮罐，再经蛇管加热软水贮罐的软水。提高蒸汽热能利用率，节约能源。

6.2.1.4 先进生产技术

（1）高出汁率的提汁设备

提汁包括苹果的破碎和榨汁两个主要工序，而榨汁是最关键的工序。目前根据不同的压榨方式主要有带式压榨机、离心法提汁和小型卧螺榨机三种压榨设备。小型卧螺榨机由于出汁率低等缺点已经被逐渐淘汰，目前只在一些小的果汁厂还有应用；另一种常用的带式压榨机，虽然出汁率较高，但由于是敞开式作业，果汁氧化比较严重、固体含量也较高；还有一种是采用离心法提汁，这个装置由离心筛、卧式螺旋卸料沉降式离心机和酶处理罐组成，采用不同的组合形式，工艺中是对果浆酶解以及果浆酶解和提汁的先后次序不同，可得3种不同的提汁方式。

提汁工序的最主要目的就是获得较高的出汁率，因此，采用先进的提汁设备和提汁工艺是很有效的清洁生产方案。

（2）采用超滤技术替代传统过滤方式

苹果汁生产中常采用的过滤方法有传统过滤（即硅藻土过滤）和膜过滤两种，而目前膜过滤中又以超滤占主导地位。膜过滤代表了最新的过滤技术，而硅藻土过滤有很多缺点，因此近几年新建的果汁厂几乎全部采用了超滤，一些老厂在技术改造中也用超滤更换了传统过滤。因此在超滤工艺过程中，采用超滤技术替代硅藻土过滤技术具有很高的收益，是果汁行业工艺技术改造的典型清洁生产方案。

（3）果蔬汁膜分离技术

果蔬汁膜分离技术具有膜浓缩和膜除杂的功能，在低温状态下就能除去大分子的植物蛋白、果胶、色素、细菌、植物淀粉等杂质，很好地解决了澄清效果和感官问题，同时又保留了果蔬汁原有的风味。由于膜澄清设备采用的错流式过滤方式，经过膜截留的杂质不能在膜表面停留而污染过滤层，因此能很好地解决过滤堵塞的问题，不需要频繁更换滤材，可大大降低生产成本。制备浓缩果蔬汁如果也用低温的浓缩过滤，将能更好地保留果汁风味和色泽。果蔬汁膜澄清浓缩工艺流程：

压榨后果汁→预处理→离心→超滤膜过滤→清汁→膜浓缩（浓缩汁）→灭菌→贮存

在果蔬汁生产中，微滤、超滤技术用于澄清过滤；纳滤、反渗透膜技术用于浓缩。用超滤法澄清果汁时，细菌将与滤渣一起被膜截留，不必加热就可除去混入果汁中的细菌。利用反渗透技术浓缩果蔬汁，可以提高果汁成分的稳定性、减少体积以便运输，并能除去不良物质，改善果蔬汁风味。

果蔬汁膜澄清浓缩工艺优势：

① 超滤膜过滤效果稳定、产品品质好：膜系统过滤效果稳定，过滤精度高，滤后果汁无任何肉眼可见浑浊物，滤液清亮、无后浑浊，且果汁中风味物质没有任何损失，果汁色值稳定，可有效避免褐变现象，提高产品质量的同时延长了产品的保质期。

② 使用寿命长、再生性能强：膜系统使用寿命长，可恢复性能好，抗微生物污染能力强，能长时间维持较高的渗透通量和截留率。

③ 低能耗、低运行成本、操作维护简便：工艺流程简洁，缩短生产周期，有效降低劳动强度和生产成本15%～50%，提高生产效率。

（4）多效蒸发器浓缩设备

在果汁的生产过程中，消耗能量最大的是浓缩果汁，浓缩的能耗，占果汁生产能耗的 1/3 左右。果汁蒸发采用的设备有单效蒸发器和多效蒸发器，单效蒸发器有离心薄膜蒸发器，多效蒸发器包括板式蒸发器、管式降膜蒸发器。目前果汁的浓缩常采用多效蒸发，一般采用 1～5 效蒸发，果汁的固形物含量从 5%～15%提高到 70%～72%，体积缩小 6～7 倍。多效蒸发器的蒸气耗量明显低于单效蒸发器。采用多效蒸发器替代单效蒸发器是果汁行业工艺技术改造、节能降耗的典型清洁生产方案。

（5）超微粉碎技术

在果蔬汁饮料、植物蛋白饮料、固体饮料的生产过程，需要对原料进行破碎。产品或原料粉碎技术为普通的干法粉碎、增湿粉碎和湿法粉碎等机械破碎。

超微粉碎设备的工作原理是应用转子高速旋转所产生的湍流，将物料在气流中形成高频振荡，使物料的运动方向和速度在瞬间发生剧烈变化，物料颗粒间发生急速撞击、摩擦，经过很多次的反复碰撞而裂解成微细粉，同时，加以冷冻、冷风、热风、除湿、灭菌、微波脱毒、分级等过程，使物料达到加工要求。

采用超微粉加工技术的产品有以下优点：在不破坏其组织结构的情况下，可以使细度高达 2000 目，产品比表面积大，孔隙率高，包容性强，产品的内在质量得到充分改善，原有的自然风味得以进一步发挥，物料的分散性、溶解性、吸附性也都得到根本的改善，还大大提高了原料的利用率。用此技术加工的微粉保持了物料原有的生物活性和营养成分，具有天然性、营养性、易于消化吸收等特点。

（6）干法制粒技术

干法制粒是继传统的湿法混合制粒而发展起来的一种新的制粒工艺，它是利用物料本身的结晶水，通过机械挤压直接对原料粉末进行压缩→成型→破碎→造粒的一种制粒工艺。其特点是原料粉末连续地直接成型、造粒，省略了加湿和干燥工序，节约了大量的电能；环保式的制粒工艺，无需添加黏合剂，既节能又无污染。干法制粒机是一种投入少，效率高，节省人力、物力、财力的节能环保型设备。

干法制粒与湿法制粒相比较，具有以下优点：

① 干法制粒比起湿法制粒投入设备少、维护成本低、占地面积小，故其生产成本低。

② 干法制粒比湿法制粒工艺简单，中间环节少，既可控制粉尘飞扬又减少粉料浪费。同时，无废气排放、减少环境污染。

③ 干法制粒比起湿法制粒来，最大的优势是低能耗，这是由于干法制粒无需加湿再干燥。

④ 干法制粒无需添加任何黏合剂，能够保证产品纯正的风味。

⑤ 干法制粒后成品的粒度均匀，堆积密度增加、流动性改善及可控制崩解度，同时便于后续加工、贮存和运输。

（7）精确灌装技术

普通灌装机的精确度正偏差＞10%，通常造成过量灌装，导致溢流浪费。对采用容积式流量计，考虑压力、温度、黏度对流量计泄漏量的影响，通过调整容积控制感应器，可保证灌装的精度，提高产品包装合格率，减少产品损耗。

（8）无菌冷灌装技术

无菌冷灌装是指在无菌条件下对产品进行冷（常温）灌装，这是相对于通常采用在一般条件下进行的高温热灌装方式而言的。

PET 无菌冷灌装首先对物料进行超高温瞬时杀菌（UHT），然后快速降温至常温（25℃），进入无菌罐中暂存。其次用化学消毒剂对瓶子、盖子进行杀菌，然后在无菌环境下进行灌装，直至完全密封后才离开无菌环境。整个过程物料受热时间短，灌装操作均在无菌环境下进行，灌装设备和灌装区也都经过消毒处理，产品的安全性可以得到保证。

在无菌条件下灌装时，设备上可能会引起产品发生微生物污染的部位均保持无菌状态，所以不必在产品内添加防腐剂，也不必在产品灌装封口后再进行后期杀菌，就可以满足长货架期的要求，同时可保持产品的口感、色泽和风味。

6.2.2　废气治理技术

饮料行业废气污染问题并不突出，主要涉及果蔬渣堆场产生的恶臭和固体饮料筛分过程产生的颗粒物废气。

（1）果蔬渣堆存废气除臭技术

果蔬渣堆场的废气主要污染成分包括有机酸、硫化氢和氨气等。可以采用水喷淋、低温等离子组合除臭工艺处理常见技术设备见图 6-4。

图 6-4　废气除臭技术设备

水喷淋将废气中大部分水溶性物质捕集，溶解在水中，再经过低温等离子设备进一步处理。

低温等离子除臭设备电子首先从电场获得能量，通过激发或电离将能量传递给分子或原子，使获得能量的分子或原子被激发，一些分子被电离成为活性基团；然后这些活性基团和分子或原子、反应基团和反应基团相互碰撞形成稳定的产物和热量利用排气装置将有机气体输入净化装置后，利用高能紫外线光束和臭氧协同分解和氧化有机（气味）气体，使有机气体物质降解为低分子量化合物、水和二氧化碳，然后通过排气筒排放。

（2）固体饮料筛分废气处理技术

固体饮料造粒设备产生的粉尘在引风机的作用下被输送到除尘设备，采用布袋除尘器、旋风除尘器、水膜除尘器、电除尘器、脉冲除尘器等设备将废气中的固体粉尘分离。

6.2.3　废水治理技术

6.2.3.1　废水特征

全国第二次污染源普查系数表明，饮料行业的废水具有一定的差异性，相比较而言，含乳及植物蛋白饮料、果蔬汁原汁饮料生产过程由于对卫生要求高，物料浓度高，造成废水污染负荷较高，其他以调配工艺为主的产品污染负荷较低，一般采用二级生化处理工艺即可达到比较好的治理效果。

6.2.3.2　工艺技术要求

原环境保护部于 2015 年发布了《饮料制造废水治理工程技术规范》（HJ 2048—2015）对各处理工序的技术要求进一步细化。

（1）预处理

对不符合综合废水处理系统要求的工艺废水，如高温废水、酸碱废水以及含有氰化物的废水等，应进行预处理。

高温废水应先进行降温预处理，温度降至 30℃ 以下时，方可进入综合处理系统。酸碱废水应先进行酸碱中和预处理，pH 值调整到 6～9 时方可进入综合处理系统。含氰化物废水（杏仁饮料生产时产生）应先在生产设施排口进行单独处理，达到国家或地方的标准要求后方可进入综合处理系统。

（2）一级处理

1）格栅

① 粗格栅和细格栅应至少各一道。

② 格栅应设置在调节池前，也可与调节池合并设计。

③ 粗格栅采用机械格栅时，格栅间隙宜为 10～20mm；采用人工格栅时，格栅间隙宜为 15～25mm。

④ 细格栅宜选用具有自清能力的旋转机械格栅，格栅间隙宜为 25mm。

⑤ 格栅设置在格栅井内，其倾角不小于 60°，宽度不宜小于 0.7m，格栅前设计最高水位 0.5m。

⑥ 机械格栅宜设置便于维修的起吊设施、出渣平台和栏杆。

2）微滤机

① 为去除果汁原液生产过程中产生的废水中的碎果屑和果胶，宜在格栅后增设微滤机；

② 微滤机宜采用不锈钢滤网，滤网间隙 60～100 目，带有自动冲洗功能。

3）集水池

① 当车间排水口管道埋深较大时，为减少调节池的埋深，便于施工，应设置集水池；

② 集水池有效容积应不小于该池最大工作水泵 5min 的出水量，每小时启动次数不

超过 6 次；

③ 集水池的其他技术要求按 GB 50014 的有关规定执行。

4）调节池

① 调节池有效容积宜按照生产排水规律确定，没有相关资料时有效容积宜按水力停留时间 10～24h 设计。

② 调节池内应设置搅拌装置，一般可采用液下（潜水）搅拌或空气搅拌。采用液下（潜水）搅拌时，搅拌功率应结合池体大小确定，一般可按 5～10W/m³；采用空气搅拌时，所需空气量（标准状况）为 0.6～0.9m³/（h·m³）。

③ 调节池宜加盖，应设置通风、排风及除臭设施，应设溢流管、检修孔和扶梯。

④ 调节池宜设置排空集水坑，池底设计流向集水坑的坡度，坡度设计应不小于 1%。

⑤ 调节池应设置液位控制及报警装置。

5）初沉池/气浮池

① 初沉池。内容包括：a. 调节池后可设置初沉池；b. 初沉池的水力停留时间应在 0.5～2h 之间；c. 其他参数参见 GB 50014 的有关规定。

② 气浮池。内容包括：a. 含有油脂的饮料生产废水，宜采用气浮工艺。b. 气浮一般需设混凝（破乳）反应区（器）；反应时间与原水性质、混凝剂种类、投加量、反应形式等因素有关，一般为 15～30min；废水经挡板底部进入气浮接触区时的流速应<0.1m/s。c. 气浮池的其他设计参数可参见 HJ 2007。

（3）二级处理

1）水解酸化/厌氧处理

好氧处理前宜设置水解酸化或厌氧处理，厌氧处理通常可采用升流式厌氧污泥床（UASB）或内循环厌氧反应器（IC）等，相关技术要求如下：

① 水解酸化。内容包括：a. 当进水 COD_{Cr} 浓度大于 1200mg/L 且小于 2000mg/L 时或 BOD_5/COD_{Cr} 值较小可生化性差时，宜采用水解酸化工艺；b. 水解酸化池容积通常按水力停留时间设计，按有效容积负荷校核，水力停留时间一般为 4～10h，容积负荷为 1.0～3.5kgCOD_{Cr}/（m³·d）；c. 水解酸化池有效水深宜在 4～6m 之间，控制温度宜为 20～30℃，内设布水和泥水混合设备，防止污泥沉降；d. 水解酸化池一般采用升流式，最大上升流速应小于 2.0m/h；e. 水解酸化池可根据实际需要悬挂一定生物填料，填料高度一般宜为水解酸化池的效池深的 1/2～2/3，生物填料的选取可参照 HJ/T 245、HJ/T 246。

② UASB/IC。内容包括：a. UASB 反应器的进水悬浮物浓度宜控制在 500mg/L 以下，IC 反应器的进水悬浮物浓度宜控制在 1500mg/L 以下，当进水悬浮物较高或可生化性差时宜设置酸化池；b. UASB 和 IC 反应器应设置均匀布水装置和三相分离器，反应器分离区出水采用溢流堰出水方式，堰前应设置浮渣挡板；c. 可采用外循环方式提高 UASB 和 IC 反应器内的上升流速，循环量宜根据设定的反应器表面负荷及沼气产量自动调整；d. 应根据设计进水流量，设置 2 个或 2 个以上的 IC 反应器，最大单体宜小于 2000m³；e. UASB 和 IC 反应器应设沼气系统，沼气的净化、贮存技术应参照 NY/T 1220.1 和 NY/T

1220.2 的规定；f. UASB 其他设计参数可参见 HJ 2013。

2）好氧处理

好氧处理通常可采用接触氧化、普通活性污泥或序批式活性污泥（SBR）等工艺，相关技术要求如下：a. 接触氧化工艺进水 pH 值应控制在 6～9 之间，水温宜控制在 12～30℃之间，容积负荷为 1～2kgBOD$_5$/（m^3·d），其他设计参数可参见 HJ 2009、HJ/T 337 及相关设计手册；b. 普通活性污泥工艺污泥负荷为 0.15～0.3kgBOD$_5$/kgMLVSS，容积负荷为 0.2～0.6kgBOD$_5$/（m^3·d），污泥回流比为 0.5～1.0；c. SBR 工艺污泥负荷为 0.05～0.7kgBOD$_5$/kgMLVSS，容积负荷为 0.1～0.2kgBOD$_5$/（m^3·d）；排水装置宜采用滗水器，运行过程中宜采用自动控制技术；d. 曝气系统宜采用鼓风曝气，混合液溶解氧（DO）在 2mg/L 左右；e. 控制好系统的碳∶氮∶磷（C∶N∶P）为 100∶5∶1，必要时考虑投加营养盐；f. 好氧处理（SBR 除外）后应设置二沉池，宜采用静水压力排泥，静水头不应小于 1500mm，排泥管直径不宜小于 100mm；沉淀池集水应设出水堰，以保证沉淀池中的水流稳定；其他设计参数见表 6-6。g. 当废水有脱氮要求时可采用具有脱氮功能的缺氧/好氧法（A/O）等工艺。h. 其他参数参见 GB 50014 相关标准及设计手册。

表 6-6　二沉池设计参数

二沉池位置	沉淀时间/h	表面水力负荷/[m^3/（m^2·h）]	污泥含水率/%	固体负荷/[kg/（m^2·d）]	堰口负荷/[L/（s·m）]
接触氧化法之后	1.5～4.0	1.0～1.5	96～98	≤150	≤1.7
普通活性污泥法之后	2.0～5.0	0.6～1.0	99.2～99.6	≤150	≤1.7

（4）深度处理

① 当需要进一步提高处理后出水水质时应进行深度处理；

② 深度处理宜采用生物处理和物化处理相结合的工艺，如膜处理、曝气生物滤池（BAF）、混凝沉淀、过滤、消毒等；

③ 具体工艺应根据水质、水量进行技术经济比选后选择单元技术组合，其技术参数应通过试验确定，试验宜选择两种以上工况。试验规模一般为常规处理水量的 5%左右，应至少稳定运行 3 个月；

④ 深度处理后的出水需要再利用时设计应参照 GB/T 50335，出水应达到 GB/T 18920 的要求。

（5）污泥处理与处置

① 污泥包括物化沉淀污泥和生化剩余污泥，以生化剩余污泥为主。

② 物化沉淀污泥量根据悬浮物浓度、加药量等进行计算；生化剩余污泥量根据有机物浓度、污泥产率系数进行计算。不同处理工艺产生的剩余污泥量不同，污泥产泥率一般可按 0.3～0.7kgDS/kgBOD$_5$设计，污泥含水率 99.3%～99.4%。

③ 宜设置污泥浓缩池，一般采用重力式污泥浓缩池，污泥浓缩时间宜按 16～24h 设计，浓缩后污泥含水率应不大于 98%。

④ 污泥脱水前应进行加药调理，药剂种类应根据污泥性质和干污泥的处理方式选用，投加量通过试验或参照同类型污泥脱水的数据确定。

⑤ 污泥脱水机类型应根据污泥性质、污泥产量、脱水要求等进行选择，经技术经济比较后确定。

⑥ 脱水污泥应设置堆放场，污泥堆放场的大小按污泥产量、运输条件等确定。污泥堆场地面和四周应有防渗、防漏、防雨水等措施。

⑦ 污泥综合利用应因地制宜，农用时应慎重，按 GB 4284 等相关标准执行，土地利用应严格控制污泥中的有毒物质含量。

⑧ 污泥处置还应符合 GB 18597、GB 18598、GB 18599、GB 50014 和 GB 18484 等标准的规定。

（6）恶臭处理

1）应有效控制恶臭污染源，并符合下列技术要求：

① 优化工艺单元设计，减少废水收集及治理系统恶臭气体的产生和散发；

② 定期清理格栅、调节池、初沉池、水解酸化池、污泥池等工艺单元中的栅渣、浮渣、污泥等污染物；

③ 实时投加或喷洒化学除臭剂。

2）宜对恶臭气体进行收集、处理和排放，并符合下列技术要求：

① 采取密闭、局部隔离及负压抽吸等措施，集中收集工艺过程（格栅渠、调节池、污泥池、污泥脱水机等）中产生的臭气；

② 污水泵房、污泥脱水间、加药间等应设置通风或臭气收集设施，并确保排放废气符合现行国家标准的要求。

3）宜采用物理、生物、化学除臭等工艺处理集中收集的臭气，常用的除臭工艺包括吸附、离子氧化、生物过滤等。

（7）事故池

① 事故池有效容积应能接纳最大一次事故排放的废水总量；

② 事故池内应设置提升泵，宜将事故排放废水均匀排入综合废水处理系统中；

③ 事故池底部应设有集水坑，倾向坑的坡度不宜小于 0.01，池壁宜设置爬梯；

④ 事故池宜设置混合装置；

⑤ 事故池宜设置液位控制和报警装置；

⑥ 当调节池兼作综合废水事故池时，其容积计算应考虑事故排放的容量，至少保证 1～2d 的废水容量。

6.2.3.3　主要工艺设备和材料

（1）一般规定

① 饮料制造废水治理工程常用的设备包括格栅除污机、泵、曝气设备、刮/吸泥机、

滗水器、加药设备、消毒设备、脱水设备等。

② 关键设备和材料均应从工程设计、招标采购、施工安装、运行维护、调试验收等环节进行严格控制，选择满足工艺要求、符合相应标准的产品。

③ 应对易腐蚀的设备、管渠及材料采取相应的防腐蚀措施，根据腐蚀的性质，结合当地情况，因地制宜地选用经济合理、技术可靠的防腐蚀材料和方法，并达到国家现行有关标准的规定。

（2）工程配置要求

① 格栅除污机、潜水推进器、表面曝气机、滗水器等宜按双系列或多系列分别配置。

② 加药设备应按加入药液的种类和处理系列分别配置。

③ 污水泵、污泥泵、加药泵、鼓风机等应设置备用设备。

④ 泵类、曝气设备、加药设备等宜储备核心部件和易损部件。

⑤ 设备的选用应确保其功能、效果和质量要求。

（3）主要设备选型

1）格栅除污机

格栅除污机应符合 HJ/T 262 的规定。

2）泵

潜水排污泵应符合 HJ/T 336 的规定。其他类型的泵应符合国家节能等方面的要求。

3）曝气设备

应选用氧利用效率高、混合效果好、质量可靠、阻力损失小、容易安装维修及不易产生堵塞的产品。

应选用符合国家或行业标准规定的产品，具体要求如下：

① 罗茨鼓风机应符合 HJ/T 251 的规定，单级高速曝气离心鼓风机应符合 HJ/T 278 的规定；

② 中、微孔曝气器应符合 HJ/T 252 的规定；

③ 射流曝气器应符合 HJ/T 263 的规定；

④ 散流式曝气器应符合 HJ/T 281 的规定；

⑤ 竖轴式机械表面曝气机应符合 HJ/T 247 的规定；

⑥ 其他新型曝气器宜以实验数据或产品认证材料为准；

⑦ 鼓风曝气系统设计细节可参照 CECS 97 相应规定执行。

4）刮/吸泥机

刮泥机应符合 HJ/T 265 的规定，吸泥机应符合 HJ/T 266 的规定。

5）滗水器

滗水器应符合 CJ/T 388 的规定，如采用旋转式滗水器还应符合 HJ/T 277 的规定。

6）加药设备

加药设备应符合 HJ/T 369 的规定。

7）消毒设备

二氧化氯消毒剂发生器应符合 HJ/T 272 的规定，紫外线消毒设备应符合 GB/T 19837 的规定。

8）脱水设备

① 厢式压滤机和板框压滤机应符合 HJ/T 283 的规定。

② 带式压榨过滤机应符合 HJ/T 242 的规定。

③ 浓缩带式脱水一体机应符合 HJ/T 335 的规定。

9）搅拌机

潜水推流搅拌机应符合 HJ/T 279 的规定，其他类型的搅拌机应符合国家节能等方面的要求。

10）气浮装置和填料

气浮装置应符合 HJ/T 261 和 HJ/T 282 的规定。悬挂式填料应符合 HJ/T 245 的规定，悬浮填料应符合 HJ/T 246 的规定。

（4）其他设备、材料

其他设备、材料应符合国家或行业标准的规定。

（5）防腐

应对易腐蚀的构筑物、设备、管道及材料采取相应的防腐蚀措施，根据腐蚀的性质，结合当地情况，因地制宜地选用经济合理、技术可靠的防腐蚀措施，并应达到国家现行有关标准的规定，有条件的企业宜采用耐腐蚀材料。

6.2.3.4　果蔬汁原汁废水处理工程案例

某果蔬汁生产企业生产苹果汁及浓缩汁，废水处理系统包括两部分：一是设计处理能力为 3000m³/d 的 UASB 系统，二是处理能力为 2000m³/d 的 IC+好氧法，合计处理能力为 5000m³。工艺流程如图 6-5 所示。

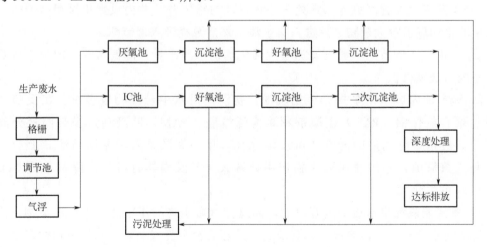

图 6-5　果蔬汁原汁废水处理工艺流程

废水处理水质参数及运行效率如表 6-7 所列。

表 6-7　废水处理水质参数及运行效率

项目	化学需氧量	氨氮	总磷	总氮
进口浓度/（mg/L）	10500	20.2	4.85	34.7
排口浓度/（mg/L）	74	0.29	0.47	5.88
处理效率/%	99.30	98.56	90.31	83.05

6.2.3.5　含乳饮料废水处理工程案例

某公司主要生产茶、果汁与乳制品饮料，生产过程中设备的清洗、消毒等会产生一定量的废水。废水处理设施处理能力为 700m³/d，工艺流程如图 6-6 所示。

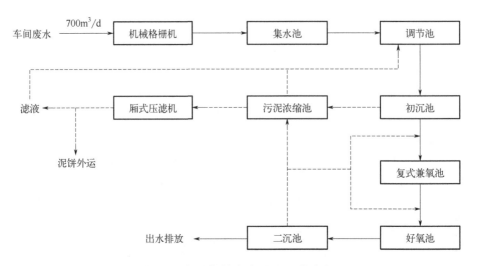

图 6-6　含乳饮料废水处理工艺流程

① 车间废水经管网流入污水处理站集水池前格栅井，井内设置机械粗格栅，捞除废水中的诸如瓶盖等大杂物之后进入集水池，然后泵提升入调节池。

② 废水进入调节池，通过增加曝气强化均衡水质水量，降低水温。池内设置穿孔曝气系统，鼓风机供气。

③ 调节池内废水用泵提升至初沉池，初沉池进水中悬浮物较多时，在反应区内可投加聚合氯化铝（PAC）混凝剂和聚丙烯酰胺（PAM）助凝剂，提高固液分离效果沉淀。废水中分离后的悬浮物沉在池底部，用污泥泵排入污泥浓缩池。上清液自流入复式兼氧池，利用兼氧微生物作用分解大分子及固体有机物，降解部分 COD，提高废水可生化性。

④ 复式兼氧池出水自流入好氧池，通过好氧微生物的作用降解水中污染物，出水经二沉池泥水分离后达标排放。二沉池剩余污泥回流至复式兼氧池和好氧前端，以提高生化池中活性污泥数量；剩余污泥回流提高废水硝化和反硝化效果。

废水处理水质参数及运行效率如表 6-8 所列。

表 6-8　废水处理水质参数及运行效率

项目	化学需氧量	氨氮	总磷	总氮
进口浓度/（mg/L）	1380	3.405	7.2	9.85
排口浓度/（mg/L）	50	2.74	3.5	7.5
处理效率/%	96.38	19.53	51.39	23.86

6.2.4　固体废物综合利用技术

饮料生产过程中主要的固体废物为果蔬汁生产过程中产生的果蔬渣，作为一种湿度大、营养物质丰富的固体废物，存在易腐败、不宜久存、产生渗滤液的突出问题，必须进行及时处理和综合利用。

常见的综合利用技术有以下几种。

（1）果蔬渣烘干技术

果渣（苹果渣、橘子渣、葡萄渣等）是一种内存有水分，不易烘干的物料，传统烘干机没有针对果渣的物理特性来烘干，不能一次烘干，使烘出的物料皮干内湿与干湿不均。果渣烘干机主要由滚筒破碎烘干机、燃烧炉、进料螺旋、出料螺旋、输送管道、除尘器、关风器、引风机、控制柜等组成。

果渣由进料螺旋直接送入滚筒破碎干燥机，被滚筒内壁上的抄板反复抄起撒落，在烘干机头部经耐高温破碎装置击散后，湿物料快速与高温空气发生湿热传递，完成传热传质过程。由于滚筒的倾角和引分风的作用，物料由进料端缓缓移动，干燥后由出料螺旋排出，尾气通过除尘器除尘后，排入大气。

烘干后的果蔬渣含水量达到 12% 以下，并且果渣营养成分丰富，烘干后可以做生物颗粒饲料、膨化食品、饲料添加剂等。

（2）果蔬渣发酵技术

水果渣发酵处理技术是基于饲料发酵技术而开展的，发酵能够产生大量的酸，使整个果渣的酸度降低。酸性环境下抑制了有害菌的繁殖，避免了果渣发生霉变，并且它能产生大量的能够被动物非常容易吸收的有益物质，如氨基酸、有机酸、多糖类、各种维生素等。对提高饲养水平，增加免疫力，起到了积极的推动作用。

（3）污泥低温热泵烘干技术

饮料工业废水处理产生的污泥属于一般工业固体废物，含水率约为 80%，不易进行运输和综合利用，需要进行烘干脱水。

如图 6-7 所示（书后另见彩图），除湿热泵烘干技术使利用制冷系统使来自干燥室的湿空气降温脱湿，同时通过热泵原理回收水分凝结潜热加热空气达到干燥物料目的。除湿热泵通过除湿（去湿干燥）与热泵（能量回收）结合，使干燥过程中的能量循环利用。

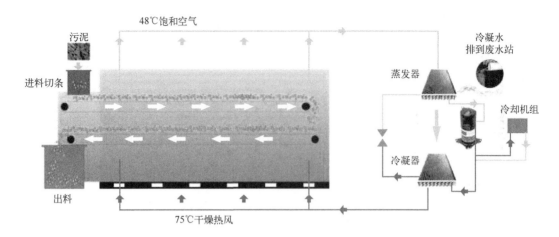

图 6-7　污泥低温热泵烘干技术

　　除湿热泵烘干与传统热风干燥的区别在于空气循环方式不同，干燥室空气降湿的方式也不同。除湿热泵烘干时空气在干燥室与除湿干燥机间进行闭式循环（不排放任何废热）；传统热风干燥是利用热源对空气进行加热同时将吸湿后空气排放的开式系统（排放废热），能源利用率低（20%～50%）。

6.3　技术案例

6.3.1　白酒行业技术案例

6.3.1.1　白酒企业基本情况

　　该白酒企业以酿造为主，商品白酒年生产能力 5.5 万吨，其产品种类达 30 多个品种，年利税总额 5 亿元，属国有大型企业。该企业重视环境保护，曾获得省级"环境友好企业"荣誉称号、国家级绿色工厂荣誉称号等。

6.3.1.2　生产经营情况

　　该企业在传承古老工艺的同时，大力推进行业生产机械化、智能化，从蒸粮、发酵、蒸馏、灌装等全流程采用机械化设备和智能控制，大大提高了工作效率，提高了原料利用效率，降低工人劳动强度。

　　该企业机械化蒸粮现场照片如图 6-8 所示（书后另见彩图）。

　　采用螺旋上料机进行上料，采用电脑控制温度和速度，提高蒸粮效果，全程基本密闭，能够有效减少蒸汽、颗粒物的无组织排放。

　　发酵过程采用不锈钢发酵桶，多层放置，发酵车间通过空调系统实现恒温恒湿，并且采用热电偶实时测控物料温度，实现了精确控制。

　　立体库发酵与智能控温现场照片如图 6-9 所示（书后另见彩图）。

(a)   (b)

图 6-8   机械化蒸粮

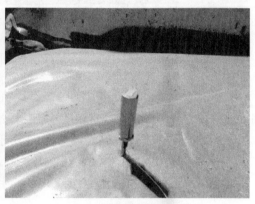

(a) 立体发酵   (b) 智能控温

图 6-9   立体库发酵与智能控温

蒸馏过程采用不锈钢蒸锅，容积大，并采用自动控制系统，进行排气、排水、翻转等操作。智能化蒸馏设施现场照片如图 6-10 所示。

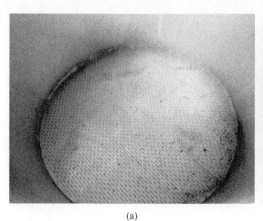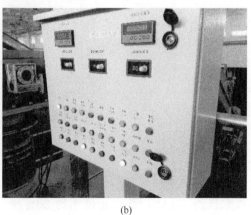

(a)   (b)

图 6-10   智能化蒸馏设施

酒液收集和贮存装置现场照片如图 6-11 所示。

(a) 酒精收集装置　　　　　　　　　　　　　　(b) 贮存装置

图 6-11　酒液收集和贮存装置

酒液冷凝收集装置采用管式换热器，结构紧凑，生产效率高，全部采用食品级不锈钢管道和贮存设施，杜绝了塑化剂等物质对产品的污染。

自动化包装生产现场照片如图 6-12 所示。

图 6-12　自动化包装生产

工厂主要原材料包括红高粱、小麦等，辅料为稻壳、包装材料等。经统计，单位产品取水量约 12t/kL，淀粉出酒率约 80%。

工厂使用的能源种类有电、天然气、蒸汽。外购蒸汽占全厂用能的 13%，主要用于生产过程蒸粮、蒸馏、生活采暖等。

6.3.1.3 环境管理

工厂建立有完善的质量管理体系、职业健康安全管理体系、环境管理体系、能源管理体系，建立了对应的管理手册等制度性文件，并通过 ISO 14001 环境管理体系认证。

6.3.1.4 污染物产生、排放情况

（1）污染物产生情况

工厂的产排污主要包括废气、废水、固体废物和噪声。工艺流程及产排污节点如图 6-13 所示。

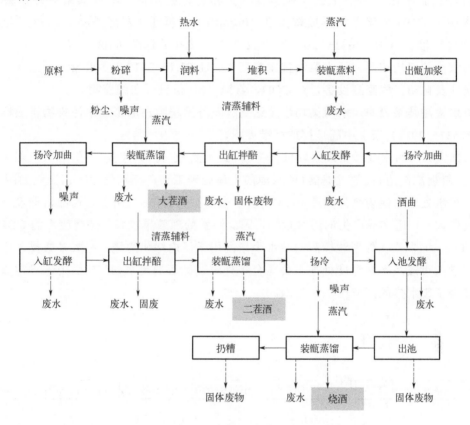

图 6-13　工艺流程及产排污节点

（2）废水及水污染物

生产废水主要来自锅炉房、制酒车间、预洗车间和包装车间，包括锅炉排污水、清洗设备废水、车间地面冲洗水、预洗废水、蒸馏冷却水及洗瓶水，其中蒸馏冷却水经过冷却后循环使用，洗瓶水经沉淀、杀菌后循环使用，其余废水集中收集后，进入厂区污水处理站处理，污水经酸化、接触氧化、絮凝沉淀等治理工艺处理，达到排放标准后排入市政管网，最终由所在区域的城市污水处理厂进行深度处理。

生活废水来自职工洗漱、淋浴等日常生活，全部经污水处理站处理达标后，排入城市污水处理厂进行深度处理。

厂区所排废水主要是设备清洗废水、锅炉排污水、地面冲洗废水、洗瓶废水、预洗

废水以及职工生活污水。各环节的废水通过厂区管线统一收集到污水处理站进行处理，然后将处理后 BOD、COD 等各项在线参数达标的废水排入市政管网进行最终处理。2013年，为进一步提高污水治理效果，公司投资 600 余万元，对北厂区污水治理设施进行了提升改造，在北厂区新建了一座污水治理设施，设计规模为 3000m³/d。新建治理设施采用了机械格栅+集水池+水力筛+水解酸化池+（三级）好氧曝气池+斜板沉淀池+高效过滤器+清水池的治理工艺，并安装了叠螺脱泥机等配套设施。与原来的污水治理设施相比，治理工艺和配套设施更先进、更完善，治理效果更好。公司外排废水中的 COD 全年平均排放浓度在 100mg/L，远低于《发酵酒精和白酒工业水污染物排放标准》（GB 27631—2011）中表 2 中间接排放标准（400mg/L）。

污水排放口均按照《污水监测技术规范》（HJ 91.1—2019）要求设置了采样点，设置流量计及自动在线监测设备，对 COD、氨氮、pH 值进行在线监测。

废水检测结果表明，水污染物浓度达到《发酵酒精和白酒工业水污染物排放标准》（GB 27631—2011）表 2 中间接排放标准要求。

目前，公司污水处理工段采取机械格栅+集水池+水力筛+水解酸化池+（三级）好氧曝气池+斜板沉淀池+高效过滤器+清水池的主体处理工艺，废水处理工艺流程如图 6-14所示。污水处理站现场照片如图 6-15 所示（书后另见彩图）。由于公司的治理设施设计处理规模大，厂区实际产生的污水量小，因此污水处理效果较好，外排废水的 COD_{Cr} 浓度在 100mg/L 左右，处理达标后的废水少量回用于厂内绿化灌溉，绝大多数排入市政污水管网进入市政污水站深度处理。公司全年处理达标后的废水约 5%回用于日常绿化灌溉，减少了废水排放，节约了水资源。

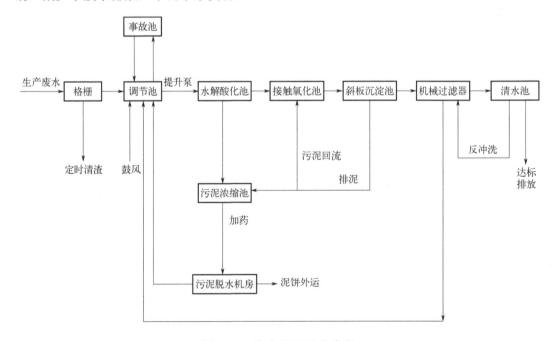

图 6-14　废水处理工艺流程

图 6-15　污水处理站现场照片

（3）废气及大气污染物

废气主要来源于制酒车间原料粉碎废气、天然气锅炉废气和无组织排放废气。

1）原料粉碎废气

制酒车间生产白酒所需的原料在粉碎过程中会产生一些粉尘，采用集气罩+袋式除尘器处理。

2）天然气锅炉废气

天然气锅炉自带低氮燃烧措施。

废气检测结果表明，锅炉废气中二氧化硫、氮氧化物、颗粒物排放浓度均达到《锅炉大气污染物排放标准》（GB 1327—2014）表 3 标准要求。无组织排放废气中臭气浓度、氨、硫化氢浓度达到《恶臭污染物排放标准》（GB 14554—1993）表 1 二级新改扩建标准要求。

（4）固体废物

公司的固体废物主要有原料杂质、酒糟、污水处理站产生的污泥、废包装和职工生活垃圾，均属一般固体废物。设备维修过程中产生的废润滑油、废机油、废棉丝、废油桶为危险废物。

1）一般固体废物

酒糟外售给第三方用于牲畜饲料。污水处理工段运行过程中产生的污泥，部分由周边居民用作农肥、喂养蚯蚓，部分由周边企业用作污水处理设施的活性污泥（由于公司污水处理工段产生的污泥无重金属及化学污染，主要为废酒糟等有机物，可用于农肥和培养污水处理所需的生物菌种），剩余部分运送到垃圾处理厂。

2）危险废物

根据《国家危险废物名录》（2021 版），废润滑油、废机油属于危废类别 HW08 类废矿物油与含矿物油废物，废棉丝、废油桶属于危废类别（HW49，900-041-49），公司按照《危险废物贮存污染控制标准》（GB 18597—2023）中的相关要求严格管理，危险废物按照分类管理、集中处置的原则，危险废物先存放于危险废物暂存库中，分类存放，再委托有资质单位进行处置。

公司在厂区设置了专门的危险废物贮存场所，按照《危险废物贮存污染控制标准》（GB 18597—2023），并按照《环境保护图形标志——固体废物贮存（处置）场》（GB 15562.2—1995）设置了标识。

工厂按照《危险废物贮存污染控制标准》（GB 18597—2023）要求，建设有危废临时贮存场所一座，面积 258.7m²。可以满足厂内危险废物临时贮存的需要，并符合以下污染控制要求：

① 地面与裙脚要用坚固、防渗的材料建造，建筑材料必须与危险废物相容。

② 设施内要有安全照明设施和观察窗口。

③ 危险废物贮存场所必须有耐腐蚀的硬化地面，且表面无裂隙。

④ 应设计堵截泄漏的裙脚，地面与裙脚所围建的容积不低于堵截最低容器的最大储量或总储量的 1/5。

⑤ 不同类型的危险废物应分开存放，并设有隔离间隔断。

⑥ 危险废物的堆放基础必须防渗，防渗层为至少 1m 厚黏土层或 2mm 厚高密度聚乙烯，或至少 2mm 厚的其他人工材料，渗透系数小于 10^{-7}cm/s。

⑦ 危险废物的堆放高度应根据地面承载能力确定。

⑧ 贮存地面的衬里要能够覆盖危险废物或其他溶出物可能涉及的范围。

⑨ 危险废物贮存场所外围应设计能防二十五年一遇的暴雨排洪沟或集水池，致使雨水不能流入危险废物堆场里。

⑩ 危险废物贮存场所要有防风、防雨、防日晒等设施。

危险废物贮存场所防风、防雨、防晒、防渗、防爆，且设立了危险废物识别标志。所有的危险废物统一回收，不与生活垃圾和其他工业垃圾混放、处理。公司建立贮存、转移、处置档案，保留原始处置合同单及转移联单。危险废物在运输过程中严格执行国家规定的"五联单"制度，运输车辆密封，并配备专门的消防和事故应急器材，运输人员均经过专门培训。

工厂现有一般固体废物和危险废物产生及处置情况见表 6-9。

表 6-9　工厂固体废物产生和处置情况汇总表

种类	来源	名称	处理方法
一般固体废物	污水处理站	污泥	外售
	制酒	酒糟	外售
	职工生活	生活垃圾	环卫清运
危险废物	设备维修	废润滑油、废机油、废棉丝、废油桶	委托处置

（5）噪声

该工厂的主要产噪设备有对辊磨、脱壳机、洗瓶机、循环泵、空压机及各类风机等，在购买设备时选用低噪声设备，同时将所有的噪声设备布置在车间内，并对主要的产噪设备加装减振基础，对风机、压缩机等安装消声器，车间噪声经墙体隔声户外衰减后，达标排放。

6.3.2　啤酒行业技术案例

某啤酒生产企业，使用淀粉和麦芽为主要原料进行啤酒生产，年生产能力 30000t。不同的产品，淀粉和麦芽按照不同的比例混合、糖化后，经过滤煮沸，冷却后发酵制成。企业生产过程除设备用电外，生产过程中会使用大量蒸汽，企业配备两台燃煤锅炉作为蒸汽动力，燃煤锅炉使用过程中会产生二氧化硫、氮氧化物等大气污染物。

6.3.2.1　工艺流程和产污节点

案例企业生产工艺主要包括原料验收和贮藏，淀粉调浆、糊化，麦芽除杂、粉碎，糖化，麦汁过滤，麦汁煮沸，回旋沉淀，冷却，发酵，过滤等。各种包装类型的啤酒生产工艺流程完全相同，只是在包装流程中存在差异。主要生产工艺描述见表 6-10，生产工艺流程如图 6-16 所示。

表 6-10　案例企业啤酒生产工艺描述

工序	工艺要求或过程
淀粉调浆	淀粉加少量的水溶解
糊化	调浆后的淀粉按照工艺加入一定量的水，并加淀粉酶在一定的温度和时间内糊化
麦芽粉碎	洁净的麦芽经麦芽粉碎机粉碎后，加入一定量的酿造水进入糖化锅
糖化	粉碎后的麦芽醪液在糖化锅内于一定温度下，经一定的时间糖化，与糊化锅糊化好的淀粉醪液混合，继续在一定的温度和时间内，使其淀粉分解为麦芽糖和多糖，蛋白质分解为氨基酸和多肽
麦汁过滤	糖化后的醪液在过滤槽/机，使麦汁和麦糟分开
麦汁煮沸	过滤槽滤出的麦汁加一定量的酒花加热到沸腾并保持一定的时间
回旋沉淀	经回旋沉淀槽后除去麦汁中的热凝固物，使麦汁清亮透明
麦汁冷却	热麦汁经板式换热器被冷却到 6~9℃，冷却后充入无菌压缩空气，并接种酵母后进入发酵罐
发酵	在一定的温度下，经酵母作用生成啤酒
啤酒过滤	发酵成熟的啤酒经硅藻土过滤机滤除少量的悬浮酵母和蛋白质凝固物微粒；经硅藻土过滤后的啤酒经精机过滤进一步除去啤酒中的微小颗粒。使啤酒清亮透明，富有光泽，口味纯正，保质期长
清酒贮存	过滤后的清酒存放于清酒罐内，贮存温度-1~2℃，贮存时间＜60h，等待灌装

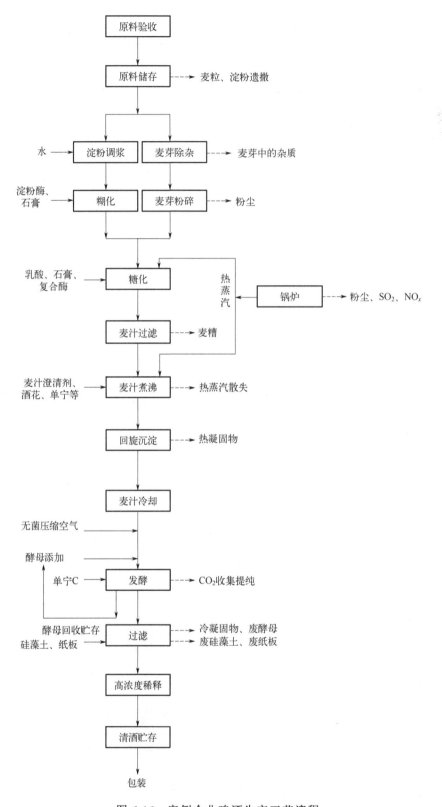

图 6-16　案例企业啤酒生产工艺流程

6.3.2.2 污染物产生和排放现状

（1）污染物排放种类

啤酒生产主要的污染物包括废气、废水和一般固体废物，其中的废气主要是锅炉使用带来的煤燃烧废气、麦芽粉碎过程中带来的颗粒物排放以及发酵工序产生的二氧化碳气体；废水主要来源于原料用去离子水制水过程中排放的浓水、容器和设备 CIP 清洗排放的清洗废水及产品包装过程中产生的酒头遗撒等；一般固体废物包括麦汁过滤产生的麦芽壳、回旋沉淀过程中的糖化残渣、发酵工序产生的废酵母和冷凝固物、过滤工序产生的废硅藻土和废纸板等。

（2）污染防治现状和需求

① 所处区域为大气污染防治行动计划内涉及的重点区域，进而对辖区内企业的大气污染物排放提出了更高的要求，需要对自身大气污染物排放提出相应的减排措施。

② 企业建有一座 3000m³/d 的污水处理站，该污水站始建于 1988 年，2004 年又根据环保要求进行改建，采用水解酸化+生物接触氧化处理工艺。其中水解酸化段和好氧池的 COD 处理效率约 84%、87.5%，但是由于地方水污染物排放标准升级，新标准颁布后要实现水污染物排放的稳定达标，需要对现有污水处理系统进行升级。

③ 根据物料平衡实测结果，企业在啤酒灌装过程中，存在约 3%的酒头损失，这不但造成了产品的浪费，还增加污水处理系统的压力。

④ 啤酒的生产过程需要使用大量的风机、水泵、空压机等设备，由于设计生产能力和实际生产能力存在差异，设备输出功率远大于实际生产需求，造成能源浪费。

6.3.2.3 污染防治方案

（1）清洁生产技术方案

① 酒头酒尾回收。通过物料平衡计算得知，啤酒生产的酒损较大，损失一部分来自对酵母、热凝固物及酒糟的冲洗过程，一部分来自啤酒灌装的过程损失。通过酒损的不同来源，将酵母、热凝固物及酒糟清洗的上清液进行回收，再次进入制酒过程；对于灌装过程损失，通过安装 PLC 自动控制启动系统，将链条运行系统和灌装喷头开关联动，减少不同批次产品灌装因频繁启停，灌装过程和链条行进过程不一致造成的酒损。改造后，酒损减少约 0.05%，回收啤酒产品 150t。

② 耗能设备变频改造。生产过程中空压机的工作状态大部分时间非满载，但空压机仍要维持 0.55～0.65MPa 的空气压力，浪费电能。给空压机配套电动机安装一台变频器，生产用气量减少时，改变电动转速，从而减少用电量。

储酒罐降温用的送冷泵 30kW 两台，降温的储酒罐少时，用冷量少，需要的送冷泵功率要小，用冷量大时，需要送冷泵功率大，现有送冷泵为固定功率，无法满足功率调节的需求。购买两台 30kW 西门子变频器和两台 PID 控制器，进行恒压力送冷，节约电能。

污水处理厂的污水曝气时间随进水水质的不同而需求有所不同，过量的曝气对污水处理系统本身的处理效率提高并无作用，而维持较大的曝气量会造成较大的能源浪费，对污水处理罗茨风机进行变频改造，根据需要进行曝气量调节。

经过一系列的能效提升改造后，节约用电 $1.5×10^5kW·h$，与改造前的 $5.08×10^6kW·h$ 相比降低了约 3%。

③ 蒸汽冷凝水及生产废水的回收利用。采取措施提高蒸汽冷凝水回收率：对冷凝水各疏水器每次定修时检修清洗，效果差时进行更换；集中排冷凝水回收管路，补焊漏水点；对回收水泵进行机械密封的更换，解决漏水问题。

生产过程中糖化 CIP 热水有富余，利用糖化、发酵管路将富余热水打入空余发酵罐，用于冲洗管路和地面；现阶段反渗透制水系统产生的浓水直接排放至污水处理站，浓水金属离子含量极高，对污水处理系统中活性污泥冲击较大，存在影响后期出水达标率的隐患，同时也浪费水资源；通过改造，将浓水引至中水管路和发酵车间，用于卫生间的冲洗用水和发酵车间冲洗及地面清洗。

经过一系列节水改造后年可节约新鲜水 3200t，与改造前的 $1.7×10^5t$ 相比，降低了约 2%。

（2）废水治理技术方案

针对水污染物排放标准的更高要求，结合啤酒行业污水处理工程设计经验对现有污水处理系统实施改造，总体上采用厌氧+好氧+深度处理三级工艺，替代原有水解酸化+生物接触氧化工艺。

改造的主要内容包括：

① 新建调节池对生产排水进行水质和水量的调节；
② 改建厌氧滤池，增加其生物脱氮效果；
③ 修复好氧设施，提高有机物氧化效果；
④ 新增加药絮凝+纤维滤盘过滤系统提升出水稳定净化水平；
⑤ 修复增补供气、管道和保温及污泥处理设施，提高设备运行稳定性。

污水处理设施的进、出水水质分别见表 6-11 和表 6-12。

表 6-11　某酒业污水处理设施进水水质

水质指标	COD_{Cr}/（mg/L）	BOD_5/（mg/L）	氨氮/（mg/L）	SS/（mg/L）	pH 值
数据	≤2500	≤1500	20	≤400	≤5.0

表 6-12　污水处理设施出水达标要求

水质指标	COD_{Cr}/（mg/L）	BOD_5/（mg/L）	氨氮/（mg/L）	SS/（mg/L）	pH 值
接管标准	30	6	1.5（2.5）[①]	10	6～9

① 每年的 12 月 1 日至次年的 3 月 31 日执行括号内标准。

该项目改造采用 AF+A/O+深度处理工艺对啤酒废水进行处理。改造后的污水处理系统工艺流程如图 6-17 所示。

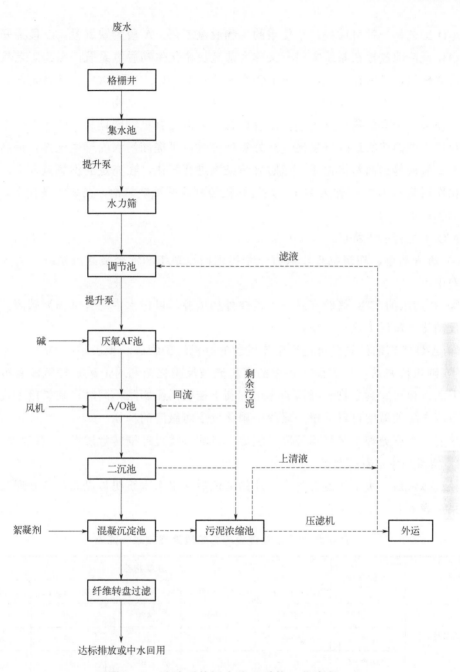

图 6-17 改造后的污水处理系统工艺流程

厌氧 AF 工艺即厌氧滤池工艺，是指在反应器内填充各种类型的固型填料，如卵石、炉渣、瓷环、塑料等来处理有机废水。废水向上流动通过反应器的厌氧滤池称为升流式厌氧滤池；当有机物的浓度和性质变化较大时，其有机负荷可在 $10\sim20\text{kgCOD}/(\text{m}^3\cdot\text{d})$ 变化。另外，还有下流式厌氧滤池。废水在流动过程中生长并保持与厌氧细菌的填料相接触；因为细菌生产在填料上不随出水流失，在较短的水力停留时间下可取得较长的污泥龄，平均停留时间可长达 100d。

A/O 工艺是一种目前被广泛使用的生物脱氮工艺，A 段为缺氧段，O 段为好氧段，将反硝化反应池放置在系统之前，又称为前置反硝化生物脱氮系统。A/O 工艺将前端缺氧和后端好氧段串联在一起，A 段 DO 不大于 0.2mg/L，O 段 DO 为 2～4mg/L。在缺氧段，异养菌将污水中的淀粉、纤维、碳水化合物等悬浮污染物和可溶性有机物水解为有机酸，使大分子有机物分解为小分子有机物，不溶性有机物转化为可溶性有机物，当这些经缺氧水解的产物进入好氧池进行好氧处理时，可提高污水的可生化性，提高氧化效率；在缺氧段异养菌将蛋白质、脂肪等污染物进行氨化，在充足的供氧条件下，自养菌的硝化作用将 NH_3-N 氧化为 NO_3^-，通过回流控制返回至缺氧池，在缺氧条件下，反硝化菌将 NO_3^- 还原为 N_2。

A/O 工艺有以下特点：

① 流程简单，构筑物少，只有一个污泥回流系统和混合液回流系统，大大节省了基建费用；

② 在污水的 C/N 值较高时，不需要外加碳源，以污水中的有机物为碳源，保证充分的反硝化，降低了运行费用；

③ A/O 工艺的好氧段可使反硝化残留的有机污染物进一步去除；

④ 缺氧段在前，一方面污水中的有机碳被反硝化菌利用，减轻好氧段有机负荷，另一方面，也可起到生物选择器的作用，利于控制污泥膨胀，同时，缺氧段中进行的反硝化反应产生的碱度可以补偿好氧段中硝化反应对碱度的消耗。

最后，深度处理工艺采用混凝、沉淀、过滤（通过纤维转盘过滤），有效去除 COD 和 SS，实现出水达标排放。

经过改造后，废水经过各处理工序的处理后，出水水质明显提高，各处理工序的处理效果见表 6-13。

表 6-13　污水处理设施各阶段处理效果一览表

处理单元	水质项目	水质指标				
		COD/（mg/L）	BOD/（mg/L）	SS/（mg/L）	氨氮/（mg/L）	pH 值
调节池	进水	2500	1500	400	20	5
	出水	2500	1500	200	20	6～9
	去除率/%	—	—	50	—	—
厌氧 AF 池	进水	2500	1500	200	20	6～9
	出水	1000	450	100	20	6～9
	去除率/%	60	70	50	—	—
A/O 工艺+二沉池	进水	1000	450	100	20	6～9
	出水	60	10	60	2	6～9
	去除率/%	94	97.78	40	90	—

续表

处理单元	水质项目	水质指标				
		COD/（mg/L）	BOD/（mg/L）	SS/（mg/L）	氨氮/（mg/L）	pH 值
混凝沉淀+纤维转盘过滤机	进水	60	10	60	2	6～9
	出水	24	5	6	1.5	6～9
	去除率/%	60	50	90	25	—
总排口排水		24	5	6	1.5	6～9
排放标准		30	6	10	1.5（2.5）	6～9

该项目完成后，污水处理站出水可满足新的地方排放标准中有关排放限值，即 SS≤10mg/L、COD≤30mg/L、BOD≤6mg/L、氨氮≤1.5mg/L。根据改造前和改造后企业的水质监测报告，可以计算出，减少 SS 排放量 2.17t/a、减少 COD 排放量 3.13t/a、减少 BOD 排放量 2.02t/a。

项目投资达到 960 万元，污水处理系统升级改造项目没有明显的经济效益，但该方案具有非常好的环境效益。

（3）废气治理方案

根据区域节能减排安排，对现有燃煤锅炉进行改造，拆除原有 2 台 20t/h 燃煤锅炉（1 用 1 备），新增 2 台 4t/h 的燃气锅炉、2 台 2t/h 的燃气锅炉。改造后的主要设备设施见表 6-14。改造后锅炉设计总能力为 12t/h。改造前企业耗煤量为 3532.39t，则输入的煤的发热量为（3532.39×1000×20908）kJ=7.39×10^{10}kJ（原煤低位发热量为 20908kJ/kg），锅炉的热效率以 70% 计算，产生的蒸汽的热量为 5.17×10^{10}kJ。天然气锅炉热效率以 92% 计算，则需要天然气提供的热量为 5.62×10^{10}kJ，折合天然气的量为（5.62×10^{10}÷35544）m³=1.58×10^{6}m³（气田天然气低位发热量为 35544kJ/m³）。改造后，标煤使用量减少 3532.39t×0.7143t（标煤）/t-1.58×10^{6}m³×1.2143kg（标煤）m³÷1000=604.6t（标煤）。以此计算，不使用燃煤锅炉后，每年可减少烟尘排放量为 1.19t、SO_2 排放量为 1.40t，环境效益明显。

表 6-14　锅炉煤改气主要设备设施

序号	设备名称		数量
1	主体工程	2t/h 燃气锅炉	2 台
		4t/h 燃气锅炉	2 台
2	辅助工程	水软化系统	1 套
3		风机	4 套
4		水泵	4 套
5	环保工程	减振底座	12 套
6		低氮燃烧器	4 套
7		15m 烟囱	4 个

燃煤锅炉与燃气锅炉的运行费用见表 6-15。

表 6-15　燃煤锅炉与燃气锅炉运行费用对比

序号	产生费用项目	燃煤锅炉			燃气锅炉		
		消耗量	单价	价格	消耗量	单价	价格
1	燃料耗费	3286.70t，折合 2346.7t 标煤	489.27 元/t	160.81 万元	$350 \times 10^4 m^3$	2.92 元/t	1022 万元
2	人工费	10 人	4.5 万元/a	45 万元/a	6 人	5 万元/a	30 万元/a
3	排污费	脱硫除尘排污费 17 万元/a			氮氧化物排污费 7 万元/a		
4	成本小计	222.81 万元/a			1059 万元/a		

第7章
排污许可管理和其他环境管理制度的关系

7.1 排污许可管理与环境影响评价的衔接

环境影响评价是建设项目的环境准入门槛，排污许可制是企事业单位生产运营期排污的法律依据，两者都是我国污染源管理的重要制度。环评制度管准入，排污许可制度管排污，二者的充分衔接，便可以实现从污染预防到污染治理和排放控制的全过程监管。新建项目必须在发生实际排污行为之前申领排污许可证，环境影响评价文件及批复中与污染物排放相关的主要内容应当纳入排污许可证，其排污许可证执行情况应作为环境影响后评价的重要依据。

2017年11月，环境保护部印发《关于做好环境影响评价制度与排污许可制衔接相关工作的通知》，对各种情况下环评制度与排污许可制度的衔接做了具体安排。主要解决了以下问题。

（1）环评审批与排污许可证申领的关系

环境影响评价，是申请排污许可证的前提和重要依据。申领排污许可证时，须提交建设项目环境影响评价文件审批文号，或者按照有关国家规定，经地方人民政府依法处理、整顿规范并符合要求的相关证明材料。分期建设的项目，环境影响报告书（表）以及审批文件应当列明分期建设内容及与污染物排放相关的主要内容，建设单位据此分期申请排污许可证。改扩建项目的环境影响评价应当将排污许可证执行情况作为现有工程回顾评价的主要依据。对那些存在环评历史遗留问题的，《排污许可管理办法（试行）》做了安排，排污单位如果承诺在最长不超过一年的时间内做出改正并提交改正方案，地方环保部门可以核发排污许可证。这一规定不但有利于实现排污许可的全覆盖，也有利于清理环评历史遗留问题。

（2）二者管理对象的分类

《建设项目环境影响评价分类管理名录》和《固定污染源排污许可分类管理名录》分别为环评制度与排污许可制度的分类管理依据。二者应衔接，按照建设项目对环境的影响程度、污染物产生量和排放量，实行统一分类管理。纳入排污许可管理的建设项目，可能造成重大环境影响、应当编制环境影响报告书的，原则上实行排污许可重点管理；可能造成轻度环境影响、应当编制环境影响报告表的，原则上实行排污许可简化管理。

（3）排污许可如何体现环评要求

环保部门结合排污许可证申请与核发技术规范，对建设项目环境影响报告书（表）进行审查，严格核定排放口数量、位置以及每个排放口的污染物种类、允许排放浓度和允许排放量、排放方式、排放去向、自行监测计划等与污染物排放相关的主要内容。2015年1月1日及以后取得建设项目环境影响评价审批意见的排污单位，环境影响评价文件及审批意见中与污染物排放相关的主要内容，应当纳入排污许可证。排污许可证核发部门按照污染物排放标准、总量控制要求、环境影响报告书（表）以及审批文件，从严确定其许可排放量。

（4）排污许可与项目验收和后评价的关系

排污许可证执行情况，是环境影响后评价的重要依据。排污许可证执行报告、台账记录以及自行监测执行情况等，将作为开展建设项目环境影响后评价的重要依据。无证排污或不按证排污的，建设单位不得出具项目验收合格的意见。改扩建项目的环境影响评价，排污许可证执行情况将作为现有工程回顾评价的主要依据，在申请环境影响报告书（表）时，必须提交相关排污许可证执行报告。为了推动排污许可制度和环评制度改革，生态环境部将完善建设项目环评审批信息申报系统，并与全国排污许可证管理信息平台充分衔接。

在目前的排污许可证管理实践中，排污许可证管理与环境影响评价文件的审批管理仍未有效地结合起来。环评与企业建设、生产和运营中的污染物排放监督管理仍存在一定的脱节，环评与企业后续环境管理"两张皮"，极大地制约了环评制度预防作用的进一步延伸。例如：某酿酒企业建设项目环评报告书审批公示信息和排污许可公示信息中关于大气污染物排放的要求是"生产中产生的粉尘由负压抽风系统捕集后经布袋除尘器处理达标、非甲烷总烃由集气罩捕集经风冷降温后采用活性炭吸附处理达标后通过27m高排气筒排放"。但该建设项目的排污许可证中仅对该建设项目的污染物排放浓度作出了限制要求。而环评报告书中关于排放口设置等方面的管理要求则完全没有体现在排污许可证中。可见，排污许可证并未完全体现环评报告书关于该建设项目废气排放的所有要求，而仅是在适用的浓度控制标准方面符合环评文件及其批准决定。

由此可见，在今后排污许可制度执行过程中，为了更好地与环境影响评价制度全面衔接，应当在排污许可证管理实践中注意以下2个方面：

① 环评文件及其批复中提出的建设项目污染物排放总量控制指标应与排污许可证中污染物排放总量控制指标适当衔接。然而，环境影响评价与排污许可这两项制度在评

238

价项目与企业污染源的强度计算方法上却存在较大差异。在《建设项目环境影响评价分类管理名录》《固定污染源排污许可分类管理名录》涉及的酒、饮料工业中，对污染物的种类和强度、污染物的产生量和排放强度都有各自的规定。因为环境影响评价制度较偏重事前管理，所以对排放强度对环境产生的影响更加关注，排污许可则偏向从污染物的排放对于水体、大气和土壤所产生的影响实施定量分析。

② 建设项目环境影响评价文件在污染物排放方面既应精确核算污染源的污染物排放总量，还应对排污口设置、排污去向、排放浓度、污染物排放的监测和报告要求等做出详尽的规定；相应地，排污许可证应当将建设项目环境影响评价文件及其批件中提出的上述管理要求予以全面和准确的体现。在污染物排放管理方面，环境影响评价文件虽能对污染源提出若干具体的管理要求，但由于目前环境影响评价在建设项目管理流程中的主要作用是建设项目核准或审批中的一个必要环节，其目的是预测和预防建设项目在将来的建设和运营过程中可能对环境造成的危害。环评文件提出的管理要求如果要成为生态环境主管部门对污染源实施环境执法行为的依据，则必须体现在排污许可证中。只有这样，才能把环境影响评价制度的预防功能延伸到企业事业单位的生产和经营活动中去。

7.2　排污许可管理与总量控制制度的衔接

我国水污染物总量控制制度始于 20 世纪 80 年代中后期，1988 年 3 月，国家环境保护局（现生态环境部）下达以总量控制为核心的《水污染物排放许可证管理暂行办法》和开展排放许可证试点工作的通知，我国开始实施总量控制。从"十一五"开始，我国污染物总量控制得到了明显加强，《中华人民共和国国民经济和社会发展第十一个五年规划纲要》提出 2010 年化学需氧量排放量在 2005 年基础上削减 10%，国家环境保护总局为做好"十一五"期间控制全国主要水污染物（COD）排放总量工作，制定了《主要水污染物总量分配指导意见》。

污染物排放总量控制制度对污染物的减排及产业结构调整起到了积极的作用。但通过行政区域分解污染物排放的总量指标，缺乏相应的监管。通过实施排污许可制，落实排污单位污染物排放总量控制要求，调整了单纯以行政区域为单元分解总量指标的方式，改变了总量减排核算考核办法，逐步向排污单位污染物排放总量控制调整，建立由下向上的排污单位污染物排放总量控制制度，由排污许可证确定排污单位污染物排放总量控制指标，使总量控制的责任回归到排污单位，由排污单位承担自身排放行为后果。

以排污许可证为载体有利于污染物排放总量控制的实施，合理确定污染物许可排放量有利于控制每一个企业的污染物排放总量。总量确认指标可直接变更到许可排放量中，总量减排任务可落实到每个企业的排污许可证中，定位到每个排污环节，从而使污染物排放量做到可监测、减排量可核查，总量控制能够更好地服务于环境质量改善。

实行排污许可和总量控制都是为了改善环境质量。总量控制是环境管理的重要手段，而排污许可则是一项基础性环境管理制度。总量控制所涉及排污单位范围窄，排污许可能基本覆盖所有固定污染源。总量控制管理对象是排污单位，不具体到污染源。排污许可证注明排污单位及每个污染源的排放状况。总量控制和排污许可都涉及污染物总排放量，即企业污染物排放总量指标。排污许可证中载明的排放量是总量指标的具体体现。在排污许可证中载明总量控制指标有助于总量控制扩大到影响环境质量的所有污染源。区域内所有排污单位许可排放量之和就是该区域的总量控制指标，总量控制就是对区域内所有排污单位许可排放量的控制。总量减排任务可通过排污许可证落实到每个排污单位。

《排污许可证申请与核发技术规范　酒、饮料制造工业》（HJ 1028—2019）中规定，依据 HJ 1028—2019 规定的允许排放量核算方法和依法分解落实到排污单位的重点污染物排放总量控制指标，从严确定许可排放量。2015 年 1 月 1 日及以后取得环境影响评价审批、审核意见的排污单位，许可排放量还应同时满足环境影响评价文件和审批、审核意见确定的排放量的要求。排污单位的许可排放量需结合环评、总量、排污许可核算三者取其严。

7.3　排污许可管理与排污权交易制度的衔接

排污权是政府允许排污单位向环境排放污染物的种类和数量，是排污单位对环境容量资源的使用权。排污权有偿使用与交易政策是一种以产权的形式明确环境资源的稀缺性，实现环境成本内部化的重要环境经济政策。

在 1991 年，国家环境保护局把 6 个城市当作大气排污权交易政策试点，其中包括包头、开元、柳州、太原、平顶山和贵阳，并且取得明显成效。在 2002 年 7 月，国家环境保护总局又选择在上海市、江苏省、山东省、天津市、山西省、河南省、柳州市这 7 个区域展开关于二氧化硫排放总量控制及排污交易试点项目。2011 年发布的《国家环境保护"十二五"规划》明确要求"健全排污权有偿取得和使用制度，发展排污权交易市场"。但是到目前为止排污权交易在我国尚没有全面展开。

在排污权有偿使用与交易政策中，需要通过排污许可证作为载体进行交易和落实。在排污配额量分配方面，排污企业配额的分配主要以排污许可证的形式进行明确。在核定地区环境容量的背景下，环保部门根据企业的实际情况，将规划的排放总量指标进行分配，对符合要求的现有企业通过直接分配其配额量即排放权，对于符合要求的新、改、扩建企业将通过有偿方式获取配额量（排污权），不论是现有企业还是新、改、扩建企业配额量的获取都是以排污许可证的形式来明确。在排污权交易方面，排污权交易的信息需要在排污许可证中明确记载，并且可以以许可证作为交易标的物。

排污许可证是排污权的确认凭证，但不能简单以许可排放量和实际排放量的差值作为可交易的量，企业通过技术进步、深度治理，实际减少的单位产品排放量，方可按规定在市场交易出售；此外，实施排污权交易还应充分考虑环境质量改善的需求，要确保排污权交易不会导致环境质量恶化。排污许可证是排污交易的管理载体，企业进行排污权交易的量、来源和去向均应在许可证中载明，环保部门将按排污权交易后的排放量进行监管执法。

将排污许可证直接用于排污权有偿使用和交易政策上尚存在不足。

① 排污许可证的产权属性未予明确。目前在环保法中尽管明确了排污许可证的法律地位，但是还没有明确其是否具有产权属性。如果不具有产权属性，即使产生交易，也不代表产权真正实现转移，就影响其价值属性，排污许可证代表的产权属性在我国《物权法》中缺少相应的法律支撑。

② 排污许可证中的配额界定不明晰和惜售问题。我国排污许可证在交易政策中还存在许可排放量和配额量界定不明确的问题，一般地，许可证上的配额量是按总量控制要求核定给企业，是企业允许排放的最高量，但是目前我国许可证载明的配额量和许可排放量并没有完全统一，许可证制度与排污权交易政策还存在脱钩现象。此外，如果排污企业由于其他原因惜售未用完的配额量，而其他需要购买配额指标的企业就无法购得，就会造成配额指标的浪费，形成市场供需不平衡的现象，不能起到应有的作用。

③ 缺乏与许可证交易相匹配的监管和核定体系。排污许可的配额分配和减排量的确定是排污权交易政策正常运转的前提，我国在排污权交易的污染物减排量的确定和配额变化中，还缺乏一个严格的实时监管系统，在对排污许可证中载明的富余配额的监管和核实方面存在漏洞。

7.4　排污许可管理与环境保护税的关系

我国环境保护税是由排污费改税而来的。1979 年颁布实施的《中华人民共和国环境保护法（试行）》正式确立了排污费制度，第十八条明确规定"超过国家规定的标准排放污染物，要按照排放污染物的数量和浓度，根据规定收取排污费"，随后 1982 年国务院制定《征收排污费暂行办法》，于 1982 年 7 月 1 日起施行。此后经过多次改革，2003 年国务院颁布实施了新的《排污费征收使用管理条例》，对排污费征收制度做了重大调整，在全国范围内实施排污总量收费，覆盖废水、废气、废渣、噪声、放射性五大领域和 113 个收费项目。排污收费制度对防治环境污染发挥了一定作用，但在实际执行中存在一些问题，如执法刚性不足、地方政府和部门干预等，影响了该制度功能的有效发挥。针对这种情况，有必要实行环境保护费改税，进一步强化环境保护制度建设。

为促进形成节约能源资源、保护生态环境的产业结构、发展方式和消费模式，加快转变经济发展方式，财政部、国家税务总局、环境保护部起草了《中华人民共和国环境保护税法》，于 2016 年 12 月通过，自 2018 年 1 月 1 日起施行，即环境税正式开征。最新修正是根据 2018 年 10 月 26 日第十三届全国人民代表大会常务委员会第六次会议《关于修改〈中华人民共和国野生动物保护法〉等十五部法律的决定》。

2017 年 12 月，国务院又发布了《中华人民共和国环境保护税法实施条例》（中华人民共和国国务院令 第 693 号），细化了有关规定，并与环境保护税法同步实施。该条例对伪造环境监测数据、虚假申报等五种行为的处理做了规定，要求排污企业将其应税大气、水等污染物产生量作为排放量计算。这些规定会导致排污企业税负提升，加大对污染治理的力度，对环境的检测数据质量等要求也随之提高。企业申请的排污许可制载明自行监测、许可排放浓度、排放总量等信息，能起到引导企业诚信申报、诚信纳税的作用。而环境保护税对应水、大气污染物主动减排情形的税收设计减或免税费，纳税人排放应税水污染物、大气污染物的浓度值低于地方、国家规定的排放标准限值30%的，按75%征收环境保护税，纳税人排放应税水、大气污染物的浓度值低于地方、国家规定的排放标准限值50%的，按50%征收环境保护税，以上两项规定也会激励企业主动防治和减排，客观上助力于排污许可制度"按证排污"的落实。

排污许可管理与环境保护税的征税客体一致，《中华人民共和国环境保护税法》中规定了排放污染物的范围是点源污染，也就是包含了水污染物、大气污染物、工业固体废物等。《排污许可管理条例》也与《中华人民共和国环境保护税法》一样规定了对排放污染物分类管理的模式，依污染物的产生量、排放量以及危害程度的大小分成了重点、简化和许可登记管理，排污许可证的副本内容对排放口数量、位置、方向等进行了规定。企业排污许可标准的制定要依靠环境影响评价文件的主要内容。《排污许可管理条例》从种类、许可排放浓度、排放量等点源污染物具体方面也做出了明确规定，许可排放的浓度是按照国家、地方的污染物排放标准确定。审核企业排放污染物的浓度，如果制定的标准比国家标准更严，则需要在副本中加以说明。有关污染物的排放量许可，是按照规定期限内的许可排放量，以及特殊时期的许可排放量来进行审核。技术标准以及排污许可证的申请等方面的监管主体是生态环境部。在对许可排放污染物的审查上，审查主体为生态环境主管部门，根据排污许可证申请核发的规范内容、标准、环评文件、总量控制指标，对企业的许可排放进行严格把关。

随着排污许可制改革的持续推进和《中华人民共和国环境保护税法》的施行，排污许可证后管理正在逐步走向正轨，管理理念逐渐深入人心，环境质量得到持续改善，排污单位环保责任主体和企业税收责任主体日趋显现。通过"费改税"的平稳过渡和建立环境税征收协作机制，有效形成生态环境"税"与"证"的有机衔接，经济发展与环境保护共生共促逐渐呈现。

《中华人民共和国环境保护税法》对落实排污许可制改革和主要污染物排放总量控制制度起到了至关重要的作用。《中华人民共和国环境保护税法》实施以来，通过"多排多征、少排少征、不排不征"的税制设计，引导排污单位加大治理力度，加快转型升级，减少污染物排放；鼓励排污单位实施清洁生产、集中处理、循环利用，减少环境污染和生态破坏，其促进污染减排的导向效果初步显现。

在实现排污许可"全覆盖"后，税务部门按照排污许可证上的年许可排放限值（总量指标）预征环境税，生态环境部门分别对排污许可证年度执行情况进行核算与评估，税务机关依照核算与评估结果实施税款抵扣、补缴、加征，促使企业按证排污、诚信纳税逐渐成为自觉。

但是目前排污许可制与环境税定位明晰度还不够、联动机制监管不到位；依证监管力度不足，处罚结果不足以形成有力震慑；排污单位治理责任落实不到位，缺乏履行生态环境保护责任的主动性和自觉性，更缺乏依法经营的敬畏意识。主要有以下几个问题需要解决。

（1）排污许可制与环境税联动管理需要进一步强化

目前，排污许可制改革和环境税实施已取得阶段性成效，但在具体操作层面，仍然存在联动效率不高、实施效果有限、政策目标难以全面实现的现象。一方面，由于缺乏配套政策，排污许可证后管理与环境税征管协同推进困难，排污单位通过清洁生产、提标改造等方式实现的污染减排效益难以落实，挫伤了企业积极减排的主动性和能动性。另一方面，排污许可制对固定污染源的管理与环境税对纳税人的征管都是动态的，环境税核算方法尚未统一到各行业排污许可技术规范上来，导致排污许可管理范围与环境税征管口径不一致，制约了两项制度的协同管理和落地见效。同时，生态环境执法监测中测管联动效能发挥不畅，在以监测数据为支撑的排污许可执法和环境税征管上缺乏有力保障。

（2）排污许可证后管理监督亟待税务部门的"一体化"作战

环境的综合治理是联动的，如果不能对排污许可执行情况进行实质性监管，就会导致排污单位出现"违证排污"等情形，继而发生管理部门不掌握真实的排放数据和污染治理设施运行情况的问题。事实上，排污单位是否"按证排污、自证守法"，直接影响到企业的环境税申报。目前，以排污许可执行报告为核查基础的环境税复核机制还未建立，通过减免清单与排污许可执行情况进行比对和减免清单与污染源自动监控中心数据进行比对等方法确定复核结果还不完善，尚未有法律、法规就环境税复核工作提出明确细化要求，环境税复核规范化推进难度较大。

（3）排污许可证管理信息平台与环境保护税涉税信息平台共享资源有限

随着排污许可制改革的深入推进，亟须解决现行条件下，环境数据信息存在的"孤岛"现象。排污许可证管理信息平台与环境统计、环境执法、重点污染源在线监测等生态环境数据平台还未完全实现统一共享，排污许可的执行数据还不足以作为环境税的计税依据和确定排污单位污染减排效果的依据。当然，从排污许可证管理信息平台与环境税涉税信息共享平台运行数据看，两者在数据信息上集成度还不够高，共享数据准确性和利用率也有待提高，衔接机制还不够畅通，致使业务在协同性上步调不够一致、信息资源利用效果也不明显。排污许可管理和环境税征管都是基于排污许可证的执行来实现的，管理平台的管理端与客户端在排污单位执行报告的兼容性上仍需增强。

7.5　排污许可管理与自主验收的衔接

依据《建设项目竣工环境保护验收暂行办法》第六条及第十四条规定，需要对建设项目配套建设的环境保护设施进行调试的，建设单位应当确保调试期间污染物排放符合国家和地方有关污染物排放标准和排污许可等相关管理规定。环境保护设施未与主体工程同时建成的，或者应当取得排污许可证但未取得的，建设单位不得对该建设项目环境保护设施进行调试。纳入排污许可管理的建设项目，排污单位应当在项目产生实际污染物排放之前，按照国家排污许可有关管理规定要求，申请排污许可证，不得无证排污或不按证排污。建设项目验收报告中与污染物排放相关的主要内容应当纳入该项目验收完成当年排污许可证执行年报。因此，必须申领排污许可证后方可进行调试、竣工环保验收监测及自主验收程序。

建设项目在投入生产或者使用之前，其环境噪声污染防治设施必须按照国家规定的标准和程序进行验收；达不到国家规定要求的，该建设项目不得投入生产或者使用。建设项目水、大气、固废污染物环境保护设施由建设单位自行开展验收。企业新建项目在试运行阶段，可能会产生实际的排污行为。根据相关法律要求，企业必须持证排污，不得无证排污。因此，企业在投入运行并产生实际的排污行为之前，应当取得排污许可证。这跟企业是否通过环保验收没有必然的关系。

此外，企业在申请排污许可证的时候，竣工验收报告并不是前置条件，但是需要提交环评报告的批复文件。因此，环评是首位的，而申请排污许可证需要在发生实际排污行为之前；而一旦装置运行（试生产、试运行）就会排污，所以排污许可申请需要在环保验收之前完成，且必须已经取得环评批复（或完成登记表备案）。

综上，可以总结出以下流程：环评编制—取得环评批复（或完成登记表备案）—申请排污许可证—试运行—开展竣工环保验收—完成自主验收—正式投产。

7.6　排污许可管理与碳排放的衔接

全球气候变化是 21 世纪人类面临的最复杂的挑战之一，越来越多的国家和地区开始对温室气体排放进行控制。我国于 1998 年 5 月签署并于 2002 年 8 月正式核准了《京都议定书》，积极参与到国际温室气体行动中，并且坚持"共同而有区别的责任" 的基本立场。2009 年我国已经提出温室气体控制目标，即到 2020 年单位国内生产总值二氧化碳排放比 2005 年下降 40%～45%。在 2013 年开展碳交易试点的基础上，于 2017 年初步建立了全国性的碳交易市场。2020 年 9 月 22 日，中国国家主席习近平在第七十五届联合国大会一般性辩论上宣布，中国二氧化碳排放力争于 2030 年前达到峰值，努力争取2060 年前实现碳中和。2021 年 9 月 22 日，《中共中央　国务院关于完整准确全面贯彻新发展理念做好碳达峰碳中和工作的意见》正式发布。

温室气体排放控制是我国生态环境工作的重点，有必要将排污许可管理与温室气体管控体系进行有效衔接。将温室气体管理纳入排污许可体系进行管控，有利于进一步推动排污许可制成为固定污染源环境管理核心制度，有利于进一步强化温室气体排放的统一管控，使排污许可数据为温室气体排放管理提供服务，为碳交易体系提供便利。

《环境影响评价与排污许可领域协同推进碳减排工作方案》（环办环评函〔2021〕277号）部分要求如下：

发挥排污许可制在碳排放管理中的载体与平台作用。建设全国环境信息管理平台，实现全国建设项目环评统一申报和审批系统、全国排污许可证管理信息平台、全国温室气体排放数据报送系统的集成统一，动态更新和跟踪掌握污染物与温室气体排放、交易状况，实现污染物和温室气体排放数据的统一采集、相互补充、交叉校核，为全国污染物与碳排放的监测、核查、执法提供数据支撑和管理工具。协同考虑温室气体与污染物排放，完善排放许可管理行业范围及分类管理要求。

参考文献

[1] 佚名. 2021 年 1-12 月全国酿酒行业生产运行情况 [J]. 中外酒业，2022（03）：55-60.

[2] 晓文. 2020 年度全国酿酒产业产量数据 [J]. 酿酒科技，2021（02）：96.

[3] 桑硕均，刘静心，郭嘉硕. 我国传统白酒酿造与工业酒精发酵的比较探究 [J]. 轻工标准与质量，2020（06）：105-106.

[4] 张琳，周思，赵馨，等. 贵州省酿酒行业现状调查分析 [J]. 环保科技，2018，24（04）：15-19.

[5] 刘荣. 大健康背景下保健类酒产品发展思路浅析 [J]. 酿酒，2023，50（02）：25-28.

[6] 唐千惠. 四川这样打造世界优质白酒产业集群 [N]. 四川经济日报，2023-03-07（001）.

[7] 黎冉，陈大龙，薛钢. 浅析我国白酒酿造智能化 [J]. 食品安全导刊，2023（07）：186-188，192.

[8] 黄昭华，刘蕙. "双碳"时代我国白酒企业 ESG 风险分析和绿色发展路径 [J]. 投资与创业，2023，34（04）：80-82.

[9] 牛安春，刘延正. 养元创新助力食品饮料行业高质量发展 [N]. 中国食品安全报，2022-01-13（B03）.

[10] 周虹. 食品饮料行业上市公司社会责任信息披露研究 [J]. 商业经济，2022，545（01）：120-126.

[11] 关苑，童凌峰，童忠东. 啤酒生产工艺与技术 [M]. 北京：化学工业出版社，2014.

[12] 张一飞，王林凤，刘钺. 玉米淀粉酒精发酵的工艺研究 [J]. 河南化工，2019，36（11）：30-32.

[13] 孙凤羽. 玉米发酵酒精废水处理技术研究 [J]. 食品界，2019（08）：150.

[14] 孙振江，佟毅，梁坤国，等. 小麦发酵产酒精及酒糟蛋白饲料工艺的研究 [J]. 中国酿造，2019，38（06）：140-143.

[15] 蔡凤娇，赵艳芸，朱嘉璐，等. 固液结合酿造酱香风味白酒新工艺研究 [J]. 食品安全质量检测学报，2023，14（01）：81-89.

[16] 齐卉芳. 玉米发酵酒精废水处理方式分析与研究 [J]. 化工设计通讯，2018，44（03）：189.

[17] 吕序霖. 自动化酿造工艺在白酒生产中的应用探究 [J]. 食品界，2023（03）：113-115.

[18] 李骐，相里加雄，翟旭龙，等. 清香型白酒黄水物质分析及收集黄水对生产的影响研究 [J]. 酿酒科技，2023（03）：88-91.

[19] 车路萍，陈垚，黄朝兵，等. 浓香型白酒酿造废水回收利用研究进展 [J]. 中国酿造，2023，42（03）：18-22.

[20] 黄生林，陈小光，马春燕，等. 我国白酒废水处理工艺探讨 [J]. 中国酿造，2023，42（03）：28-33.

[21] 周菊容，陈涨，骆亚锋，等. 浓香型白酒生产废水水质及其治理研究 [J]. 酿酒科技，2023（02）：75-81.

[22] 周洵平，陈本寿，张永江，等. 两级 EGSB-Phoredox 工艺处理白酒生产废水工程实践 [J]. 水处理技术，2023，49（01）：147-151.

[23] 王存彦，刘智慧，徐亚萍，等. 高洁净低能耗背景下啤酒废水处理新工艺研究 [J]. 能源与环保，2022，44（11）：154-158，170.

[24] 秦秀梅. 降低啤酒酿造过程水耗的研究 [J]. 中外酒业，2022（17）：45-47.

[25] 韩毅. 精酿啤酒废水处理设计——以上海某精酿啤酒为例 [J]. 广东化工，2022，49（11）：181-183.

［26］黄媛媛，张辉，赖娟. 不同种类大米黄酒酿造的研究［J］. 酿酒科技，2022（10）：22-25.

［27］汪江波，王浩，孔博，等. 黄酒酿造技术研究进展［J］. 酿酒，2020，47（06）：26-30.

［28］冯金河. 某饮料废水处理工程实例［J］. 广东化工，2021，48（17）：131-132.

［29］刘杰. 好氧工艺对饮料废水去除效果分析［J］. 山西化工，2021，41（04）：255-257.

［30］邢思永. 乳制品饮料生产废水生物处理工艺研究［J］. 黑龙江环境通报，2021，34（02）：31-33.

［31］张登华. 好氧工艺对饮料废水去除效果［J］. 环境与发展，2020，32（12）：30-31.

［32］张宁. 苦杏仁脱苦水的膜分离技术处理及资源化利用［D］. 西安：陕西师范大学，2020.

［33］张登华. UASB 工艺对饮料废水去除效果［J］. 资源节约与环保，2019（11）：72.

［34］沈隽，林建国. 乳制品饮料生产废水生物处理工艺研究［J］. 科技视界，2019（27）：8-10，24.

［35］刘臣亮. 乳酸菌饮料生产废水生物处理工艺实例分析［J］. 能源环境保护，2019，33（04）：28-32.

［36］丁鹤. EGSB-SBR 处理饮料生产废水工程设计［J］. 环境科学导刊，2017，36（05）：51-54.

［37］郭雷，张硌，高红莉，等. 聚硅酸铝铁元素配比对饮料废水处理性能研究［J］. 环境科学与技术，2017，40（增1）：211-214.

［38］侯艳红，彭党聪，王娜，等. UASB 反应器处理饮料废水污泥颗粒化过程［J］. 环境工程学报，2017，11（05）：2774-2779.

［39］王娜. UASB 处理饮料废水污泥上浮诊断与调控研究［D］. 西安：西安建筑科技大学，2017.

［40］徐殿木. 关于排污许可证证后管理暨执法工作要点的研究［J］. 皮革制作与环保科技，2021，2（05）：152-153.

［41］唐文哲. 基于企业层面的排污许可精细化管理研究［J］. 环境与发展，2019，31（07）：242-244.

［42］张静. 排污许可证后监管探索［J］. 百科论坛电子杂志，2019（14）：764.

［43］王焕松，王洁，张亮，等. 我国排污许可证后监管问题分析与政策建议［J］. 环境保护，2021，49（09）：19-22.

［44］刘爱民. 排污许可证的监督管理探究［J］. 皮革制作与环保科技，2021，2（05）：144-145.

［45］马艳华. 关于排污许可实施与监管的思考［J］. 皮革制作与环保科技，2021，2（11）：132-133.

［46］余洲，张新华，江淼，等. 江苏省排污许可证后监管实施现状及对策［J］. 环境影响评价，2019，41（02）：28-31.

［47］许康利，熊娅，贺蓉，等. 排污许可证监管和执法关键问题及解决路径研究［J］. 环境保护，2018，46（22）：56-59.

［48］马超. 排污单位自行监测的检查重点分析［J］. 环境科技，2019，32（05）：63-66.

［49］张志旭，毛亚鹏，吕玉新. 关于督导排污单位开展自行监测的思考［J］. 中小企业管理与科技（上旬刊），2021（05）：142-143.

［50］王军霞，刘通浩，张守斌，等. 排污单位自行监测监督检查技术研究［J］. 中国环境监测，2019，35（02）：23-27.

［51］赵丛，张红. 关于提高排污单位自行监测管理水平的几点思考［J］. 皮革制作与环保科技，2021，2（15）：12-13.

［52］张见昕. 废水重点排污单位自行监测现状问题及对策建议［J］. 环境保护与循环经济，2020，40（06）：

66-67.

[53] 叶志文. 排污单位自行监测存在的问题及建议 [J]. 低碳世界，2021，11（04）：49-50.

[54] 董骤睿，赵妍，尚毅林. 南京市排污许可执行报告思考与建议 [J]. 环境保护与循环经济，2020，40（10）：78-80.

[55] 沈磊. 排污许可执行管理的要点 [J]. 石油化工安全环保技术，2020，36（03）：9-12.

[56] 余昭辉，郭彦霏. 基于排污许可制的企业环境规范化管理 [J]. 现代工业经济和信息化，2021，11（03）：132-133，152.

[57] 王军霞，敬红，陈敏敏，等. 排污许可制度证后监管技术体系研究 [J]. 环境污染与防治，2019，41（08）：984-987.

[58] 任晶婧. 浅谈白酒酿造中的清洁生产 [J]. 轻工标准与质量，2021（05）：95-97.

[59] 马彦超，侯雅馨，黄明泉，等. 白酒工业副产物作为生物质资源的研究利用现状与前景 [J]. 食品与发酵工业，2022，48（21）：292-306.

[60] 李茂雅，陈玉连，成启明，等. 酒糟饲料化利用的研究进展 [J]. 中国饲料，2022（15）：133-138.

[61] 张国刚，杨瑞飞，刘晓峰，等. 酒精糟发酵饲料技术研究 [J]. 酿酒，2023，50（02）：128-131.

[62] 范洪岩，杨瑞飞，刘晓峰，等. 酒精发酵副产物生产微生物发酵饲料工艺初探 [J]. 酿酒，2023，50（01）：130-133.

[63] 蔡小波，黄孟阳，杨平，等. 酿酒生产废水处理工艺及其资源化利用研究进展 [J]. 酿酒，2022，49（01）：22-28.

[64] 黄正恒，柳静，杨红，等. 木薯酒精发酵副产物的能源利用实验探究 [J]. 云南化工，2020，47（06）：39-43.

[65] 代张超. 发酵小麦酒精糟在畜禽方面的应用研究 [D]. 合肥：安徽农业大学，2019.

[66] 陈剑军，闫红伟，郑梦杰，等. 精馏法回收酒精发酵气制备食品级 CO_2 技术先进性分析 [J]. 低温与特气，2018，36（06）：10-13.

[67] 李洁，李昆，张孟阳，等. 固态发酵木薯酒精渣生产生物饲料的研究 [J]. 饲料工业，2018，39（22）：44-49.

[68] 胡旭，吴耀领，李巧玉，等. 酒糟堆肥化再利用研究进展 [J]. 酿酒科技，2023（03）：110-114.

[69] 曹大红，朱中原，程伟，等. 啤酒糟预处理工艺研究 [J]. 现代食品，2022，28（14）：85-87.

[70] 马文燕，傅静宇，叶京生. 精酿啤酒工厂副产物的综合利用 [J]. 酒·饮料技术装备，2022（04）：60-62.

[71] 徐楠，宋广宇，孙治富，等. 啤酒废水作为生物质碳源减污降碳实践 [J]. 中外酒业，2022（13）：1-4.

[72] 葛松涛，徐欢根，寿泉洪. 黄酒糟资源开发利用研究进展 [J]. 浙江畜牧兽医，2023，48（01）：11-13.

[73] 李雪，赵晨晨，钱方，等. 大豆乳清多肽饮品的开发 [J]. 大连工业大学学报，2017，36（01）：10-13.

[74] 梁文钟，周伟坚，谢丹平，等. UASB+生物接触氧化处理酸性饮料废水工程实例 [J]. 工业水处理，2016，36（12）：103-105.

[75] 侯艳红. UASB 反应器处理饮料及啤酒废水的特性、活性与微生物种群结构研究 [D]. 西安：西安建筑科技大学，2016.

[76] 赵维韦，宋建华，许建刚，等. 啤酒饮料废水综合利用新进展 [J]. 酿酒科技，2015（08）：93-95.

［77］周彦，汪晓熙．某乳饮料废水处理站改扩建工程设计实例［J］．工业水处理，2015，35（02）：100-103.

［78］王红叶，侯银萍，彭党聪，等．上流式厌氧污泥床反应器处理饮料废水［J］．环境工程学报，2015，9（02）：743-748.

［79］卫小平．环境影响评价与排污许可制的衔接对策研究［J］．环境保护，2019，47（11）：33-36.

［80］钱冰冰．环境影响评价与排污许可制度的衔接探讨［J］．大众标准化，2020（20）：106-107.

［81］邓义祥．污染物总量控制制度创新与未来发展的思考［J］．环境科学研究，2021，34（02）：382-388.

［82］华淑艳．关于排污许可制度发展现状及与环保相关管理制度有效衔接的能效探讨［J］．皮革制作与环保科技，2021，2（04）：82-84.

［83］王新娟，肖洋，王国锋，等．排污许可制下污染物总量控制及实际案例分析［J］．环境保护科学，2020，46（05）：30-34.

［84］吴文华．我国排污权交易和排污许可证的研究现状和展望［J］．环境与发展，2018，30（04）：1-2.

［85］杨静，葛察忠，段显明，等．基于排污许可证的环境经济政策研究［J］．环境保护科学，2018，44（05）：1-5.

［86］史学瀛，杨博文．我国环境保护税与排污许可管理的制度耦合与衔接机制［J］．税收经济研究，2019，24（01）：17-24.

［87］王新涛．关于协同推进排污许可制与环境保护税的思考［J］．环境与可持续发展，2021，46（01）：37-40.

［88］文思嘉，乔皎，吴铁，等．温室气体纳入排污许可管理背景研析［J］．环境影响评价，2020，42（03）：44-47，56.

附 件

附件一
酒、饮料行业排污许可管理参考政策标准

1 国家标准

《污水综合排放标准》（GB 8978—1996）

《工业企业厂界环境噪声排放标准》（GB 12348—2008）

《火电厂大气污染物排放标准》（GB 13223—2011）

《锅炉大气污染物排放标准》（GB 13271—2014）

《恶臭污染物排放标准》（GB 14554—93）

《环境保护图形标志——排放口（源）》（GB 15562.1—1995）

《环境保护图形标志——固体废物贮存（处置）场》（GB 15562.2—1995）

《大气污染物综合排放标准》（GB 16297—1996）

《危险废物贮存污染控制标准》（GB 18597—2023）

《一般工业固体废物贮存和填埋污染控制标准》（GB 18599—2020）

《啤酒工业污染物排放标准》（GB 19821—2005）

《发酵酒精和白酒工业水污染物排放标准》（GB 27631—2011）

《啤酒单位产品能源消耗限额》（GB 32047—2015）

《挥发性有机物无组织排放控制标准》（GB 37822—2019）

《建筑给水排水设计标准》（GB 50015—2019）

《水质　pH值的测定　玻璃电极法》（GB 6920—1986）

《水质　悬浮物的测定　重量法》（GB 11901—1989）

《水质　色度的测定》（GB 11903—1989）

《水质　总磷的测定　钼酸铵分光光度法》（GB 11893—1989）

《空气质量　氨的测定　离子选择电极法》（GB/T 14669—1993）

《环境空气　总悬浮颗粒物的测定　重量法》（GB/T 15432—1995）

《固定污染源排气中颗粒物测定与气态污染物采样方法》（GB/T 16157—1996）

《排风罩的分类及技术条件》（GB/T 16758—2008）

《取水定额　第6部分：啤酒》（GB/T 18916.6—2023）

《取水定额　第7部分：酒精》（GB/T 18916.7—2023）

《取水定额　第15部分：白酒制造》（GB/T 18916.15—2014）

《取水定额　第42部分：黄酒制造》（GB/T 18916.42—2019）

《工业燃油燃气燃烧器通用技术条件》（GB/T 19839—2005）

《环境管理体系　要求及使用指南》（GB/T 24001—2016）

《污水排入城镇下水道水质标准》（GB/T 31962—2015）

《绿色制造　制造业企业绿色供应链管理　导则》（GB/T 33635—2017）

2　行业标准

《饮料制造取水定额》（QB/T 2931—2008）

《饮料制造综合能耗限额》（QB/T 4069—2010）

《发酵酒精单位产品能源消耗限额》（QB/T 5161—2017）

《绿色设计产品评价技术规范　凉茶植物饮料》（T/GDES 48—2021）

《凉茶植物饮料行业绿色工厂评价指南》（T/GDES 53—2021）

《建设项目环境影响评价技术导则　总纲》（HJ 2.1—2016）

《环境影响评价技术导则　大气环境》（HJ 2.2—2018）

《环境影响评价技术导则　地表水环境》（HJ 2.3—2018）

《环境影响评价技术导则　声环境》（HJ 2.4—2021）

《固定污染源废气　总烃、甲烷和非甲烷总烃的测定　气相色谱法》（HJ 38—2017）

《固定污染源废气　二氧化硫的测定　定电位电解法》（HJ 57—2017）

《固定污染源烟气（SO_2、NO_x、颗粒物）排放连续监测技术规范》（HJ 75—2017）

《固定污染源烟气（SO_2、NO_x、颗粒物）排放连续监测系统技术要求及检测方法》（HJ 76—2017）

《氨氮水质在线自动监测仪技术要求及检测方法》（HJ 101—2019）

《建设项目环境风险评价技术导则》（HJ 169—2018）

《水污染源在线监测系统（COD_{Cr}、NH_3-N 等）安装技术规范》（HJ 353—2019）

《水污染源在线监测系统（COD_{Cr}、NH_3-N 等）验收技术规范》（HJ 354—2019）

《水污染源在线监测系统（COD_{Cr}、NH_3-N 等）运行技术规范》（HJ 355—2019）

《水污染源在线监测系统（COD_{Cr}、NH_3-N 等）数据有效性判别技术规范》（HJ 356—2019）

《化学需氧量（COD_cr）水质在线自动监测仪技术要求及检测方法》（HJ 377—2019）

《清洁生产标准　葡萄酒制造业》（HJ 452—2008）

《水质　样品的保存和管理技术规定》（HJ 493—2009）

《水质　采样技术指导》（HJ 494—2009）

《水质　采样方案设计技术规定》（HJ 495—2009）

《水质　五日生化需氧量（BOD_5）的测定　稀释与接种法》（HJ 505—2009）

《水质　氨氮的测定　纳氏试剂分光光度法》（HJ 535—2009）

《水质　氨氮的测定　水杨酸分光光度法》（HJ 536—2009）

《水质　氨氮的测定　蒸馏-中和滴定法》（HJ 537—2009）

《酿造工业废水治理工程技术规范》（HJ 575—2010）

《清洁生产标准　酒精制造业》（HJ 581—2010）

《环境空气 总烃、甲烷和非甲烷总烃的测定 直接进样-气相色谱法》（HJ 604—2017）

《环境影响评价技术导则 地下水环境》（HJ 610—2016）

《企业环境报告书编制导则》（HJ 617—2011）

《固定污染源废气 二氧化硫的测定 非分散红外吸收法》（HJ 629—2011）

《环境监测质量管理技术导则》（HJ 630—2011）

《水质　总氮的测定　碱性过硫酸钾消解紫外分光光度法》（HJ 636—2012）

《环境空气 挥发性有机物的测定 吸附管采样-热脱附/气相色谱-质谱法》（HJ 644—2013）

《水质　氨氮的测定　连续流动-水杨酸分光光度法》（HJ 665—2013）

《水质　氨氮的测定　流动注射-水杨酸分光光度法》（HJ 666—2013）

《水质　总氮的测定　连续流动-盐酸萘乙二胺分光光度法》（HJ 667—2013）

《水质　总氮的测定　流动注射-盐酸萘乙二胺分光光度法》（HJ 668—2013）

《水质　磷酸盐和总磷的测定　连续流动-钼酸铵分光光度法》（HJ 670—2013）

《水质　总磷的测定　流动注射-钼酸铵分光光度法》（HJ 671—2013）

《固定污染源废气　氮氧化物的测定　非分散红外吸收法》（HJ 692—2014）

《固定污染源废气　氮氧化物的测定　定电位电解法》（HJ 693—2014）

《固定污染源废气　挥发性有机物的采样　气袋法》（HJ 732—2014）

《固定污染源废气　挥发性有机物的测定　固相吸附-热脱附/气相色谱-质谱法》（HJ 734—2014）

《环境空气 65 种挥发性有机物的测定　罐采样/气相色谱-质谱法》（HJ 759—2023）

《排污单位自行监测技术指南　总则》（HJ 819—2017）

《水质　化学需氧量的测定　重铬酸盐法》（HJ 828—2017）

《固定污染源废气　低浓度颗粒物的测定　重量法》（HJ 836—2017）

《污染源源强核算技术指南　准则》（HJ 884—2018）

《排污许可证申请与核发技术规范　总则》（HJ 942—2018）

《排污单位环境管理台账及排污许可证执行报告技术规范　总则（试行）》（HJ 944—2018）

《排污许可证申请与核发技术规范　酒、饮料制造工业》（HJ 1028—2019）

《排污单位自行监测技术指南　酒、饮料制造》（HJ 1085—2020）

《蓄热燃烧法工业有机废气治理工程技术规范》（HJ 1093—2020）

《固定污染源废气　二氧化硫的测定　便携式紫外吸收法》（HJ 1131—2020）

《固定污染源废气　氮氧化物的测定　便携式紫外吸收法》（HJ 1132—2020）

《水质　色度的测定　稀释倍数法》（HJ 1182—2021）

《袋式除尘工程通用技术规范》（HJ 2020—2012）

《吸附法工业有机废气治理工程技术规范》（HJ 2026—2013）

《催化燃烧法工业有机废气治理工程技术规范》（HJ 2027—2013）

《电除尘工程通用技术规范》（HJ 2028—2013）

《饮料制造废水治理工程技术规范》（HJ 2048—2015）

《固定污染源排气中氮氧化物的测定　紫外分光光度法》（HJ/T 42—1999）

《固定污染源排气中氮氧化物的测定　盐酸萘乙二胺分光光度法》（HJ/T 43—1999）

《大气污染物无组织排放监测技术导则》（HJ/T 55—2000）

《地表水和污水监测技术规范》（HJ/T 91—2002）

《水污染物排放总量监测技术规范》（HJ/T 92—2002）

《清洁生产标准　啤酒制造业》（HJ/T 183—2006）

《水质　氨氮的测定　气相分子吸收光谱法》（HJ/T 195—2005）

《水质　总氮的测定　气相分子吸收光谱法》（HJ/T 199—2005）

《水质　化学需氧量的测定　快速消解分光光度法》（HJ/T 399—2007）

《固定污染源监测质量保证与质量控制技术规范（试行）》（HJ/T 373—2007）

《环境保护产品技术要求　工业废气吸附净化装置》（HJ/T 386—2007）

《环境保护产品技术要求　工业有机废气催化净化装置》（HJ/T 389—2007）

《固定源废气监测技术规范》（HJ/T 397—2007）

《清洁生产标准　白酒制造业》（HJ/T 402—2007）

3　地方标准

北京市地方标准：《水污染物综合排放标准》（DB11/ 307—2013）

北京市地方标准：《大气污染物综合排放标准》（DB11/ 501—2017）

北京市地方标准：《白酒单位产品能源消耗限额》（DB11/ 1096—2014）

北京市地方标准：《用水定额　第 12 部分：饮料》（DB11/T 1764.12—2022）

北京市地方标准：《用水定额　第 13 部分：白酒和啤酒》（DB11/T 1764.13—2021）

天津市地方标准：《单位产量综合能耗计算方法及限额　第91部分：葡萄酒》（DB12/046.91—2011）

天津市地方标准：《产品单位产量综合能耗计算方法及限额　第71部分：软饮料》（DB12/046.71—2011）

天津市地方标准：《污水综合排放标准》（DB12/356—2018）

天津市地方标准：《工业企业挥发性有机物排放控制标准》（DB12/524—2020）

河北省地方标准：《工业企业挥发性有机物排放控制标准》（DB13/2322—2016）

河北省地方标准：《大清河流域水污染物排放标准》（DB13/2795—2018）

河北省地方标准：《子牙河流域水污染物排放标准》（DB13/2796—2018）

河北省地方标准：《黑龙港及运东流域水污染物排放标准》（DB13/2797—2018）

山西省地方标准：《酿造白酒单位产品综合能耗限额》（DB14/1011—2014）

山西省地方标准：《软饮料单位产品综合能耗限额》（DB14/1060—2015）

山西省地方标准：《污水综合排放标准》（DB14/1928—2019）

辽宁省地方标准：《污水综合排放标准》（DB21/1627—2008）

上海市地方标准：《污水综合排放标准》（DB 31/199—2018）

上海市地方标准：《碳酸饮料单位产品能源消耗限额》（DB31/741—2020）

江苏省地方标准：《黄酒单位产品综合能耗限额及计算方法》（DB32/T 3141—2016）

江苏省地方标准：《酒精单位产品能耗限额及计算方法》（DB32/2662—2014）

浙江省地方标准：《啤酒单位产品综合能耗限额》（DB33/667—2016）

浙江省地方标准：《黄酒单位产品综合能耗限额》（DB33/679—2016）

福建省地方标准：《厦门市水污染物排放标准》（DB 35/322—2018）

江西省地方标准：《鄱阳湖生态经济区水污染物排放标准》（DB36/852—2015）

山东省地方标准：《白酒原酒单位产品能耗限额》（DB37/829—2015）

山东省地方标准：《流域水污染物综合排放标准　第1部分：南四湖东平湖流域》（DB37/3416.1—2018）

山东省地方标准：《流域水污染物综合排放标准　第2部分：沂沭河流域》（DB37/3416.2—2018）

山东省地方标准：《流域水污染物综合排放标准　第3部分：小清河流域》（DB37/3416.3—2018）

山东省地方标准：《流域水污染物综合排放标准　第4部分：海河流域》（DB37/3416.4—2018）

山东省地方标准：《流域水污染物综合排放标准　第5部分：半岛流域》（DB37/3416.5—2018）

山东省地方标准：《白酒工业绿色工厂评价规范》（DB37/T 4061—2020）

河南省地方标准：《省辖海河流域水污染物排放标准》（DB41/777—2013）

河南省地方标准：《清潩河流域水污染物排放标准》（DB41/790—2013）

河南省地方标准：《贾鲁河流域水污染物排放标准》（DB41/ 908—2014）

河南省地方标准：《惠济河流域水污染物排放标准》（DB41/ 918—2014）

湖北省地方标准：《湖北省汉江中下游流域污水综合排放标准》（DB42/ 1318—2017）

广东省地方标准：《水污染物排放限值》（DB44/ 26—2001）

广东省地方标准：《汾江河流域水污染物排放标准》（DB44/ 1366—2014）

广东省地方标准：《茅洲河流域水污染物排放标准》（DB44/ 2130—2018）

广东省地方标准：《小东江流域水污染物排放标准》（DB44/ 2155—2019）

四川省地方标准：《四川省岷江、沱江流域水污染物排放标准》（DB51/ 2311—2016）

四川省地方标准：《四川省固定污染源大气挥发性有机物排放标准》（DB51/ 2377—2017）

四川省地方标准《绿色设计产品评价技术规范 多粮浓香型白酒》（DB 5115/T 33—2020）

贵州省地方标准：《环境污染物排放标准》（DB52/ 864—2022）

陕西省地方标准：《陕西省黄河流域污水综合排放标准》（DB61/ 224—2018）

4 政策法规

《排污许可管理条例》（中华人民共和国国务院令 第 736 号）

《固定污染源排污许可分类管理名录（2019 年版）》（生态环境部令 第 11 号）

《排污许可管理办法（试行）》（环境保护部令 第 48 号）

《关于加快解决当前挥发性有机物治理突出问题的通知》（环大气〔2021〕65 号）

《建设项目环境影响评价分类管理名录（2021 年版）》（生态环境部令 第 16 号）

《国家危险废物名录（2021 年版）》（生态环境部令 第 15 号）

《环境影响评价与排污许可领域协同推进碳减排工作方案》（环办环评函〔2021〕277 号）

《中共中央 国务院关于完整准确全面贯彻新发展理念做好碳达峰碳中和工作的意见》（中发〔2021〕36 号文）

《国务院关于印发 2030 年前碳达峰行动方案的通知》（国发〔2021〕23 号）

《关于发布〈碳排放权登记管理规则（试行）〉〈碳排放权交易管理规则（试行）〉和〈碳排放权结算管理规则（试行）〉的公告》（生态环境部 公告 2021 年 第 21 号）

《关于印发〈企业温室气体排放报告核查指南（试行）〉的通知》（环办气候函〔2021〕130 号）

《国家发展改革委等部门关于印发〈"十四五"全国清洁生产推行方案〉的通知》（发改环资〔2021〕1524 号）

《国家发展改革委等部门关于严格能效约束推动重点领域节能降碳的若干意见》（发改产业〔2021〕1464 号）

《关于开展重点行业建设项目碳排放环境影响评价试点的通知》（环办环评函〔2021〕346 号）

《关于加强企业温室气体排放报告管理相关工作的通知》（环办气候〔2021〕9 号）

《关于印发〈环评与排污许可监管行动计划（2021—2023 年）〉〈生态环境部 2021 年度环评与排污许可监管工作方案〉的通知》（环办环评函〔2020〕463 号）

《关于深入推进重点行业清洁生产审核工作的通知》（环办科财〔2020〕27 号）

《产业结构调整指导目录（2019 年本）》（中华人民共和国国家发展和改革委员会令 第 29 号）

《关于做好环境影响评价制度与排污许可制衔接相关工作的通知》（环办环评〔2017〕84 号）

《国务院办公厅关于印发控制污染物排放许可制实施方案的通知》（国办发〔2016〕81 号）

附件二
酿酒、饮料企业（以白酒企业为例）自行监测方案模板

白酒企业自行监测方案包括企业基本情况、企业产污情况、监测内容、执行标准、监测结果公开、监测方案实施等内容。自行监测模板如下文所示。

1　企业基本情况

企业基本情况如附表 2-1 所列。

附表 2-1　企业基本情况

企业名称		法人代表	
所属行业		单位代码	
生产周期		联系人	
联系电话		联系邮箱	
单位地址			
生产规模		年产××（产品）××（千升）	
主要生产设备			
生产工艺（附工艺流程图）			

2　企业产污情况

2.1　废水

2.1.1　废水治理及排放情况
废水治理及排放情况如附表 2-2 所列。

附表 2-2　废水治理及排放情况

废水治理及排放情况	排污口	废水总排放口	生活污水排放口	雨水排放口
	类别	生产废水、生活污水	冷却水	雨水
	主要污染物			
	产生量/（t/a）			
	排放量/（t/a）			
	处理设施（工艺）			
	去向			

填写指引：
① 排污口：可根据排污许可证编写。
② 类别：根据排污口对应编写类别，如若无排放口，也需填写。
③ 主要污染物：可参考排污许可证及环评等环保资料填写。
④ 产生量、排放量：可参考排污许可证及环评等环保资料填写。
⑤ 处理设施：根据实际情况填写，如无处理，可填"无"。
⑥ 去向：具体排放至哪条河流（或污水处理厂）？如果无外排，根据实际情况填写"循环使用、回用于何处"等

2.1.2　废水处理流程图
对废水处理工艺进行描述，附废水处理流程图。

2.1.3　全厂废水流向图
对全厂废水流向进行描述，附全厂废水流向图。

2.2　废气

废气治理及排放情况如附表 2-3 所列。

附表 2-3　废气治理及排放情况

废气治理及排放情况	排污口	原辅料粉碎废气排放口	污水站恶臭气体处理设施排放口	锅炉废气排放口	…废气排放口	…
	类别	原辅料粉碎	恶臭	锅炉废气	…工序废气	…
	主要污染物					
	处理设施（工艺）					
	排放方式	经×米排气筒高空排放	…	…	无组织排放	…

3　监测内容

3.1　监测点位布设

全公司/全厂污染源监测点位、监测因子及监测频次如附表 2-4 所列。附全公司/全厂平面布置及监测点位分布图。

附表 2-4 全公司/全厂污染源点位布设

污染源类型	排污口编号	排污口类型	排污口位置（经纬度）	检测位置分布	监测因子	样品个数	监测方式	监测频次	备注
废气	… 采样孔个数：…个 采样点点数：…个	原料破碎废气排气筒	…度…分…秒 …度…分…秒	烟囱高度：…米 监测孔距地面：…米	颗粒物	非连续采样 每次采集…个样	…	每半年1次	—
	… 采样孔个数：…个 采样点点数：…个	原料脱皮废气排气筒	…度…分…秒 …度…分…秒	烟囱高度：…米 监测孔距地面：…米	颗粒物	非连续采样 每次采集…个样	…	每半年1次	
	… 采样孔个数：…个 采样点点数：…个	灌装废气排气筒	…度…分…秒 …度…分…秒	烟囱高度：…米 监测孔距地面：…米	非甲烷总烃	非连续采样 每次采集…个样	…	每季度1次	
	… 采样孔个数：…个 采样点点数：…个	锅炉废气排气筒	…度…分…秒 …度…分…秒	烟囱高度：…米 监测孔距地面：…米	颗粒物、二氧化硫、氮氧化物	非连续采样 每次采集…个样	…	自动监测	
	… 采样孔个数：…个 采样点点数：…个	污水站恶臭气体处理设施废气排放口	…度…分…秒 …度…分…秒	烟囱高度：…米 监测孔距地面：…米	烟气黑度	非连续采样 每次采集…个样	…	每年1次	
无组织	上风向	厂界		—	臭气浓度、硫化氢、氨	…	…	每半年1次	
	下风向	厂界		—	臭气浓度		…	每半年1次	
	下风向	厂界		—	臭气浓度		…	每半年1次	
	下风向	厂界		—	臭气浓度		…	每半年1次	
	上风向	厂界		—	非甲烷总烃		…	每半年1次	
	下风向	厂界		—	非甲烷总烃		…	每半年1次	
	下风向	厂界		—	非甲烷总烃		…	每半年1次	
	下风向	厂界		—	非甲烷总烃		…	每半年1次	
	上风向	厂界		—	颗粒物		…	每半年1次	

259

续表

污染源类型	排污口编号	排污口类型	排污口位置（经纬度）	检测位置分布	监测因子	样品个数	监测方式	监测频次	备注
无组织	下风向	厂界	—	—	颗粒物	...	...	每半年1次	
	下风向	厂界	—	—	颗粒物		...	每半年1次	
	下风向	厂界	—	—	颗粒物		...	每半年1次	
	上风向	厂界	—	—	硫化氢		...	每半年1次	
	下风向	厂界	—	—	硫化氢		...	每半年1次	
	下风向	厂界	—	—	硫化氢		...	每半年1次	
	上风向	厂界	—	—	氨		...	每半年1次	
	下风向	厂界	—	—	氨		...	每半年1次	
	下风向	厂界	—	—	氨		...	每半年1次	
	下风向	厂界	—	—	氨		...	每半年1次	
废水	...	废水总排放口	...度...分...秒 ...度...分...秒	—	流量、pH值、化学需氧量、氨氮	—	...	自动监测（直接排放）	
								自动监测（间接排放）	
				—	总磷	—		自动监测（直接排放）	
								自动监测（间接排放）	
				—	总氮	—		自动监测（直接排放）	
								自动监测（间接排放）	

续表

污染源类型	排污口编号	排污口类型	排污口位置（经纬度）	检测位置分布	监测因子	样品个数	监测方式	监测频次	备注
废水	...	废水总排放口	...度...分...秒 ...度...分...秒	—	悬浮物、五日生化需氧量、色度	—	...	每月一次（直接排放）	
					流量、pH值、化学需氧量、氨氮、总磷、总氮	—	...	每季度一次（间接排放）	
								自动监测（直接排放）	
		生活污水排放口	...度...分...秒	—	悬浮物、五日生化需氧量	—	...	每月一次（直接排放）	
		雨水排放口	...度...分...秒	—	化学需氧量、悬浮物	—	...	每月一次（排放口有流动水排放时开展监测）	
噪声（厂界紧邻交通干线不布点）	厂界…面边界外1米	—	...度...分...秒	—	等效连续A声级	—	...	每季度昼同一次（如夜间生产还需监测夜间噪声）	
	厂界…面边界外1米	—	...度...分...秒	—	等效连续A声级	—	...		
	厂界…面边界外1米	—	...度...分...秒	—	等效连续A声级	—	...		
	厂界…面边界外1米	—	...度...分...秒	—	等效连续A声级	—	...		

注：1. 可根据实际情况增加监测因子或选择适合的监测因子进行填报，夜间有生产的需加测夜间噪声，共用厂界可删除。颗粒物等需要采样速率等采样的项目需注明采样孔个数、采样点个数。

2. 监测方式是指"自动监测""手工监测""手工监测与自动监测相结合"。

3. 检测结果超标的，应增加相应指标监测频次。

4. 排气筒废气检测要同步监测烟气参数。

3.2 监测时间及工况记录

记录每次开展自行监测的时间，以及开展自行监测时的生产工况。

3.3 监测分析方法、依据和仪器

废水、废气以及噪声将委托有资质的检测机构代为开展检测，部分监测分析方法、仪器如附表2-5所列。

附表2-5 部分监测分析方法、仪器

监测因子		监测分析方法	检出限	监测仪器名称	采样方法
废气	颗粒物	《固定污染源废气 低浓度颗粒物的测定 重量法》（HJ 836—2017）	1.0mg/m³	天平	《固定污染源排气中颗粒物测定与气态污染物采样方法》（GB/T 16157—1996）；《固定污染源废气 低浓度颗粒物的测定 重量法》（HJ 836—2017）
		《固定污染源排气中颗粒物测定与气态污染物采样方法》（GB/T 16157—1996）	20mg/m³	天平	《固定污染源排气中颗粒物测定与气态污染物采样方法》（GB/T 16157—1996）
	二氧化硫	《固定污染源废气 二氧化硫的测定 定电位电解法》（HJ 57—2017）	3mg/m³	定电位法二氧化硫测定仪	《固定污染源排气中颗粒物测定与气态污染物采样方法》（GB/T 16157—1996）；《固定污染源废气 二氧化硫的测定 定电位电解法》（HJ 57—2017）
	氮氧化物	《固定污染源废气 氮氧化物的测定 定电位电解法》（HJ 693—2014）	3mg/m³	定电位法氮氧化物测定仪	《固定污染源排气中颗粒物测定与气态污染物采样方法》（GB/T 16157—1996）；《固定污染源废气 氮氧化物的测定 定电位电解法》（HJ 693—2014）
		《固定污染源废气 氮氧化物的测定 非分散红外吸收法》（HJ 692—2014）	3mg/m³	非分散红外法氮氧化物测定仪	《固定污染源排气中颗粒物测定与气态污染物采样方法》（GB/T 16157—1996）；《固定污染源废气 氮氧化物的测定 非分散红外吸收法》（HJ 692—2014）
	非甲烷总烃	《固定污染源废气 总烃、甲烷和非甲烷总烃的测定 气相色谱法》（HJ 38—2017）	0.07mg/m³	气相色谱仪	《固定污染源废气 挥发性有机物的采样 气袋法》（HJ 732—2014）
	臭气浓度	《空气质量 恶臭的测定 三点比较式臭袋法》（GB/T 14675）	—	—	《空气质量 恶臭的测定 三点比较式臭袋法》（GB/T 14675）
	硫化氢	《空气质量 硫化氢、甲硫醇、甲硫醚和二甲二硫的测定 气相色谱法》（GB/T 14678）	0.2×10⁻³～1.0×10⁻³mg/m³	气象色谱仪	《空气质量 硫化氢、甲硫醇、甲硫醚和二甲二硫的测定 气相色谱法》（GB/T 14678）
	氨	《环境空气和废气 氨的测定 纳氏试剂分光光度法》（HJ 533—2009）	0.01mg/m³	分光光度计	《固定污染源排气中颗粒物测定与气态污染物采样方法》（GB/T 16157—1996）；《环境空气和废气 氨的测定 纳氏试剂分光光度法》（HJ 533—2009）

监测因子		监测分析方法	检出限	监测仪器名称	采样方法
无组织废气	臭气浓度	《空气质量　恶臭的测定　三点比较式臭袋法》（GB/T 14675）	—	—	《空气质量　恶臭的测定　三点比较式臭袋法》（GB/T 14675）
	非甲烷总烃	《环境空气　总烃、甲烷和非甲烷总烃的测定　直接进样-气相色谱法》（HJ 604—2017）	0.07mg/m^3	气相色谱仪	《大气污染物无组织排放监测技术导则》（HJ/T 55—2000）
	颗粒物	《环境空气　总悬浮颗粒物的测定　重量法》（GB/T 15432—1995）	0.001mg/m^3	天平	《大气污染物无组织排放监测技术导则》（HJ/T 55—2000）；《环境空气　总悬浮颗粒物的测定　重量法》（GB/T 15432—1995）
	氨	《环境空气和废气　氨的测定　纳氏试剂分光光度法》（HJ 533—2009）	0.01mg/m^3	分光光度计	《大气污染物无组织排放监测技术导则》（HJ/T 55—2000）；《环境空气和废气　氨的测定　纳氏试剂分光光度法》（HJ 533—2009）
	硫化氢	《空气质量　硫化氢　甲硫醇　甲硫醚　二甲二硫的测定气相色谱法》（GB/T 14678—1993）	$0.2\times10^{-3}\text{mg/m}^3$	气相色谱仪	《大气污染物无组织排放监测技术导则》（HJ/T 55—2000）；《空气质量　硫化氢　甲硫醇　甲硫醚　二甲二硫的测定气相色谱法》（GB/T 14678—1993）
废水	流量	《超声波明渠污水流量计技术要求及检测方法》（HJ 15—2019）	—	超声波明渠污水流量计	
	pH 值	《水质　pH 值的测定　玻璃电极法》（GB/T 6920—1986）	0.01	便携式 pH 计	《污水监测技术规范》（HJ 91.1—2019）；《水质　pH 值的测定　玻璃电极法》（GB/T 6920—1986）
		《pH 水质自动分析仪技术要求》（HJ/T 96—2003）	—	pH 水质自动分析仪	—
	悬浮物	《水质　悬浮物的测定　重量法》（GB 11901—89）	—		《污水监测技术规范》（HJ 91.1—2019）；《水质　悬浮物的测定　重量法》（GB 11901—89）
	化学需氧量	《水质　化学需氧量的测定　重铬酸盐法》（HJ 828—2017）	4mg/L	酸式滴定管	《污水监测技术规范》（HJ 91.1—2019）；《水质　化学需氧量的测定　重铬酸盐法》（HJ 828—2017）
		《水质　化学需氧量的测定　快速消解分光光度法》（HJ/T 399—2007）	15mg/L	分光光度计	《污水监测技术规范》（HJ 91.1—2019）；《水质　化学需氧量的测定　快速消解分光光度法》（HJ/T 399—2007）
		《化学需氧量（COD_{Cr}）水质在线自动监测仪技术要求及检测方法》（HJ 377—2019）	—	化学需氧量（COD_{Cr}）水质在线自动检测仪	《水污染源在线监测系统（COD_{Cr}、NH_3-N 等）运行技术规范》（HJ 355—2019）
	五日生化需氧量	《水质　五日生化需氧量（BOD_5）的测定　稀释与接种法》（HJ 505—2009）	0.5mg/L	培养箱	《污水监测技术规范》（HJ 91.1—2019）；《水质　五日生化需氧量（BOD_5）的测定　稀释与接种法》（HJ 505—2009）
	氨氮	《水质　氨氮的测定　纳氏试剂分光光度法》（HJ 535—2009）	0.025mg/L	分光光度计	《污水监测技术规范》（HJ 91.1—2019）；《水质　氨氮的测定　纳氏试剂分光光度法》（HJ 535—2009）
		《水质　氨氮的测定　水杨酸分光光度法》（HJ 536—2009）	0.25mg/L	分光光度计	《污水监测技术规范》（HJ 91.1—2019）；《水质　氨氮的测定　水杨酸分光光度法》（HJ 536—2009）

续表

监测因子		监测分析方法	检出限	监测仪器名称	采样方法
废水	总磷	《水质 总磷的测定 钼酸铵分光光度法》（GB 11893—1989）	0.01mg/L	分光光度计	《污水监测技术规范》（HJ 91.1—2019）；《水质 总磷的测定 钼酸铵分光光度法》（GB 11893—1989）
	总氮	《水质 总氮测定 碱性过硫酸钾消解紫外分光光度法》（HJ 636—2012）	0.05mg/L	紫外分光光度计	《污水监测技术规范》（HJ 91.1—2019）；《水质 总氮测定 碱性过硫酸钾消解紫外分光光度法》（HJ 636—2012）
		《水质 总氮的测定 流动注射-盐酸萘乙二胺分光光度法》（HJ 668—2013）	0.03mg/L	流动注射仪	《污水监测技术规范》（HJ 91.1—2019）；《水质 总氮的测定 流动注射-盐酸萘乙二胺分光光度法》（HJ 668—2013）
噪声	等效连续A声级	《工业企业厂界环境噪声排放标准》（GB 12348—2008）	25dB（A）	—	《工业企业厂界环境噪声排放标准》（GB 12348—2008）

3.4 监测质量保证与质量控制

企业自行监测委托有资质的检测机构代为开展，企业负责对其资质进行确认。

4 执行标准

各污染因子排放标准限值如附表 2-6 所列。如地方有排放速率要求，应填写相关要求。

附表 2-6 各污染因子排放标准限值

污染物类别	监测点位	污染因子	执行标准	标准限值	单位
有组织废气	原料破碎废气排气筒	颗粒物			mg/m³
	原料脱皮废气排气筒	颗粒物			mg/m³
	灌装废气排气筒	非甲烷总烃			mg/m³
	锅炉废气排气筒	二氧化硫			mg/m³
	锅炉废气排气筒	氮氧化物			mg/m³
	锅炉废气排气筒	烟气黑度			—
	污水站恶臭气体处理设施废气排放口	臭气浓度			—
	污水站恶臭气体处理设施废气排放口	硫化氢			mg/m³
	污水站恶臭气体处理设施废气排放口	氨			mg/m³
无组织废气	厂界	臭气浓度			—
	厂界	非甲烷总烃			mg/m³

续表

污染物类别	监测点位	污染因子	执行标准	标准限值	单位
无组织废气	厂界	颗粒物			mg/m³
	厂界	硫化氢			mg/m³
	厂界	氨			mg/m³
废水	废水排放口	pH 值			—
		悬浮物			mg/L
		化学需氧量			mg/L
		氨氮			mg/L
		五日生化需氧量			mg/L
		总磷			mg/L
		总氮			mg/L
		色度			稀释倍数
厂界噪声	厂界…面边界外 1 米	等效连续 A 声级		昼间	dB（A）
	厂界…面边界外 1 米	等效连续 A 声级		夜间	dB（A）
	…	等效连续 A 声级			dB（A）

5　监测结果公开

5.1　监测结果的公开时限

① 企业基础信息随监测数据一并公开。

② 在线监测污染因子采用在线连续监测和手动监测相结合，公布在线仪表数据时，采用实时公布的方式，监测数据自动上传；在线监测设备故障时启动手工监测，手工监测结果在检测完成后次日公开。

③ 其余手工监测的污染因子在收到检测报告后次日完成公开。

5.2　监测结果的公开方式

全国污染源监测信息管理与共享平台（网址：…）

…省排污单位自行监测信息公开平台（网址：…）

6　监测方案实施

本监测方案于…年…月…日开始执行。

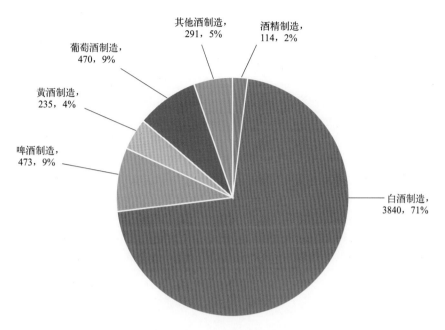

图 3-1　排污许可证核发情况（单位：家）

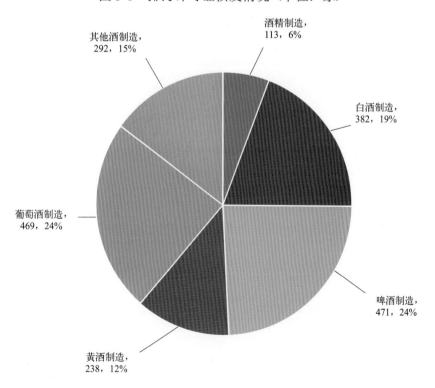

图 3-2　排污许可登记情况

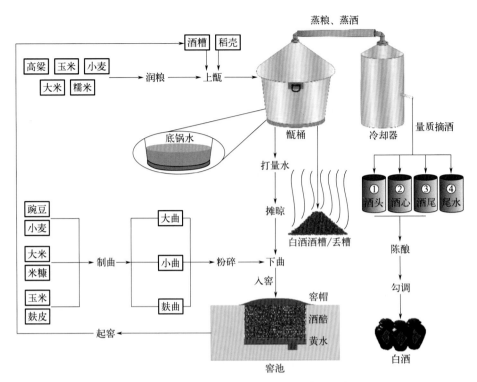

图 6-1　固态法白酒酿造工艺及副产物来源示意图

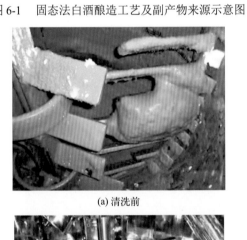

(a) 清洗前

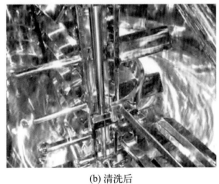

(b) 清洗后

图 6-2　配料罐三维清洗技术

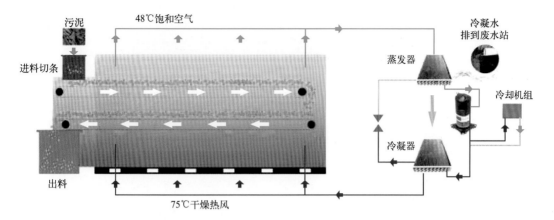

污泥

进料切条

出料

48℃饱和空气

75℃干燥热风

蒸发器

冷凝水
排到废水站

冷却机组

冷凝器

图 6-7　污泥低温热泵烘干技术

(a)

(b)

图 6-8　机械化蒸粮

(a) 立体发酵

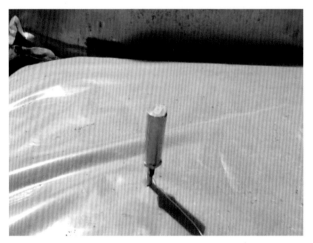

(b) 智能控温

图 6-9　立体库发酵与智能控温

图 6-15　污水处理站现场照片